大学物理学（第3版）

下册

主编

葛永华　　白丽华
庄　良　　赵苏串

中国教育出版传媒集团

高等教育出版社·北京

DAXUE WULIXUE

内容提要

　　本书是在第 2 版的基础上,根据教育部高等学校物理学与天文学教学指导委员会编制的《理工科类大学物理课程教学基本要求》(2010 年版),按照目前大学物理课程教学的实际情况,吸取编者长期教学所积累的教学经验修订而成的。本书旨在帮助学生在掌握基础物理理论及其应用的同时,能充分体会物理学分析问题、研究问题和解决问题的方法,深刻领会物理学中的科学思维和创新精神,为以后进一步的学习、研究打下坚实的基础。

　　本书共 19 章,分为上、中、下三册。上册包含力学、振动和波动部分,中册包含电磁学部分,下册包含热学、波动光学和近代物理学部分。

　　本书可作为普通高等学校理科非物理学类专业和工科各专业的大学物理课程的教材,也可供职业院校、成人高校的相关专业师生以及自学大学物理课程的读者参考使用。

图书在版编目(CIP)数据

　　大学物理学.下册/葛永华等主编.-- 3 版.--北京:高等教育出版社,2023.7

　　ISBN 978－7－04－060616－4

　　Ⅰ.①大… Ⅱ.①葛… Ⅲ.①物理学-高等学校-教材 Ⅳ.①O4

　　中国国家版本馆 CIP 数据核字(2023)第 099632 号

DAXUE WULIXUE

策划编辑　高聚平	责任编辑　高聚平	封面设计　李小璐	版式设计　杜微言
责任绘图　邓　超	责任校对　张　薇	责任印制　刁　毅	

出版发行　高等教育出版社	网　　址　http://www.hep.edu.cn
社　　址　北京市西城区德外大街 4 号	http://www.hep.com.cn
邮政编码　100120	网上订购　http://www.hepmall.com.cn
印　　刷　三河市华润印刷有限公司	http://www.hepmall.com
开　　本　787mm×1092mm　1/16	http://www.hepmall.cn
印　　张　19.75	版　　次　2015 年 8 月第 1 版
字　　数　390 千字	2023 年 7 月第 3 版
购书热线　010-58581118	印　　次　2023 年 7 月第 1 次印刷
咨询电话　400-810-0598	定　　价　41.00 元

目 录

第十四章 气体动理论

在自然界中,宏观物质的状态、性质及其变化都与温度有关.常见的诸如热胀冷缩、汽化液化、结晶升华等,这些与温度有关的物理性质的变化,统称为**热现象**.热现象的本质在于物质的**热运动**,这是有别于物质的机械运动以及其他运动形式的一种基本的、重要的运动形式.热学就是研究物质的热性质和热运动规律的理论,是物理学的一个重要的分支学科.

热学的研究对象是由大量微观粒子(分子、原子等)所组成的宏观物体,在热学研究中称为**热力学系统**,而构成热力学系统的微观粒子又处于永不停息的无规则运动中,这种运动因与温度有关而被称为**热运动**.热运动的特点是:大量粒子中个别粒子的运动都是不规则的、随机的,但系统总体在一定的宏观条件下却遵循着确定的规律.正是热运动的这种特点,使得热学理论在发展的过程中形成了宏观和微观两种不同的描述方法,人们因此建立起了宏观与微观两个不同的理论体系.

通过宏观描述方法形成的热学理论称为**热力学**(thermodynamics),它是基于对热现象大量的观察和实验测量所总结出的基本规律,应用数学方法,通过严密推演,得出有关物质各种宏观性质之间的关系、宏观物理过程进行的方向和限度等结论.热力学所得到的结论由于基于大量实验事实,因而具有高度的可靠性与普遍性.但由于不涉及物质的微观结构,它无法进一步给出宏观热现象深层次的原因.

通过微观描述方法形成的热学理论称为**统计物理学**(statistical physics),它基于物质的微观结构,通过建立微观模型,运用统计方法,认为宏观性质由微观热运动的统计平均值所决定,并由此找出微观量与宏观量之间的关系.统计物理学使热力学理论获得了微观层次上的解释,使热力学理论具有了更深刻的意义.但微观描述方法在数学上常遇到很大的困难,因此而作出简化假设后所得到的结果常与实验结果不能完全相符.

热力学与统计物理学分别从两个不同的角度去研究物质的热运动,尽管两者具有不同的特点和各自的局限性,但它们彼此密切联系,相辅相成,使热学成为联系微观世界与宏观世界的桥梁.

本书用两章的篇幅分别介绍热学的两种理论.由于气体动理论是统计物理学的一个组成部分,统计物理学的基本研究方法在其中也有较完整的体现,我们将其作为微观理论的代表加以介绍;而宏观理论则重点介绍基本的热力学定律.读者可在此基础上学习更为深入的热学理论课程.

以气体为研究对象,以物质的分子热运动为基本出发点构建的微观理论,称为**气体动理论**(kinetic theory of gases).

气体动理论对个别分子的运动应用力学规律,对大量分子的集体行为应用统计平均的方法,认为系统的宏观性质是大量微观粒子热运动的统计平均效果,宏观量是相应的微观量的统计平均值.

本章重点讨论平衡态理想气体的压强和温度以及它们的微观本质,讨论平衡态下理想气体所遵循的统计规律——能量均分定理和麦克斯韦速率分布律,进一步理解气体分子热运动的微观性质．

14－1 热力学系统的状态

一、热力学系统

热学中把所研究的对象称为**热力学系统**(thermodynamic system，简称系统)，系统是由大量微观粒子所组成的宏观物体；而把系统以外、与系统间发生相互作用的部分称为**外界**(或环境)．一般地，系统与外界之间总会存在某些相互作用，从而相互影响．通常根据系统与外界的关系，系统可分成不同的类型：

(1) 开放系统(open system)：与外界能进行物质及能量交换的系统，如一杯敞开盖子的水；

(2) 封闭系统(closed system)：与外界仅有能量交换而无物质交换的系统，如封闭在乒乓球内的气体；

(3) 孤立系统(isolated system)：与外界既无能量也无物质交换的系统，如封闭在理想保温瓶中的物质．

显然，孤立系统是个理想的极限概念．本课程主要讨论封闭系统．

二、状态参量

为确定热力学系统的状态而引入的物理量称为系统的**状态参量**．与力学研究不同，在热学中，我们一般不关心系统整体的宏观机械运动状态，而把研究的注意力转向系统内部．组成系统的大量微观粒子处于永不停息的无规则运动中，每个粒子都具有质量、速度、动量和能量等，这些物理量统称为**微观量**(microscopic quantity). 在热学实验中一般不能直接对微观量进行观察和测量. 我们把系统所表现的各种宏观性质,统称为系统的宏观状态. 描述系统宏观性质的状态参量称为**宏观量**(macroscopic quantity). 系统的各种宏观性质之间并非是完全独立的. 通常选择若干个独立变化的、可以观测的宏观物理量作为系统的状态参量. 常用的有四类:

几何参量　如气体的体积、液体的表面曲率、固体中的各种应变等;

力学参量　如气体的压强、液体的表面张力、固体中的各种应力等;

化学参量　如混合气体中各组分的浓度、物质的量等;

电磁参量　对于处于电磁场中的系统,还要给出电场强度、磁感应强度、电极化强度、磁化强度等.

在一个具体问题中如何选用状态参量,需视具体情况而定. 对于本课程主要讨论的化学成分单一的气体系统,在给定其总质量和摩尔质量后,用体积和压强两个参量就可确定其状态.

体积 V 的国际单位制单位为 m^3(立方米). 应注意,气体的体积是指气体分子活动所能达到的空间,而容器的容积则为气体活动空间与分子本身体积之和,两者是有区别的. 在不计分子大小的情况下,气体的体积通常就是容器的容积.

压强 p 的单位为 $N \cdot m^{-2}$,称为**帕斯卡**,简称帕,记为 Pa,$1\ Pa = 1\ N \cdot m^{-2}$. Pa 是国际单位制单位,过去习惯上还使用一些非国际单位制单位,常见的有"标准大气压"(atm)、"巴"(bar)、"毫米汞柱"(mmHg)或"毛"(torr)等,现已不推荐使用,其间的换算关系为

$$1\ bar = 10^5\ Pa, \quad 1\ atm \approx 1.013 \times 10^5\ Pa,$$
$$1\ mmHg = 1\ torr = 133.3\ Pa$$

阅读材料　托里拆利

化学参量中常用的是物质的量,通常以摩尔为单位,记为 mol. 1 mol 物质包含的物质单元的数目对任何物质都为一个常量,称为**阿伏伽德罗常量**(Avogadro's number),记为 N_A,则

$$1\ N_A = 6.022\ 140\ 76 \times 10^{23}\ \text{mol}^{-1}.$$

1 mol 物质的质量称为该物质的**摩尔质量**,通常可用 M 表示.

应注意,上述四类状态参量都不是热学所特有的,都不能直接表示系统的冷热程度. 热学中还需引入**温度**(temperature)这一热学参量来表征系统的热学性质. 温度概念的科学定义是建立在实验定律——热力学第零定律(热平衡定律)基础上的.

三、平衡态

热力学系统的状态和性质可用状态参量来描述. 但在有些情况下,热力学系统并没有确定的状态参量. 例如,一封闭容器被活动挡板分成 A、B 两部分,A 部储有一定量气体,B 部为真空,如图 14.1.1(a)所示. 在把挡板抽去,A 部气体向 B 部自由膨胀的过程中,容器中各处气体的密度是不均匀的,并有气体的流动,容器中任一处的压强都在随时间变化,因此,该热力学系统没有确定的压强,其状态和性质都不确定. 这种状态称为**非平衡态**(nonequilibrium state).

一般地,一个热力学系统在不受外界影响的条件下,系统各部分的宏观性质不随时间变化的状态,称为**平衡态**(equilibrium state). 相应地,不满足上述条件的系统状态即为非平衡态. 处于非平衡态下的热力学系统没有确定的状态参量. 上述封闭容器内的气体,在经过足够长的时间后,容器内各处气体的状态将由不均匀达到各处均匀一致,如图 14.1.1(b)所示. 此后,如果没有外界影响,则该一定量

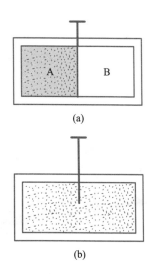

(a)

(b)

图 14.1.1　平衡态

气体的宏观性质不再发生任何变化,称该系统处于平衡态.

又如,使冷热程度不同的两个物体相互接触,热的物体会变冷,冷的物体会变热,经过足够长时间后,两物体将达到冷热程度均匀一致的状态. 如果没有外界影响,系统将保持这一状态,不再发生宏观变化,此时这两个物体的系统处于平衡态.

若系统受到外界的影响但保持了宏观性质不随时间变化,则称为稳定态,而非平衡态.

深入的研究表明,经过适当的时间,偏离平衡态不太远的系统——近平衡系统总可以达到平衡态. **热力学系统由其初始的非平衡态达到平衡态所经历的时间称为系统的弛豫时间**(relaxation time). 不同的热力学系统有不同的弛豫时间,即使是在同一系统中,不同的物理量趋于平衡的弛豫时间也不一样.

平衡态下,不随时间变化的是所有能观测到的系统的宏观性质,微观上,组成系统的大量微观粒子仍处于不停的无规则运动中,只是这种热运动的平均效果不随时间而变. 因此,这种平衡蕴含着运动,称为"**热动平衡**"(thermodynamic equilibrium).

对于实际的热力学系统,绝对不受外界影响是不可能的,故平衡态为一理想的概念. 只要系统的弛豫时间远小于过程进行的特征时间,就可以近似地认为系统达到了平衡态.

热力学系统的状态和宏观性质由系统的几何参量、力学参量、电磁参量、化学参量和热学参量表示. 由于几何参量及电磁参量通常由外界限定,所以在考虑热力学系统自身宏观性质时,通常仅考虑力学参量、化学参量和热学参量. 平衡态要求系统的宏观性质不随时间发生变化,就是要求这些状态参量确定不变,并且在所考虑的区域内各处之间达到平衡. 力学参量不变说明系统各部分之间受力平衡,则系统内各部分没有宏观运动,也就是系统内部及系统与外界之间没有粒子流、没有物质流动,这种状态称为**力学平衡状态**. 化学参量不变时,就要求系统中各处浓度相同,没有物质交换,化学反应和相变也都达到平衡,这种状态称为**化学平衡状态**. 热学参量(温度)不变时,说明系统中各处冷热程度相同,从而没有能量流动,这种状态称为**热平衡状态**. 总之,热力学平衡态要求热力学系统同时达到力学平衡、热平衡和化学平衡,其宏观表征分别为压强均匀、无宏观粒子流动、温度处处相同、浓度相同、化学反应达到平衡、无物质流动、无化学成分变化、无物相变化.

14-2 热力学第零定律与温度

一、热力学第零定律

假设有两个系统通过导热壁相互接触后达到一个共同的平衡态,我们称这两个系统处于热平衡状态,或者说它们达到了**热平衡**(thermal equilibrium).

设想取三个热力学系统 A、B、C,置于一与外界绝热的容器内. 将系统 A、B 用绝热壁隔开,而使它们通过导热壁与处于确定状态的系统 C 接触,如图 14.2.1(a)所示. 经过足够长时间后,A 和 B 分别都和 C 达到热平衡. 这时,如果将绝热壁与导热壁互换,如图 14.2.1(b)所示,则观察不到 A、B 的状态发生任何变化,这表明 A 与 B 已处于热平衡状态.

上述实验可概括为热平衡定律:在与外界隔绝的条件下,如果两个系统分别与第三个处于确定状态下的系统处于热平衡状态,则这两个系统彼此也必定处于热平衡状态.

热平衡定律由福勒(R. H. Fowler)于 20 世纪 30 年代提出,在此之前,热力学第一、第二定律都已确立,为了想说明

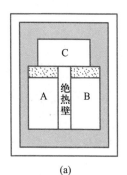

(a)

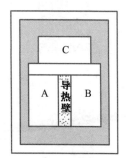

(b)

图 14.2.1 热平衡定律

在逻辑上它应在那两条定律之前,故将其称为热力学第零定律(zeroth law of thermodynamics).

热力学第零定律揭示了一切互为热平衡的系统之间必定存在一个共同的宏观性质,我们把这一表征系统热平衡的宏观性质的物理量定义为温度,**一切互为热平衡的系统具有相同的温度**.深入一步说,每一个热力学系统都有一特别的状态函数,当几个系统互为热平衡时,它们各自的这一状态函数就取相同的值,该状态函数就被定义为温度(temperature).

热力学第零定律不仅给出了温度的宏观定义,而且指出了测量温度的依据和方法.由于互为热平衡的物体具有相同的温度,在判别两个物体温度是否相同时,我们不一定非要让两物体直接进行热接触,而可借助一"标准"的物体分别与这两个物体进行热接触就行了,这个"标准"的物体就是温度计.

二、温标

阅读材料 温度计的发明

阅读材料 列奥米尔

阅读材料 摄尔修斯

为定量地确定温度的数值,还必须给出温度的数值表示法——温标(thermometric scale,或 temperature scale).温标可以分为经验温标、理论温标和国际温标三类.

凡是以在经验上某一物质特性随温度的变化为依据建立的温标,称为经验温标.通常可供选择的测温物质及其物理属性有:液体的体积、一定量定容气体的压强、一定量定压气体的体积、纯铂丝的电阻、黑体辐射的发射率等.

在热力学第二定律基础上引入的一种温标称为热力学温标(thermodynamic scale of temperature),它不依赖于任何测温物质及其属性,是理想化的理论温标,又称"绝对温标"(absolute temperature scale),也是国际单位制

（SI）中采用的温标. 历史上首先由英国物理学家开尔文
（Kelvin）于 1848 年引入, 所以也叫"开尔文温标", 用 T 表
示, 其国际单位制单位为"开尔文（Kelvin）", 简称"开",
符号记作 K.

　　为使国际间的温度计量归于统一, 以便各国都能较方
便地进行精确的温度计量, 国际间制定出一种国际温标
（international temperature scale, 简写为 ITS）. 国际温标的基
本内容主要是定义测温固定点、规定在不同待测温段使用
的测温标准器以及给出为确定不同固定点之间的温度的内
插公式等. 国际实用温标是国际间协议性的温标, 保证了
国际间的温度标准在相当精确的范围内一致. 目前使用的
是 1990 年国际温标（ITS—90）.

　　生活和技术中常用摄氏温标（Cclsius thermometric
scale）, 它所确定的温度叫摄氏温度, 用 t 表示, 单位记
作℃. 它是由瑞典天文学家摄尔修斯（Celsius）于 1742 年
建立的经验温标.

　　在英、美等国家的商业及生活中还常用华氏温标
（Fahrenheit thermometric scale）, 它所确定的温度叫华氏温
度, 用 t_F 表示, 单位记作℉. 它是德国物理学家华伦海特
（Fahrenheit）于 1724 年, 利用水银体积随温度变化的规律
建立的, 是世界上第一个经验温标.

　　摄氏温度、华氏温度、热力学温度之间有如下关系：

$$t/℃ = T/K - 273.15, \quad t_F/℉ = 32 + \frac{9}{5} t/℃$$

$$T/K = t/℃ + 273.15 \tag{14.2.1}$$

当代科学实验室里能产生的最高温度约为 10^8 K, 最低
温度约为 10^{-11} K, 上下跨越了近 20 个数量级, 跨度范围非
常大.

　　表 14.2.1 列出了一些典型的温度值.

表 14.2.1 典型的温度值	
宇宙大爆炸后的 10^{-43} s	10^{32} K
氢弹爆炸中心	10^{8} K
太阳中心和表面	1.5×10^{7} K、6×10^{3} K
地球中心和表面	4×10^{3} K、288 K
钨的熔点	3.6×10^{3} K
月球向阳面和背阴面	4×10^{2} K、90 K
通常所说的室温（20~30 ℃）	293~303 K
水的三相点	273.16 K
高温超导临界温度（1988 年）	125 K
最早发现超导 Hg 临界温度（1911 年）	4.15 K
宇宙背景辐射	2.7 K
核自旋冷却法	2×10^{-10} K
激光冷却法	2.4×10^{-11} K

14-3   理想气体物态方程

描述平衡态下热力学系统各状态参量之间函数关系的方程,称为该系统的物态方程(equation of state).物态方程中都显含有温度 T,宏观上,可以在实验定律基础上结合温标的定义来建立.

根据实验结果,对于一定质量的气体,当压强不太大(和标准大气压相比),温度不太低(和室温相比)时,状态参量 p、V、T 之间有下列关系式:

$$\frac{pV}{T} = C \qquad\qquad (14.3.1)$$

式中常量 C 由气体种类及气体的质量决定. 上式当 T 为常量时给出**玻意耳定律**(Boyle's law),当 p 为常量时给出**盖吕萨克定律**(Gay-Lussac's law),当 V 为常量时给出**查理定律**(Charles' law). 因此,上式概括了三个气体实验定律. 应该指出,上述三条定律都有其局限性和近似性. 温度越高(与室温相比),压强越低(与标准大气压相比),各种气体越精确地服从这三个实验定律. 因此,为了使推理和计算更为简单,我们抽象、概括出**理想气体**(ideal gas)这一概念,即在任何情况下,绝对遵守上述三条实验定律的气体称为**理想气体**. 一般气体在温度不太低,压强不太大时,都可近似地看作理想气体.

阿伏伽德罗定律(Avogadro's law)指出,在相同的温度和压强下,物质的量相等的各种气体所占的体积相同. 我们把气体在温度 $T_0 - 273.15\ \mathrm{K}$,$p_0 = 1\ \mathrm{atm}$ 下的状态称为**标准状态**,其相应的体积为 V_0. 实验指出,1 mol 的任何气体在标准状态下所占有的体积都近似为 22.4 L,我们称该体积为**摩尔体积**(molar volume),用符号 V_m 表示,即 $V_\mathrm{m} = 22.4\ \mathrm{L} \cdot \mathrm{mol}^{-1}$. 平衡态时,我们设某一种气体的质量为 m,每摩尔气体的质量(称为摩尔质量)为 M,在标准状态下,该气体占有的体积为 $V_0 = \dfrac{m}{M} V_\mathrm{m}$,则(14.3.1)式中的常量 C 为

$$C = \frac{pV}{T} = \frac{p_0 V_0}{T_0} = \frac{p_0}{T_0} \frac{m}{M} V_\mathrm{m} \qquad (14.3.2)$$

由于 $\dfrac{p_0 V_\mathrm{m}}{T_0}$ 是与气体种类无关的常量,用 R 表示,通常称为**摩尔气体常量**(molar gas constant),则

$$R = \frac{p_0 V_\mathrm{m}}{T_0} = \frac{1.013 \times 10^5 \times 22.4 \times 10^{-3}}{273.15}\ \mathrm{J} \cdot \mathrm{mol}^{-1} \cdot \mathrm{K}^{-1}$$

$$= 8.31\ \mathrm{J} \cdot \mathrm{mol}^{-1} \cdot \mathrm{K}^{-1} \qquad (14.3.3)$$

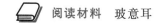
阅读材料　玻意耳

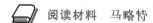
阅读材料　马略特

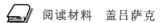
阅读材料　盖吕萨克

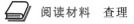
阅读材料　查理

如果 p_0 用 atm 作单位，V_m 用 $L \cdot mol^{-1}$ 作单位，则

$$R = \frac{p_0 V_m}{T_0} = \frac{1 \times 22.4}{273.15} \ atm \cdot L \cdot mol^{-1} \cdot K^{-1}$$

$$\approx 0.082 \ atm \cdot L \cdot mol^{-1} \cdot K^{-1} \qquad (14.3.4)$$

将

$$C = \frac{p_0}{T_0} \frac{m}{M} V_m = \frac{m}{M} R$$

代入(14.3.1)式，得

$$\frac{pV}{T} = \frac{m}{M} R$$

即

$$pV = \frac{m}{M} RT \qquad (14.3.5)$$

上式称为**理想气体物态方程**. 它揭示了理想气体的三个状态参量 p、V、T 之间的关系. 式中：m 为气体质量，M 为气体的摩尔质量，R 为摩尔气体常量，p 为气体压强，V 为气体体积，T 为热力学温度. 在国际单位制中，p、V、T 分别用 Pa、m^3 和 K 作为单位. 能严格满足理想气体物态方程的气体被称为**理想气体**，这也是从宏观上对理想气体作出的定义.

若设气体分子的质量为 m_0，一定量气体的总分子数为 N，已知阿伏伽德罗常量 $N_A = 6.022 \times 10^{23} \ mol^{-1}$，则气体质量 $m = m_0 N$，气体的摩尔质量 $M = m_0 N_A$，上述物态方程可改写为

$$p = \frac{m}{M} \frac{RT}{V} = \frac{m_0 N}{m_0 V} \frac{R}{N_A} T = nkT \qquad (14.3.6)$$

其中

$$k = \frac{R}{N_A} = 1.38 \times 10^{-23} \ J \cdot K^{-1} \qquad (14.3.7)$$

k 称为**玻耳兹曼常量**（Boltzmann constant），这是奥地利物理学家玻耳兹曼（Boltzmann）于 1872 年引入的，是描述一个分子或一个粒子行为的普适常量. 在分子均匀分布的情况

下,$n = \dfrac{N}{V}$ 为单位体积内的分子数,即分子数密度.

这是理想气体物态方程的另外一种常用的形式.它指出,理想气体的压强与分子数密度和热力学温度的乘积成正比.在一定温度和压强下,理想气体物态方程可用于计算分子数密度 n,也可以较方便地讨论一些实际问题.

例 14.3.1

　　两容器容积相同,装有相同质量的氮气和氧气,用一内壁光滑的水平玻璃管相连,玻璃管正中间有一小滴水银,如图 14.3.1 所示.若忽略水银导热,则问:

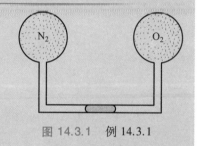

　　(1) 如果两容器内气体的温度相同,水银滴能否在正中间保持平衡?

　　(2) 如果将氧气的温度保持为 $t_1 = 30\ ℃$,氮气的温度保持为 $t_2 = 0\ ℃$,水银滴将向哪一边移动?

　　(3) 要使水银滴不动,并维持两边温度差为 $30\ ℃$($T_{O_2} > T_{N_2}$),则氮气的温度应为多少?

图 14.3.1　例 14.3.1

解　(1) 水银滴是否能在正中间保持平衡取决于左右两侧的气体压强是否相等,根据理想气体物态方程,有

$$p_{N_2} V_{N_2} = \dfrac{m_{N_2}}{M_{N_2}} R T_{N_2}, \quad p_{O_2} V_{O_2} = \dfrac{m_{O_2}}{M_{O_2}} R T_{O_2}$$

假设水银滴位于正中间,应有 $V_{N_2} = V_{O_2}$;又由于两种气体的质量、温度均相等,则气体的压强之比为

$$\dfrac{p_{N_2}}{p_{O_2}} = \dfrac{M_{O_2}}{M_{N_2}} = \dfrac{32}{28} > 1$$

因此,水银滴在两种气体温度相等时不能在正中间保持平衡.

　　(2) 设两种气体达到力学平衡后,温度为 t_1 的氧气的体积为 V_1,温度为 t_2 的氮气的体积为 V_2,则由理想气体物态方程及力学平衡条件 $p_1 = p_2$,有

$$\dfrac{V_1}{V_2} = \dfrac{M_{N_2} T_1}{M_{O_2} T_2} = \dfrac{28 \times (273 + 30)}{32 \times 273} \approx 0.97$$

即 $V_1 < V_2$,表明水银滴向氧气一边移动了.

　　(3) 设氮气的温度为 T,按题目要求,此时氧气的温度应为 $T + 30\ \text{K}$,同时两

种气体的体积和压强也应相等,则可得如下关系式

$$M_{N_2} T_{O_2} = M_{O_2} T_{N_2}$$

代入数据有

$$28 \times (T + 30 \text{ K}) = 32 \times T$$

$$T = \frac{28 \times 30}{32 - 28} \text{ K} = 210 \text{ K}$$

即可知氮气的温度为 210 K.

例 14.3.2

一容器内储有气体,温度为 27 ℃. 问:

(1) 压强为 1.013×10^5 Pa 时,在 1 m³ 中有多少个分子;

(2) 在高真空时,压强为 1.33×10^{-5} Pa,在 1 m³ 中有多少个分子?

解 按公式 $p = nkT$

(1) $n = \dfrac{p}{kT} = \dfrac{1.013 \times 10^5}{1.38 \times 10^{-23} \times 300} \text{ m}^{-3}$

$\approx 2.45 \times 10^{25} \text{ m}^{-3}$

(2) $n = \dfrac{p}{kT} = \dfrac{1.33 \times 10^{-5}}{1.38 \times 10^{-23} \times 300} \text{ m}^{-3}$

$\approx 3.21 \times 10^{15} \text{ m}^{-3}$

例 14.3.3

一容积为 2 500 cm³ 的烧瓶内有 1.0×10^{15} 个氧气分子和 3.3×10^{-7} g 的氩气,设混合气体的温度为 150 ℃,求混合气体的压强.

解 理想气体物态方程 $p = nkT$ 中 n 可理解为单位体积内总的分子数,这一物态方程的前提是不考虑各个分子的精细结构及分子间的相互作用,只要此基本假设成立,则 n 可代表无相互作用混合气体总的分子数密度.

由于氩气的分子个数:$N_{氩} = \dfrac{m}{M_{氩}} N_A = $

$\dfrac{3.3 \times 10^{-7}}{40} \times 6.022 \times 10^{23} \approx 4.97 \times 10^{15}$

则

$$p = nkT = \frac{NkT}{V} = \frac{N_{氧} + N_{氩}}{V} kT$$

$$= \frac{1.0 \times 10^{15} + 4.97 \times 10^{15}}{2\,500 \times 10^{-6}} \times$$

$$1.38 \times 10^{-23} \times 423 \text{ Pa}$$

$$\approx 1.39 \times 10^{-2} \text{ Pa}$$

14-4 理想气体的压强和温度

从微观上讨论分子运动性质与规律时,通常以物质结构的分子假说为出发点,建立起一定的微观模型.

一、理想气体的微观模型

严格遵守理想气体物态方程的气体是理想气体,这是理想气体的宏观模型. 接下来我们介绍气体动理论假设的理想气体微观模型.

1. 理想气体的分子模型

(1)分子本身的大小与分子间的距离相比较,可以忽略不计.

实验表明,在标准状态下,分子间平均距离的数量级为 10^{-9} m. 而分子的线度(直径)的数量级为 10^{-10} m,可知在一般情况下,实际气体分子本身的线度,要比分子之间的平均距离小得多,因此,分子的大小可以忽略不计,分子可以看作质点.

(2)除分子碰撞瞬间外,可以认为分子之间及分子与容器壁之间均无相互作用力.

实验表明,分子力作用范围的数量级为 10^{-10} m,它远小于分子间的平均距离,所以除碰撞的瞬间外,分子间的作用力可以忽略不计.

(3)分子间的相互碰撞以及分子与容器壁之间的碰撞可以视为完全弹性碰撞.

若假设分子间的碰撞或分子与器壁间的碰撞不是完全弹性的,分子的动能将因碰撞而减小,每碰撞一次就减小一次,这样,经过一段时间,所有分子的动能都将变为零,分子的运动便完全停止了,这是与实验事实不相符的. 所以应该假设分子与分子之间以及分子与器壁之间的碰撞都是完全弹性碰撞. 即碰撞前后气体分子的动量守恒,动能也守恒.

综上所述,理想气体分子的微观模型是:遵从经典力学规律而自由地运动着的弹性质点群.

2. 平衡态气体的统计假设(又称分子混沌性假设)

气体处于平衡态时,分子密度处处相等,各方向上的压强亦相等. 因此,对处于平衡态时理想气体分子的热运动,还可作如下统计假设(statistical hypothesis).

(1) 当忽略重力影响时,平衡态气体分子均匀地分布于容器中,即分子数密度 $n = \dfrac{N}{V} = \dfrac{\Delta N}{\Delta V}$ 处处相等.

(2) 在平衡态下,向各个方向运动的分子数目是相等的,因此,分子速度在各个方向上的分量的各种平均值都是相等的. 设 v_x、v_y、v_z 是分子速度的三个分量,根据平衡态的统计假设,应有下式成立

$$\overline{v_x} = \overline{v_y} = \overline{v_z} \tag{14.4.1}$$

$$\overline{v_x^2} = \overline{v_y^2} = \overline{v_z^2} \tag{14.4.2}$$

因为 $\overline{v^2} = \overline{v_x^2} + \overline{v_y^2} + \overline{v_z^2}$,所以有

$$\overline{v_x^2} = \overline{v_y^2} = \overline{v_z^2} = \frac{1}{3}\overline{v^2} \tag{14.4.3}$$

其中, $\quad \overline{v_x} = \dfrac{\sum\limits_{i=1}^{N} v_{ix}}{N}, \overline{v_y} = \dfrac{\sum\limits_{i=1}^{N} v_{iy}}{N}, \overline{v_z} = \dfrac{\sum\limits_{i=1}^{N} v_{iz}}{N}$;

$$\overline{v_x^2} = \dfrac{\sum\limits_{i=1}^{N} v_{ix}^2}{N}, \overline{v_y^2} = \dfrac{\sum\limits_{i=1}^{N} v_{iy}^2}{N}, \overline{v_z^2} = \dfrac{\sum\limits_{i=1}^{N} v_{iz}^2}{N}.$$

应当指出·这种统计假设是对大量分子而言的,是大量分子的统计平均值,气体分子数目越多,准确度就越高. 一

般情况下,这个物理条件是可以满足的,因为在标准状况下 1 m³ 气体中就约有 10^{25} 个分子,即使在宏观上非常小的体积中,从微观上看还是包含着大量分子的.

二、理想气体的压强公式

气体的压强等于气体作用在容器器壁单位面积上的压力. 根据力学定律,该力等于单位时间内分子动量的增量. 当容器中的某个分子带有一定的动量与器壁发生碰撞时,就会对器壁施加一个短暂的作用力,碰撞前后分子动量的变化不同,形成的冲力也不同. 此外,尽管不同分子对器壁的冲力有大有小,而且是不连续的,但是容器中气体分子的数量是巨大的,正是这些大量的分子与器壁的相互作用在宏观上形成了一个持续稳定的均匀压力,犹如密集的雨点打在伞上而使我们感受到一个持续向下的压力一样. 所以,气体的压强是大量气体分子对器壁不断碰撞的结果. 压强这一物理量只具有统计意义,个别分子、少量分子碰撞在器壁上,谈不上压强,只有大量分子碰撞器壁时,在宏观上才能产生均匀稳定的压强.

现在,我们来具体讨论一下理想气体作用在器壁上的压强表达式.

为讨论方便起见,设容器为长方形,边长分别为 l_1, l_2, l_3,体积为 $V = l_1 l_2 l_3$,其中装有 N 个同类理想气体分子,每个分子的质量均为 m_0. 建立直角坐标系 $Oxyz$,并设与 x 轴垂直的两个器壁表面分别为 A_1 与 A_2,如图 14.4.1 所示. 平衡态下,容器壁上各处的压强相同,所以我们只要计算 A_1 面上的压强就可以了.

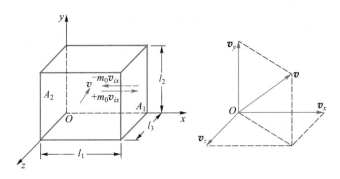

图 14.4.1 理想气体的压强

先考察单个气体分子在一次碰撞中对 A_1 面的作用.

设第 i 个分子的速度为 $\boldsymbol{v}_i$,在直角坐标系中的三个分量分别为 v_{ix}、v_{iy}、v_{iz},与 A_1 面碰撞起作用的是 v_{ix} 分量.当该分子以速度 v_{ix} 与器壁 A_1 面发生碰撞时,因为碰撞是完全弹性的,所以该分子以速度 $-v_{ix}$ 被弹回.根据动量定理,该分子与 A_1 面碰撞一次时,受到器壁的冲量为其动量的增量,即

$$I_i = -m_0 v_{ix} - m_0 v_{ix} = -2 m_0 v_{ix}$$

则该分子施加给 A_1 面的冲量为 $2m_0 v_{ix}$,沿 x 轴正方向.

再考虑单个气体分子在单位时间内对 A_1 面的作用.

第 i 个分子从 A_1 面弹向 A_2 面,经 A_2 面碰撞后再回到 A_1 面.显然,该分子在两个器壁之间往返一次通过的距离为 $2l_1$,因弹性碰撞,碰撞后的速率仍为 v_{ix},所以与 A_1 面连续两次碰撞的时间间隔为 $\Delta t_i = \dfrac{2l_1}{v_{ix}}$,因此,在单位时间内该分子与 A_1 面的碰撞次数为 $\dfrac{v_{ix}}{2l_1}$.单位时间内该分子施加给 A_1 面的冲量为

$$2m_0 v_{ix} \frac{v_{ix}}{2l_1} = \frac{m_0 v_{ix}^2}{l_1}$$

然后考虑容器中大量分子对 A_1 面的作用.

根据动量定理,A_1 面所受平均冲力的大小 $\overline{F}$ 应等于单位时间内容器中所有分子给予 A_1 面冲量的总和,即

$$\overline{F} = \sum_{i=1}^{N} \frac{m_0 v_{ix}^2}{l_1} = \frac{m_0}{l_1} \sum_{i=1}^{N} v_{ix}^2$$

最后,按压强的定义可得到 A_1 面受到的压强为

$$p = \frac{\overline{F}}{l_2 l_3} = \frac{m_0}{l_2 l_3 l_1} \sum_{i=1}^{N} v_{ix}^2 = \frac{N}{V} \cdot m_0 \sum_{i=1}^{N} \frac{v_{ix}^2}{N}$$

$$= \frac{N}{V} \cdot m_0 \left(\frac{v_{1x}^2 + v_{2x}^2 + \cdots + v_{ix}^2 + \cdots + v_{Nx}^2}{N} \right) = n m_0 \overline{v_x^2}$$

式中 $n = \dfrac{N}{V}$ 为分子数密度,$\overline{v_x^2}$ 为容器中 N 个分子沿 x 轴方向速度分量平方的平均值. 根据统计假设(14.4.3)式

$$\overline{v_x^2} = \overline{v_y^2} = \overline{v_z^2} = \frac{1}{3} \overline{v^2}$$

上式可写为

$$p = \frac{1}{3} n m_0 \overline{v^2} \qquad (14.4.4)$$

若以 $\overline{\varepsilon}_{kt}$ 表示气体分子的平均平动动能,即

$$\overline{\varepsilon}_{kt} = \frac{1}{2} m_0 \overline{v^2}$$

则(14.4.4)式又可写为

$$p = \frac{2}{3} n \left(\frac{1}{2} m_0 \overline{v^2} \right) = \frac{2}{3} n \overline{\varepsilon}_{kt} \qquad (14.4.5)$$

(14.4.4)式和(14.4.5)式就是理想气体的压强公式. 早在1857 年,德国物理学家克劳修斯(Clausius)就得到了这一重要关系式.

压强公式表明,理想气体压强的大小取决于分子数密度 n 和分子的平均平动动能 $\overline{\varepsilon}_{kt}$. 从压强公式的推导过程中可以看到,在对单个分子的运动处理时,我们仍认定它遵守经典力学定律,而对大量分子的运动行为特征,我们运用统计平均的方法,最终把宏观物理量压强 p 与大量分子运动的微观物理量的统计平均值 $\overline{v^2}$ 和 $\overline{\varepsilon}_{kt}$ 联系了起来,因而压强描述了大量分子的集体行为,具有统计意义. (14.4.5)式是气体动理论的一个基本公式,它表明了宏观量气体的压强 p 与微观量分子的平均平动动能 $\overline{\varepsilon}_{kt}$ 的关系.

例 14.4.1

某容器内分子数密度为 n_i,每个分子的质量为 m_0,设其中 1/6 分子以速率 v_i 垂直地向容器的一壁运动,而其余 5/6 分子或者离开此壁、或者沿平行于此壁的方向运动,且分子与容器壁的碰撞为完全弹性的.求:

（1）每个分子作用于器壁的冲量;

（2）每秒碰在器壁单位面积上的分子数;

（3）作用在器壁上的压强.

解　（1）分子与容器壁的碰撞为完全弹性的,所以分子碰撞后速度为 $-v_i$. 容器壁对分子的冲量为 $I_i = \Delta p_i = -2m_0 v_i$,每个分子作用于器壁的冲量为 $2m_0 v_i$.

（2）气体分子的运动速率为 v_i,单位时间能与单位面积容器壁碰撞的是体积为 v_i 内 1/6 的分子,即每秒碰在器壁单位面积上的分子数 $n_0 = \dfrac{1}{6} n_i v_i$.

（3）设时间段 Δt 内,碰在面积 ΔA 上的分子个数为 ΔN,分子对容器壁总冲量为 $I = \Delta N I_i$

$$p_i = \frac{\overline{F}}{\Delta A} = \frac{I}{\Delta t \Delta A} = \frac{\Delta N \cdot 2m_0 v_i}{\Delta t \Delta A}$$

$$= n_0 (2m_0 v_i) = \frac{1}{3} m_0 n_i v_i^2$$

三、理想气体温度的微观实质

根据理想气体的压强公式和物态方程,我们可以导出气体的温度与分子平均平动动能的关系,从而进一步阐明温度这一概念的微观实质.

将理想气体压强公式(14.4.5)式与理想气体物态方程的另一形式(14.3.6)式相比较,消去压强 p,得

$$\overline{\varepsilon}_{kt} = \frac{1}{2} m_0 \overline{v^2} = \frac{3}{2} kT, \quad T = \frac{2}{3} \frac{\overline{\varepsilon}_{kt}}{k} \quad (14.4.6)$$

上式给出了在平衡态下理想气体分子的微观量的统计平均值 $\overline{\varepsilon}_{kt}$ 与宏观量温度 T 之间的定量关系,称为**理想气体的能量公式**(或称温度公式),它和压强公式一样,也是气体动理

论的基本公式之一.(14.4.6)式揭示了温度的统计意义和微观实质:即气体的热力学温度是分子平均平动动能的量度;而分子平均平动动能的大小又是分子热运动剧烈程度的反映.所以,温度是气体内分子热运动剧烈程度的标志.这一结论适用于任何物体.(14.4.6)式还表明温度和压强一样,具有统计意义,离开了"大量分子"和"统计平均",仅就个别分子而言,温度是没有意义的.

从能量公式中我们可以得到气体分子速率平方的平均值的平方根,称为方均根速率(root-mean-square speed),用符号 v_{rms} 表示

$$v_{rms} = \sqrt{\overline{v^2}} = \sqrt{\frac{3kT}{m_0}} = \sqrt{\frac{3RT}{M}} \qquad (14.4.7)$$

这是大量气体分子速率平方的平均值的平方根,是一个平均值.在相同的温度下,任何理想气体分子的平均平动动能均相同,但是若分子质量不同,则方均根速率将不同.

另外,据(14.4.6)式推断,当 $T = 0$ K 时,$\overline{\varepsilon}_{kt} = 0$,分子的热运动将停止.实际上,分子的热运动是永不停息的,所以,热力学温度的零度只能接近而不能达到,我们称 0 K 为绝对零度(absolute zero).近代量子理论指出,即使在绝对零度,组成固体的粒子也还具有某种振动能量,称为零点能.至于气体,在温度尚未达到绝对零度前就已经变为液体或固体了,所以,(14.4.6)式也就不再适用了.

例 14.4.2

重氢原子核气体中核的平均平动动能至少为 0.72 MeV 时,才能发生原子核聚合反应,则重氢原子核发生聚合反应所需温度为多少?

解

$$\overline{\varepsilon}_{kt} = \frac{3}{2}kT$$

解得:

$$T = \frac{2\overline{\varepsilon}_{kt}}{3k} = \frac{2 \times 0.72 \times 10^6 \times 1.6 \times 10^{-19}}{3 \times 1.38 \times 10^{-23}} \text{ K}$$

$$\approx 5.57 \times 10^9 \text{ K}$$

例 14.4.3

容器内储有氧气,其压强为 1.013×10^5 Pa,温度为 0 ℃.

（1）求单位体积内的分子数；

（2）求氧气的质量密度；

（3）求氧气分子的质量；

（4）求氧气分子的方均根速率；

（5）求氧气分子的平均平动动能；

（6）若容器是一个边长为 0.30 m 的正方体,当一个分子下降的高度等于容器的边长时,求其重力势能改变,并将其重力势能的改变与其平均平动动能进行比较；

（7）求氧气分子的平均距离.

解 （1）由理想气体物态方程的另一形式 $p = nkT$,可得标准状态下单位体积内的分子数为

$$n = \frac{p}{kT} = \frac{1.013 \times 10^5}{1.38 \times 10^{-23} \times 273} \text{ m}^{-3}$$

$$\approx 2.69 \times 10^{25} \text{ m}^{-3}$$

这一数据是奥地利物理学家洛施密特（Loschmidt）首先于 1865 年算得的,称为洛施密特常量（Loschmidt constant）.

（2）由理想气体物态方程可知,该容器中氧气的质量密度为

$$\rho = \frac{m}{V} = \frac{Mp}{RT}$$

$$= \frac{32 \times 10^{-3} \times 1.013 \times 10^5}{8.31 \times 273} \text{ kg} \cdot \text{m}^{-3}$$

$$\approx 1.43 \text{ kg} \cdot \text{m}^{-3}$$

（3）设氧气分子的质量为 m_0',则由 $\rho = m_0' n$ 可得

$$m_0' = \frac{\rho}{n} = \frac{1.43}{2.69 \times 10^{25}} \text{ kg} \approx 5.32 \times 10^{-26} \text{ kg}$$

（4）氧气分子的方均根速率为

$$v_{\text{rms}} = \sqrt{\overline{v^2}} = \sqrt{\frac{3kT}{m_0'}} = \sqrt{\frac{3RT}{M_{\text{O}_2}}}$$

$$= \sqrt{\frac{3 \times 8.31 \times 273}{32 \times 10^{-3}}} \text{ m} \cdot \text{s}^{-1}$$

$$\approx 461.18 \text{ m} \cdot \text{s}^{-1}$$

（5）该容器中氧气分子的平均平动动能为

$$\overline{\varepsilon}_{\text{kt}} = \frac{3}{2}kT = \frac{3}{2} \times 1.38 \times 10^{-23} \times 273 \text{ J}$$

$$\approx 5.65 \times 10^{-21} \text{ J}$$

（6）题设过程中氧气分子重力势能的改变为

$$\Delta \varepsilon_{\text{p}} = m_0' g \Delta h = 5.32 \times 10^{-26} \times 9.80 \times 0.30 \text{ J}$$

$$\approx 1.56 \times 10^{-25} \text{ J}$$

而 $$\frac{\Delta \varepsilon_{\text{p}}}{\overline{\varepsilon}_{\text{kt}}} \approx 2.76 \times 10^{-5}$$

由此可见,氧气分子重力势能的改变与其平均平动动能相比可以忽略不计.

（7）氧气分子的平均距离为

$$\overline{d} = \sqrt[3]{\frac{1}{n}} = \sqrt[3]{\frac{1}{2.69 \times 10^{25}}} \text{ m} \approx 3.34 \times 10^{-9} \text{ m}$$

例 14.4.4

从压强公式和温度公式导出道尔顿分压定律(Dalton's law of partial pressure):即混合气体的压强等于各种气体分压之和.

证 设有 n 种不发生化学作用的不同气体,每种气体分子的质量分别为 m_1, m_2, $\cdots$. 单位体积内所含分子数分别为 $n_1, n_2, \cdots$,则混合气体单位体积内的分子数为

$$n = n_1 + n_2 + \cdots$$

根据压强公式,混合气体的压强为

$$p = \frac{2}{3}n\left(\frac{1}{2}m\overline{v^2}\right)$$
$$= \frac{2}{3}(n_1 + n_2 + \cdots)\left(\frac{1}{2}m\overline{v^2}\right)$$

又根据能量公式 $\overline{\varepsilon}_{kt} = \frac{3}{2}kT$,在相同温度下,各种气体分子的平均平动动能相等,即

$$\frac{1}{2}m_1\overline{v_1^2} = \frac{1}{2}m_2\overline{v_2^2} = \cdots = \frac{1}{2}m\overline{v^2} = \frac{3}{2}kT$$

式中 $\frac{1}{2}m_1\overline{v_1^2}$, $\frac{1}{2}m_2\overline{v_2^2}$, $\cdots$ 分别表示各种气体的平均平动动能,$\frac{1}{2}m\overline{v^2}$ 代表混合气体的平均平动动能. 所以混合气体的压强为

$$p = \frac{2}{3}n_1\left(\frac{1}{2}m_1\overline{v_1^2}\right) + \frac{2}{3}n_2\left(\frac{1}{2}m_2\overline{v_2^2}\right) + \cdots$$
$$= p_1 + p_2 + \cdots$$

$$p_i = \frac{2}{3}n_i\left(\frac{1}{2}m_i\overline{v_i^2}\right)$$

p_i 表示第 i 种气体单独存在时,即单独占有总体积时的压强,称为第 i 种气体的"分压强",简称分压.

由此可见:混合气体的压强等于各种气体分压之和,这就间接地证明了压强公式和温度公式的正确性.

14-5 能量均分定理 理想气体内能

在讨论理想气体压强公式和温度公式时,我们只考虑了分子的平动,引入了平均平动动能的概念,把分子当作了弹性质点来处理. 实际上,这样处理的结果与实验事实并

不完全相符,我们还必须考虑分子本身的结构. 分子是由原子组成的,单原子分子(如 He,Ne,Ar,Kr,Xe 等)的运动只有平动,而双原子分子(如 H_2,O_2,N_2 等)和多原子分子(如 N_2O,NH_3,CH_4 等)不仅有平动,而且还有转动和同一分子中原子间的振动,因此,气体分子热运动的能量也应包括这些运动所具有的能量. 为了阐明气体分子无规则运动的能量所遵循的统计规律,并且在此基础上求出理想气体的内能,我们需先引入自由度的概念.

一、自由度

1. 力学自由度

确定一个物体的空间位置所需的独立坐标数,称为该物体的自由度(degree of freedom).

显然,自由度是与物体的机械运动方式相关的量. 机械运动的基本方式包括平动、转动和振动,相应地就有平动自由度、转动自由度和振动自由度,分别用符号 t、r、s 来表示,于是,一个物体的总的力学自由度 i 为:$i=t+r+s$.

一个质点在三维空间自由运动(只有平动),需要三个独立坐标来确定它的位置,例如可以用直角坐标系中的 x、y 和 z 三个坐标变量来描述,所以它的自由度为 $i=t=3$. 若质点限定在平面上运动,则自由度为 2;若质点沿一维直线运动,则其自由度为 1.

刚体的一般运动可看作质心的平动和绕通过质心轴转动的叠加. 因此要确定刚体的空间位置,如图 14.5.1 所示,可用三个独立坐标确定质心 C 的位置;用两个独立的方位角(α,β,γ 中任意两个,α、β、γ 之间满足关系式 $\cos^2\alpha+\cos^2\beta+\cos^2\gamma=1$)确定过质心的转轴 AC 的方位;再用一个独立坐标 φ 确定刚体绕 AC 轴转过的角度. 因此刚体的运动一般有 6 个自由度,其中 3 个平动自由度和 3 个转动自由度.

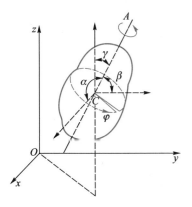

图 14.5.1 刚体的自由度

当然,当刚体的运动受到某些限制时,其自由度也要减少.

2. 分子的自由度

分子由原子组成,在热学中可将原子视为无结构的质点,除单原子分子外,其他分子都有一定的结构和形状,其运动将涉及平动、转动以及分子内原子之间的振动. 通常将原子间距离保持不变的分子称为**刚性分子**,否则称为**非刚性分子**.

单原子分子可以看作是一个能够在空间自由运动的质点,确定它的位置需要 3 个独立坐标 $C(x,y,z)$,如图 14.5.2(a)所示,因此单原子分子有 3 个平动自由度.

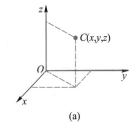

(a)

刚性双原子分子中的两个原子通过化学键相连接,常温下,当两个原子之间不存在振动,原子间距离保持不变时,双原子分子可看作是由两个质点组成的哑铃形状的刚性分子,如图 14.5.2(b)所示. 可用三个独立坐标确定其质心(或任一原子)的位置,再用两个独立的方位角确定两个原子连线的方位,由于两个质点绕其连线为轴的转动是无意义的,所以刚性双原子分子有 3 个平动自由度和 2 个转动自由度,共计 5 个自由度. 非刚性分子内的原子间有微小振动,因而还具有振动自由度. 当研究常温下气体的性质时,对于大多数气体分子,一般可以不考虑分子的振动,将气体分子看作刚性的.

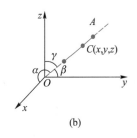

(b)

刚性多原子分子,只要各原子不排列在一条线上,便可视为自由刚体,如图 14.5.2(c)所示,即有 3 个平动自由度和 3 个转动自由度,共计 6 个自由度.

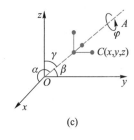

(c)

图 14.5.2 分子的自由度

以上三种分子的自由度如表 14.5.1 所示.

表 14.5.1 刚性气体分子的自由度			
分子种类	平动自由度 t	转动自由度 r	总自由度 i
单原子分子	3	0	3
刚性双原子分子	3	2	5
刚性多原子分子	3	3	6

这里假定分子内各原子间的距离是固定不变的,即所谓"刚性"分子. 对于由 n 个原子组成的非刚性多原子分子,其自由度为 $i = 3n$,其中包括 3 个平动自由度和 3 个转动自由度,其余为振动自由度.

二、能量按自由度均分定理

每类分子都具有 3 个平动自由度,前面我们已经得到理想气体分子的平均平动动能为 $\overline{\varepsilon}_{kt} = \frac{1}{2} m_0 \overline{v^2} = \frac{3}{2} kT$. 在直角坐标系下,根据平衡态的统计假设,气体分子沿各个方向运动的机会均等,有 $\overline{v_x^2} = \overline{v_y^2} = \overline{v_z^2}$,则

$$\overline{\varepsilon}_{kt} = \frac{1}{2} m_0 \overline{v^2} = \frac{1}{2} m_0 \overline{v_x^2} + \frac{1}{2} m_0 \overline{v_y^2} + \frac{1}{2} m_0 \overline{v_z^2} = \frac{3}{2} kT$$

于是有

$$\frac{1}{2} m_0 \overline{v_x^2} = \frac{1}{2} m_0 \overline{v_y^2} = \frac{1}{2} m_0 \overline{v_z^2} = \frac{1}{2} kT \qquad (14.5.1)$$

上式表明,在分子的每一个自由度上都有相同的大小为 $\frac{1}{2} kT$ 的平均能量,即分子的平均平动动能均等地分配给了每一个平动自由度.

这个结论可以推广到分子的转动和振动自由度,也可以推广到温度为 T 的平衡态下的其他物质(包括气体、液体或固体). 经典统计理论从它的基本原理出发,给出了一个普遍的结论:在温度为 T 的平衡态下,物质分子的每一个自由度都具有相同的平均动能,其大小都等于 $\frac{1}{2} kT$. 这就是能量按自由度均分定理(equipartition theorem),简称能量均分定理. 根据这一定理,对于自由度为 i 的分子,在平衡态下其平均动能为

$$\overline{\varepsilon}_k = \frac{i}{2}kT \qquad\qquad (14.5.2)$$

因此,在常温下,单原子分子、刚性双原子分子和刚性多原子分子的平均动能分别是 $\frac{3}{2}kT$、$\frac{5}{2}kT$ 和 $\frac{6}{2}kT$.

必须指出,能量按自由度均分定理是对大量分子热运动动能求统计平均的结果,是一个统计规律. 对于个别分子来说,由于气体分子运动的随机性、无规性,在某一瞬时它的各种形式的动能不一定按自由度均分. 能量均分的物理机制是:气体由非平衡态演化为平衡态的过程是依靠大量分子无规则地、频繁地碰撞并交换能量来实现的. 通过频繁碰撞,一个分子的能量可以传递给另一个分子,一个自由度的能量可以转移到另一个自由度上,当达到平衡态时,能量就按自由度均匀分配了. 因此,平衡态也可以看作是分子的能量实现了按自由度均分的标志.

三、理想气体的内能

在微观理论看来,热现象是组成热力学系统的大量微观粒子热运动的宏观表现,在热学中,把气体中所有分子各种形式的动能(平动动能、转动动能和振动动能)以及分子之间、分子内各原子之间相互作用势能的总和称为气体的内能(internal energy). 对于理想气体,因不考虑分子间的相互作用,分子间的相互作用势能便可忽略不计,对于刚性分子则不考虑原子间的振动,因此刚性分子组成的理想气体的内能就是所有分子各种无规则热运动动能的总和.

根据能量均分定理,一个自由度为 i 的理想气体分子的平均总动能为 $\frac{i}{2}kT$,1 mol 理想气体包含的分子数为 N_A(阿伏伽德罗常量),所以它的内能为

$$E_m = N_A \frac{i}{2}kT = \frac{i}{2}RT \qquad (14.5.3)$$

质量为 m,摩尔质量为 M 的理想气体的内能为

$$E = \frac{m}{M}E_m = \frac{m}{M}\frac{i}{2}RT \qquad (14.5.4)$$

上式表明,对于一定质量的理想气体,其内能只和气体分子的自由度和温度有关,而与气体的压强和体积无关. 在分子结构确定的前提下,理想气体的内能仅是温度的单值函数,即 $E=E(T)$. 这一结论与宏观的实验观测结果相符.

特别要注意,理想气体的内能只是指气体分子各种无规则热运动能量的总和,并不计及分子有规则运动(指整体宏观定向运动)的能量. 气体分子的内能与宏观运动的机械能有明显的区别,不可混为一谈.

例 14.5.1

1 mol 氧气,其温度为 27 ℃. 求:

(1) 一个氧气分子的平均平动动能、平均转动动能和平均总动能;

(2) 1 mol 氧气的内能、平动动能和转动动能;

(3) 温度升高 1 ℃时,其内能增加多少?

解 氧气分子是双原子分子,平动自由度 $t=3$,转动自由度 $r=2$,总自由度 $i=t+r=5$.

(1) 根据能量按自由度均分定理,一个氧气分子的平均平动动能、平均转动动能和平均总动能分别为

$$\bar{\varepsilon}_{kt} = \frac{3}{2}kT = \frac{3}{2}\times 1.38\times 10^{-23}\times(273+27) \text{ J}$$

$$= 6.21\times 10^{-21} \text{ J}$$

$$\bar{\varepsilon}_{kr} = \frac{2}{2}kT = \frac{2}{2}\times 1.38\times 10^{-23}\times 300 \text{ J}$$

$$= 4.14\times 10^{-21} \text{ J}$$

$$\bar{\varepsilon}_k = \frac{5}{2}kT = \frac{5}{2}\times 1.38\times 10^{-23}\times 300 \text{ J}$$

$$\approx 1.04\times 10^{-20} \text{ J}$$

(2) 1 mol 氧气分子的平动动能、转动动能和内能分别为

$$E_{kt} = N_A \frac{3}{2}kT = \frac{3}{2}RT = \frac{3}{2}\times 8.31\times 300 \text{ J}$$

$$\approx 3.74\times 10^3 \text{ J}$$

$$E_{kr} = N_A \frac{2}{2}kT = RT = 8.31\times 300 \text{ J}$$

$$\approx 2.49\times 10^3 \text{ J}$$

$$E = E_{kt} + E_{kr} = \frac{5}{2}RT = \frac{5}{2} \times 8.31 \times 300 \text{ J}$$

$$= 6.23 \times 10^3 \text{ J}$$

（3）当温度升高 1 ℃时，1 mol 氧气

的内能的增量为

$$\Delta E = \frac{i}{2}R\Delta T = \frac{5}{2} \times 8.31 \times 1 \text{ J} \approx 20.8 \text{ J}$$

例 14.5.2

一容积为 2.0×10^{-2} m³ 的密闭绝热容器中储有质量为 100.0 g 的氦气，容器以 200 m·s⁻¹ 的速率作匀速直线运动，若容器突然停止，定向运动的动能全部转化为气体分子热运动的动能，则平衡后氦气的内能、温度、压强以及分子的平均动能各增加多少？

解 按题意，当系统的定向运动动能全部转化为气体分子热运动的动能时，系统内能的增量为

$$\Delta E = E_k = \frac{1}{2}mv^2 = \frac{1}{2} \times 100 \times 10^{-3} \times 200^2 \text{ J}$$

$$= 2\ 000 \text{ J}$$

对于氦气，$i = t = 3$，由理想气体内能公式 $E = \frac{m}{M}\frac{i}{2}RT$ 知，对于一定量的氦气，有

$$\Delta E = \frac{m}{M}\frac{i}{2}R\Delta T$$

则温度的改变为

$$\Delta T = \frac{2M\Delta E}{imR} = \frac{Mv^2}{iR} = \frac{4 \times 10^{-3} \times 200^2}{3 \times 8.31} \text{ K}$$

$$\approx 6.42 \text{ K}$$

由理想气体物态方程知压强的改变为

$$\Delta p = \frac{mR}{VM}\Delta T = \frac{100.0 \times 10^{-3} \times 8.31}{2.0 \times 10^{-2} \times 4 \times 10^{-3}} \times 6.42 \text{ Pa}$$

$$\approx 6.67 \times 10^4 \text{ Pa}$$

设系统总分子数为 N，则 $N = \frac{m}{M}N_A$，由 $\Delta E = N\Delta\bar{\varepsilon}_{kt}$，得分子的平均动能的增量为

$$\Delta\bar{\varepsilon}_{kt} = \frac{\Delta E}{N} = \frac{\frac{1}{2}mv^2}{\frac{m}{M}N_A} = \frac{Mv^2}{2N_A}$$

$$= \frac{4 \times 10^{-3} \times 200^2}{2 \times 6.02 \times 10^{23}} \text{ J}$$

$$\approx 1.33 \times 10^{-22} \text{ J}$$

或 $\Delta\bar{\varepsilon}_{kt} = \frac{3}{2}k\Delta T = \frac{3}{2} \times 1.38 \times 10^{-23} \times 6.42 \text{ J}$

$$\approx 1.33 \times 10^{-22} \text{ J}$$

14-6 麦克斯韦速率分布律

统计物理学认为,一切热现象,其实质是大量微观粒子的热运动在宏观上的表现.在实验上所能观测到的宏观参量包括压强、温度、内能等,都是在平衡态下大量分子热运动的一些微观量的统计平均值.而所涉及的微观量都和分子的运动速度有关.因此,研究平衡态下气体分子的速度分布规律就有着非常重要的意义.如果不考虑分子速度的方向,只考虑分子按速度大小(即速率)的分布称为气体分子速率分布律.

一、速率分布函数

为了描述气体分子按速率的分布规律,首先要引入速率分布函数的概念.分子热运动速率可取 $0 \sim \infty$ 之间的任意值,因此,分子速率为连续的随机变量.在研究大量分子的速率分布时,并不需要追踪每一个分子的运动,而只要知道分子在各种运动状态中的分布情况即可.通常是将 $0 \sim \infty$ 的速率区间划分成许多等间隔的小区间,区间宽度为 $\mathrm{d}v$,由于分子运动的无规性,速率分布在 $v \sim v+\mathrm{d}v$ 区间内的分子是不确定的,从统计的角度看,我们也无须知道速率分布在 $v \sim v+\mathrm{d}v$ 区间内的究竟是哪些分子,我们只需知道速率分布在 $v \sim v+\mathrm{d}v$ 区间内的分子数究竟有多少.

设一定量气体的总分子数为 N,而速率分布在 $v \sim v+\mathrm{d}v$ 区间内的分子数为 $\mathrm{d}N$,则 $\dfrac{\mathrm{d}N}{N}$ 就表示了速率分布在 $v \sim v+\mathrm{d}v$ 区间内的分子数占气体总分子数的百分比.按照概率的定义,当 N 很大时,这一百分比可以代表一个分子的速率在 $v \sim v+\mathrm{d}v$ 区间内取值的概率.显然,一般地,这一百分比 $\dfrac{\mathrm{d}N}{N}$

阅读材料 麦克斯韦速率分布律的建立

阅读材料 麦克斯韦

在不同的速率区间是不同的,也即 $\dfrac{\mathrm{d}N}{N}$ 应是速率 v 的某个函数;另一方面,在给定的速率 v 附近,如果所取的间隔 $\mathrm{d}v$ 越大,则百分比 $\dfrac{\mathrm{d}N}{N}$ 也越大,可以认为 $\dfrac{\mathrm{d}N}{N}$ 与 $\mathrm{d}v$ 成正比,因此就有

$$\frac{\mathrm{d}N}{N} = f(v)\,\mathrm{d}v$$

或

$$f(v) = \frac{\mathrm{d}N}{N\mathrm{d}v} \qquad (14.6.1)$$

式中函数 $f(v)$ 称为分子的**速率分布函数**(speed distribution function). 其物理意义是:分子的速率分布在 v 附近单位速率区间内的分子数占总分子数的百分比,从概率的角度看,$f(v)$ 也表示了单个分子的速率处于 v 附近单位速率区间内的概率,因此速率分布函数又称为**概率密度**(probability density)函数.

二、麦克斯韦速率分布律

1859 年,麦克斯韦(J. C. Maxwell)最早用概率统计的方法,从理论上得出了平衡态下理想气体分子按速率分布的统计规律,因此称为**麦克斯韦速率分布律**(Maxwell speed distribution law),它指出:平衡态下,理想气体分子速率在 $v \sim v+\mathrm{d}v$ 区间内的分子数占气体总分子数的百分比为

$$\frac{\mathrm{d}N}{N} = 4\pi\left(\frac{m_0}{2\pi kT}\right)^{3/2} \mathrm{e}^{-m_0 v^2/2kT} v^2\,\mathrm{d}v \qquad (14.6.2)$$

比较(14.6.1)式可得**麦克斯韦速率分布函数**(Maxwell speed distribution function)为

$$f(v) = 4\pi\left(\frac{m_0}{2\pi kT}\right)^{3/2} \mathrm{e}^{-m_0 v^2/2kT} v^2 \qquad (14.6.3)$$

(14.6.2)式适用于平衡态下的理想气体,式中 T 为气体的热力学温度, m_0 为分子的质量, k 为玻耳兹曼常量.

下面对麦克斯韦速率分布函数作一些简单的讨论.

(1)根据分布函数作出的 $f(v)$ 与 v 的关系曲线称为麦克斯韦速率分布曲线,如图 14.6.1 所示.速率分布曲线形象地给出了气体分子按速率的分布情况.从中可以看出,气体分子的速率可以取大于零的一切值,具有很大速率或很小速率的分子数较少,其百分比较低,而具有中等速率的分子数较多,百分比较高.

图 14.6.1　麦克斯韦速率分布曲线

(2)在横坐标轴上任一速率 v 附近取速率间隔 $v \sim v+\mathrm{d}v$,与该速率间隔对应的曲线下的窄条矩形面积为 $f(v)\mathrm{d}v = \dfrac{\mathrm{d}N}{N}$,显然,该小面积表示速率分布在该速率间隔内的分子数的百分比,或者说表示分子速率分布在该速率间隔内的概率.

(3)任一有限范围 $v_1 \sim v_2$ 曲线下的面积则表示分布在该有限范围 $v_1 \sim v_2$ 内的分子数占总分子数的百分比,可用积分法求出,即

$$\frac{\Delta N}{N} = \int_{v_1}^{v_2} f(v)\,\mathrm{d}v \qquad (14.6.4)$$

(4)曲线下的总面积等于分布在整个速率范围内所有各个速率间隔内的分子数的百分比的总和,显然这个总和应等于 1,即

$$\int_0^{\infty} f(v)\,\mathrm{d}v = 1 \qquad (14.6.5)$$

这个关系式是由速率分布函数的物理意义所决定的,它是速率分布函数 $f(v)$ 所必须满足的条件,称为**分布函数的归一化条件**(nomalizing condition).

(5)与分布函数曲线的极大值对应的速率称为**最概然速率**(most probable speed),用 v_p 表示,它的物理意义是:如果把整个速率范围分成许多相等的小区间,则分布在 v_p 所

在小区间的分子数占总分子数的百分比最大．其概率意义是：分子速率可取各种值，而最可能的取值为 v_p. v_p 可由分布函数对 v 求极值得到，即

$$\frac{\mathrm{d}}{\mathrm{d}v}f(v) = 0$$

将（14.6.3）式代入，可得

$$v_p = \sqrt{\frac{2kT}{m_0}} = \sqrt{\frac{2RT}{M}} \approx 1.41\sqrt{\frac{RT}{M}} \qquad (14.6.6)$$

（14.6.3）式和（14.6.6）式表明，分布函数 $f(v)$ 和最概然速率 v_p 仅与气体分子质量 m_0 和温度 T 有关．对于给定的气体（m_0 一定），分布曲线的形状随温度改变，v_p 随温度增加而增加；在同一温度下，分布曲线的形状因气体不同而异，v_p 随分子质量的增大而减小．图 14.6.2（a）给出了同种气体在不同温度下的麦克斯韦速率分布曲线．由 $v_{p2} > v_{p1}$，可知 $T_2 > T_1$．当温度升高时，分子的无规则运动加剧，气体中速率较小的分子数减小而速率较大的分子数增加，最概然速率变大，于是曲线的极大值移向速率大的一方．根据归一化条件，由于曲线下的面积恒等于 1，所以温度升高时，整个曲线变得平坦．图 14.6.2（b）给出了在温度一定条件下不同种类气体的麦克斯韦速率分布曲线．由 $v_{p2} > v_{p1}$，可知 $M_2 < M_1$，即质量较小的分子的速率分布曲线的峰值对应更大的速率．根据温度公式 $\overline{\varepsilon}_{kt} = \frac{3}{2}kT$，在温度相同时，两种气体分子的平均平动动能相等，所以质量小的气体分子，其速率的平均值会更大．

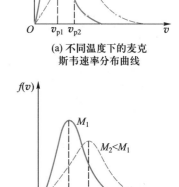

(a) 不同温度下的麦克斯韦速率分布曲线

(b) 不同摩尔质量下的麦克斯韦速率分布曲线

图 14.6.2

三、理想气体分子的三种统计速率

利用麦克斯韦速率分布函数，可以求出平衡态下一些与分子无规则运动有关的物理量的统计平均值．典型的是

最概然速率、平均速率以及方均根速率这三种速率.

与速率分布曲线的最大值所对应的速率称为最概然速率,用 v_p 表示,上面已求出

$$v_p = \sqrt{\frac{2kT}{m_0}} = \sqrt{\frac{2RT}{M}} \approx 1.41\sqrt{\frac{RT}{M}}$$

大量分子的速率的算术平均值称为分子的平均速率,常用 $\bar{v}$ 表示. 根据算术平均值的定义,平均速率为分子的速率之和 $\int v\mathrm{d}N$ 除以分子个数 $\int \mathrm{d}N$,即

$$\bar{v} = \frac{\int v\mathrm{d}N}{\int \mathrm{d}N} = \frac{\int_0^\infty vNf(v)\,\mathrm{d}v}{N} = \int_0^\infty vf(v)\,\mathrm{d}v$$

$$= 4\pi\left(\frac{m_0}{2\pi kT}\right)^{3/2}\int_0^\infty v^3 \mathrm{e}^{-m_0 v^2/2kT}\mathrm{d}v$$

利用高斯积分公式

$$\int_0^\infty x^3 \mathrm{e}^{-\lambda x^2}\mathrm{d}x = \frac{1}{2\lambda^2}$$

可得平衡态理想气体分子的平均速率为

$$\bar{v} = \sqrt{\frac{8kT}{\pi m_0}} = \sqrt{\frac{8RT}{\pi M}} \approx 1.60\sqrt{\frac{RT}{M}} \qquad (14.6.7)$$

同理,可求得气体分子速率平方的平均值为

$$\overline{v^2} = \frac{\int v^2\mathrm{d}N}{\int \mathrm{d}N} = \frac{\int_0^\infty v^2 Nf(v)\,\mathrm{d}v}{N} = \int_0^\infty v^2 f(v)\,\mathrm{d}v$$

$$= 4\pi\left(\frac{m_0}{2\pi kT}\right)^{3/2}\int_0^\infty v^4 \mathrm{e}^{-m_0 v^2/2kT}\mathrm{d}v$$

利用高斯积分公式

$$\int_0^\infty x^4 \mathrm{e}^{-\lambda x^2}\mathrm{d}x = \frac{3}{8}\sqrt{\frac{\pi}{\lambda^5}}$$

得

$$\overline{v^2} = \frac{3kT}{m_0} = \frac{3RT}{M}$$

于是,平衡态理想气体分子的方均根速率为

$$v_{\mathrm{rms}} = \sqrt{\overline{v^2}} = \sqrt{\frac{3kT}{m_0}} = \sqrt{\frac{3RT}{M}} \approx 1.73\sqrt{\frac{RT}{M}} \quad (14.6.8)$$

这一结果与由温度公式得出的结果(14.4.7)式完全相同.

由此可知,理想气体分子热运动的三种统计速率的共同特征是:都与 $\sqrt{T}$ 成正比,与 $\sqrt{m_0}$ 或 $\sqrt{M}$ 成反比. 它们的大小关系为 $v_{\mathrm{p}} < \overline{v} < v_{\mathrm{rms}}$. 在室温下,它们的数量级一般为 $10^2\ \mathrm{m\cdot s^{-1}}$. 三种统计速率含义不同,各有用途,讨论分子速率分布状况时,常用 v_{p};讨论分子无规则运动平均能量时,常用 v_{rms};而讨论分子碰撞频率和平均自由程时,常用 $\overline{v}$.

例 14.6.1

根据麦克斯韦速率分布律,试证明速率在最概然速率 $v_{\mathrm{p}} \sim v_{\mathrm{p}}+\Delta v$ 区间内的分子数占总分子数的百分比与最概然速率成反比(设 Δv 很小).

证明 由 $v_{\mathrm{p}} = \sqrt{\frac{2kT}{m_0}}$,可得 $\frac{m_0}{2kT} = \frac{1}{v_{\mathrm{p}}^2}$,代入麦克斯韦速率分布函数,有

$$f(v) = 4\pi\left(\frac{m_0}{2\pi kT}\right)^{\frac{3}{2}} e^{-\frac{m_0 v^2}{2kT}} v^2 = \frac{4}{\sqrt{\pi}} v_{\mathrm{p}}^{-3} e^{-\left(\frac{v}{v_{\mathrm{p}}}\right)^2} v^2$$

当 $v = v_{\mathrm{p}}$ 时

$$f(v_{\mathrm{p}}) = \frac{4}{\sqrt{\pi}} v_{\mathrm{p}}^{-3} e^{-\left(\frac{v_{\mathrm{p}}}{v_{\mathrm{p}}}\right)^2} v_{\mathrm{p}}^2 = \frac{4}{\sqrt{\pi}} e^{-1} v_{\mathrm{p}}^{-1}$$

气体分子热运动速率介于 $v_{\mathrm{p}} \sim v_{\mathrm{p}}+\Delta v$ 的分子数

$$\frac{\Delta N}{N} = f(v_{\mathrm{p}})\Delta v = \frac{4}{\sqrt{\pi}} e^{-1} v_{\mathrm{p}}^{-1} \Delta v$$

当速率区间 Δv 相同时,v_{p} 越大,$\frac{\Delta N}{N}$ 越小. 对于给定的气体(m_0 为常量),麦克斯韦速率分布曲线中最概然速率 v_{p} 与 $\sqrt{T}$ 成正比,在 v_{p} 附近出现的分子数与 $\frac{1}{\sqrt{T}}$ 成正比,所以随着温度的升高,最概然速率出现的位置向右移动. 与此同时,在 v_{p} 附近出现的分子数相应减少,所以,为了满足归一化条件,分布函数会变得扁平. 温度一定时,对于不同种类的气体,麦克斯韦速率分布曲线中最概然速率 v_{p} 与 $\frac{1}{\sqrt{m_0}}$ 成正比,

在 v_p 附近所出现的分子数与 $\sqrt{m_0}$ 成正比，所以质量较小的分子，其最概然速率大．与此同时，在 v_p 附近所出现的分子数较少．所以分子质量较小的气体，其分布函数更扁平．

例 14.6.2

在平衡态下，理想气体分子服从麦克斯韦速率分布律，分布函数为 $f(v)$，分子质量为 m_0，最概然速率为 v_p，总分子数为 N．试说明下列各式的物理意义：

(1) $\displaystyle\int_{v_p}^{\infty} f(v)\,\mathrm{d}v$;

(2) $\displaystyle\int_{0}^{v_p} vf(v)\,\mathrm{d}v$;

(3) $\displaystyle\int_{0}^{\infty} \frac{1}{v}f(v)\,\mathrm{d}v$.

解 (1) 因为

$$\int_{v_p}^{\infty} f(v)\,\mathrm{d}v = \frac{\displaystyle\int_{v_p}^{\infty} Nf(v)\,\mathrm{d}v}{N}$$

$$= \frac{\displaystyle\int_{v_p}^{\infty}\mathrm{d}N}{N} = \frac{\Delta N}{N}$$

所以该式表示速率处于 $v_p \sim \infty$ 区间的分子数占总分子数的百分比，或者说，气体分子中任意一个分子的速率处于 $v_p \sim \infty$ 区间的概率．

(2) 因为

$$\int_{0}^{v_p} vf(v)\,\mathrm{d}v = \frac{\displaystyle\int_{0}^{v_p} vNf(v)\,\mathrm{d}v}{N}$$

$$= \frac{1}{N}\int_{0}^{v_p} v\,\mathrm{d}N$$

所以该式表示速率处于 $0 \sim v_p$ 区间的分子的速率之和除以总分子数．

(3) 因为

$$\int_{0}^{\infty} \frac{1}{v}f(v)\,\mathrm{d}v = \frac{\displaystyle\int_{0}^{\infty} \frac{1}{v}Nf(v)\,\mathrm{d}v}{N} = \frac{\displaystyle\int_{0}^{\infty} \frac{1}{v}\mathrm{d}N}{N}$$

所以该式表示分子速率倒数的平均值．

例 14.6.3

计算地球表面的逃逸速度以及 H_2、He、N_2、O_2、CO_2 分子的方均根速率. 设地球表面温度为 290 K,地球质量为 $m_E = 5.97 \times 10^{24}$ kg,地球半径为 $R_E = 6\,378$ km.

解 由力学原理知,一个分子飞离地球的逃逸速度 v_{es} 可由分子的动能等于相对于无穷远的引力势能求得,即由

$$\frac{1}{2}mv_{es}^2 = G\frac{mm_E}{R_E}$$

得

$$v_{es} = \sqrt{\frac{2Gm_E}{R_E}}$$

$$= \sqrt{\frac{2 \times 6.67 \times 10^{-11} \times 5.97 \times 10^{24}}{6\,378 \times 10^3}}\ \text{m}\cdot\text{s}^{-1}$$

$$\approx 1.12 \times 10^4\ \text{m}\cdot\text{s}^{-1}$$

而

$$\sqrt{v_{H_2}^2} = \sqrt{\frac{3RT}{M_{H_2}}} = \sqrt{\frac{3 \times 8.31 \times 290}{2 \times 10^{-3}}}\ \text{m}\cdot\text{s}^{-1}$$

$$\approx 1.90 \times 10^3\ \text{m}\cdot\text{s}^{-1}$$

$$\sqrt{v_{He}^2} = \sqrt{\frac{3RT}{M_{He}}} = \sqrt{\frac{3 \times 8.31 \times 290}{4 \times 10^{-3}}}\ \text{m}\cdot\text{s}^{-1}$$

$$\approx 1.34 \times 10^3\ \text{m}\cdot\text{s}^{-1}$$

$$\sqrt{v_{N_2}^2} = \sqrt{\frac{3RT}{M_{N_2}}} = \sqrt{\frac{3 \times 8.31 \times 290}{28 \times 10^{-3}}}\ \text{m}\cdot\text{s}^{-1}$$

$$\approx 5.08 \times 10^2\ \text{m}\cdot\text{s}^{-1}$$

$$\sqrt{v_{O_2}^2} = \sqrt{\frac{3RT}{M_{O_2}}} = \sqrt{\frac{3 \times 8.31 \times 290}{32 \times 10^{-3}}}\ \text{m}\cdot\text{s}^{-1}$$

$$\approx 4.75 \times 10^2\ \text{m}\cdot\text{s}^{-1}$$

$$\sqrt{v_{CO_2}^2} = \sqrt{\frac{3RT}{M_{CO_2}}} = \sqrt{\frac{3 \times 8.31 \times 290}{44 \times 10^{-3}}}\ \text{m}\cdot\text{s}^{-1}$$

$$\approx 4.05 \times 10^2\ \text{m}\cdot\text{s}^{-1}$$

由以上计算可知,当 $\sqrt{v^2} \ll v_{es}$ 时,气体分子的无规则热运动动能远小于地球对它的引力势能,从而不能摆脱地球对它的束缚,于是在地球表面形成稳定的大气层,N_2、O_2、CO_2 分子等构成了现今地球大气的主要成分.

例 14.6.4

计算气体分子热运动速率介于 $v_p \sim v_p + v_p/100$ 的分子数占总分子数的百分比.

解 根据麦克斯韦速率分布律,在 Δv 较小时,引入 $u = \dfrac{v}{v_p}$,$\Delta u = \dfrac{\Delta v}{v_p}$,可将麦克斯韦速率分布律改写为近似表达式

$$\frac{\Delta N}{N} = f(u)\Delta u = \frac{4}{\sqrt{\pi}}u^2 e^{-u^2}\Delta u$$

本题中,求速率介于 $v_p \sim v_p + v_p/100$ 的分子数占总分子数的百分比,可取 $v = v_p$,$\Delta v = 0.01 v_p$,则 $u = 1$,$\Delta u = 0.01$,得

$$\frac{\Delta N}{N} = f(u)\Delta u = \frac{4}{\sqrt{\pi}} u^2 e^{-u^2} \Delta u$$

$$= \frac{4}{\sqrt{\pi}} \times 1^2 \times e^{-1} \times 0.01$$

$$\approx 0.83\%.$$

例 14.6.5

已知某粒子系统中粒子的速率分布曲线如图 14.6.3 所示,即

$$f(v) = \begin{cases} kv^3 & (0 < v < v_0) \\ 0 & (v_0 < v < \infty) \end{cases}$$

(1) 求比例常数 k;

(2) 求粒子的平均速率 $\bar{v}$;

(3) 速率在 $0 \sim v_1$ 的粒子占总粒子数的 $1/16$,求 v_1.(答案均以 v_0 表示)

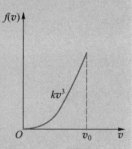

图 14.6.3   例 14.6.5

解 (1) 根据归一化条件,分布函数下的面积为 1,即

$$\int_0^{v_0} kv^3 dv = \frac{1}{4} kv_0^4 = 1$$

得

$$k = \frac{4}{v_0^4}$$

(2) $\bar{v} = \int_0^{\infty} vf(v)dv = \int_0^{v_0} v \cdot \frac{4}{v_0^4} \cdot v^3 dv$

$$= \frac{4}{v_0^4} \cdot \frac{1}{5} v^5 \Big|_0^{v_0} = \frac{4}{5} v_0$$

(3) $\dfrac{N\displaystyle\int_0^{v_1} f(v)dv}{N} = \dfrac{1}{16}$

$$\int_0^{v_0} k v^3 dv = \int_0^{v_1} \frac{4}{v_0^4} v^3 dv = \frac{v_1^4}{v_0^4} = \frac{1}{16}$$

即

$$v_1 = \frac{v_0}{2}$$

四、麦克斯韦速率分布律的实验验证

由于测量技术、高真空技术等实验技术的限制,麦克斯韦速率分布律直到 20 世纪 20 年代以后才获得实验验证.

比较典型的实验包括由我国物理学家葛正权在1934年完成的实验以及由密勒和库什在 1955 年完成的实验．这些实验所采用的原理大致相同．葛正权是以精确的实验数据验证麦克斯韦速率分布的第一人，在此简单介绍一下葛正权实验的原理．

实验装置的原理图如图 14.6.4 所示，实验测定的是金属铋（Bi）蒸气分子的速率分布．O 是产生 Bi 蒸气的蒸气源，S_1、S_2、S_3 是三个对准的狭缝．由蒸气源溢出的分子经过狭缝后，形成一窄束分子射线．R 是一个可以绕几何中心轴转动的空心圆筒，直径为 d．弯曲玻璃片 G 贴合在 R 的内壁上，分子射线最终沉积在 G 上．全部装置放在真空度约为 $1.33×10^{-3}$ Pa 的容器中．实验时，如果 R 静止，则分子射线进入 R 后沿直线射向 G 上正对着 S_3 的 P 处，并在那里沉积，形成一金属 Bi 窄条；当 R 以一定角速度旋转时，由于 Bi 分子从 S_3 到达 G 需要走过的距离为 d，需要一段时间，在这段时间内，G 转过一定的角度．若速率为 v 的分子到达 G 时，弯曲玻璃片上的 P' 处恰好转到正对 S_3 狭缝处（原来 P 处所在位置），则速率为 v 的分子沉积在 P' 处，P 处到 P' 处的弧长用 s 表示，从时间的角度考虑，有

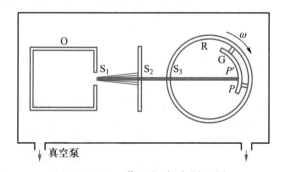

图 14.6.4   葛正权实验原理图

$$\frac{d}{v} = \frac{s}{(d/2)\omega}, \quad v = \frac{d^2\omega}{2s} \qquad (14.6.9)$$

ω 和 d 为定值，则弧长 s 与速率 v 一一对应．

实验所用 Bi 蒸气的温度约为 900 ℃，S_1 的宽度为

0.05 mm,长为 10 mm,S_2 和 S_3 的宽度为 0.60 mm,长为 10 mm,圆筒直径为 18.8 cm,R 以 30 000 r/min 的恒定转速转动约 10~20 h 后,用测微光度计测定 G 上各处金属 Bi 分子沉积层的厚度,并通过沉积层厚度与弧长 s 的变化关系来确定 Bi 分子的速率分布律. 实验结果与麦克斯韦速率分布律给出的理论结果符合得很好.

14-7　玻耳兹曼分布律

一、玻耳兹曼分布律

阅读材料　玻耳兹曼

在麦克斯韦速率分布律中讨论分子运动时,忽略了外场作用对分子运动的影响,认为分子在空间的分布是均匀的(即分子数密度 n 处处相等),并且在其分布函数的指数项中只出现了分子的平动动能 $\varepsilon_{kt} = \dfrac{1}{2} m_0 v^2$,即麦克斯韦速率分布函数可表示为

$$f(v) = 4\pi \left(\frac{m_0}{2\pi kT} \right)^{3/2} e^{-\frac{\varepsilon_{kt}}{kT}} v^2$$

式中 $\varepsilon_{kt} = \dfrac{1}{2} m_0 v^2$.

玻耳兹曼把麦克斯韦速率分布律推广到处于保守力场中的气体,此时,气体分子的能量不仅包括分子的动能 ε_{kt},还应包括分子在保守力场中的势能 ε_p,分子能量 $\varepsilon = \varepsilon_{kt} + \varepsilon_p$. 由于考虑了保守力场作用对分子的影响,气体分子在空间的分布不再均匀. 显然,在考虑气体分子热运动的分布问题时,不但要指明它的速率区间,同时还应指明它所在的空间区域. 玻耳兹曼把麦克斯韦速率分布律推广为以下形式.

当系统在外力场中处于平衡态时,其中坐标介于 $x \sim x+dx$; $y \sim y+dy$; $z \sim z+dz$ 区间,同时速度介于 $v_x \sim v_x+dv_x$; $v_y \sim v_y+dv_y$; $v_z \sim v_z+dv_z$ 区间的分子数为

$$dN = n_0 \left(\frac{m_0}{2\pi kT} \right)^{3/2} e^{-(\varepsilon_{kt}+\varepsilon_p)/kT} dv_x dv_y dv_z dx dy dz$$

$$(14.7.1)$$

式中 n_0 表示势能为零处单位体积内具有各种速率的分子数,此结论称为**玻耳兹曼分子按能量分布律**,简称**玻耳兹曼分布律**(Boltzmann distribution law).

上式对 $dv_x dv_y dv_z$ 积分,考虑到动能 ε_{kt} 与位置无关,并利用麦克斯韦分布函数的归一化条件:

$$\iiint\limits_{\pm\infty} \left(\frac{m_0}{2\pi kT} \right)^{3/2} e^{-\varepsilon_{kt}/kT} dv_x dv_y dv_z = 1$$

则,分布在坐标区间 $x \sim x+dx$; $y \sim y+dy$; $z \sim z+dz$ 内具有各种速度的分子数为

$$dN' = n_0 e^{-\varepsilon_p/kT} dx dy dz$$

于是分布在坐标区间 $x \sim x+dx$; $y \sim y+dy$; $z \sim z+dz$ 内单位体积的分子数为

$$n = \frac{dN'}{dx dy dz} = n_0 e^{-\frac{\varepsilon_p}{kT}} \qquad (14.7.2)$$

(14.7.2)式是玻耳兹曼分布律常用形式之一,即分子数密度按势能的分布律.

玻耳兹曼分布律表明,在势场中的分子总是优先占据能量较低的状态. 分布律中的指数因子 $e^{-\frac{\varepsilon_p}{kT}} = \frac{n}{n_0}$ 反映了在一定温度下分子具有势能 ε_p 的概率.

实验证明,玻耳兹曼分布律是自然界中的一个普遍规律,它对任何物质的微粒(气体、液体、固体的原子和分子、布朗粒子等)在任何保守力场(如重力场、静电场)中运动的情形都成立.

二、重力场中微粒按高度的分布

作为玻耳兹曼分布律的一个例子,当气体分子处于重力场中时,分子势能 $\varepsilon_p = m_0 gz$,那么,分布在高度 z 处单位体积内的分子数为

$$n = n_0 \mathrm{e}^{-\frac{m_0 gz}{kT}} \tag{14.7.3}$$

式中 n_0 表示 $z = 0$ 处单位体积内具有各种速率的分子数. 上式表明,在重力场中气体分子数密度随高度增加而按指数规律减小.

应用(14.7.3)式及 $p = nkT$ 可得

$$p = p_0 \mathrm{e}^{-\frac{m_0 gz}{kT}} = p_0 \mathrm{e}^{-\frac{Mgz}{RT}} \tag{14.7.4}$$

式中 $p_0 = n_0 kT$ 为 $z = 0$ 处的压强,上式称为**等温气压公式**,可用于估算不同高度处的大气压强,在登山和航空中,也可以根据大气压强随高度的变化来估算高度的变化. 气压式高度表就是依据此原理制成的.

例 14.7.1

试根据等温气压公式估算珠穆朗玛峰海拔 8 848 m 处的大气压强. 假设海平面上大气压强为 $p_0 = 1.0 \times 10^5$ Pa,温度为 273 K,忽略温度随高度的变化. 若某人在海平面上每分钟呼吸 17 次,他在珠穆朗玛峰上应呼吸多少次才能吸入同样质量的空气?

解　等温气压公式

$$p = p_0 \mathrm{e}^{-\frac{m_0 gz}{kT}} = p_0 \mathrm{e}^{-\frac{Mgz}{RT}}$$

取 $M = 29 \times 10^{-3}$ kg·mol^{-1},代入 p_0、T 的值,有

$$p = 1.0 \times 10^5 \mathrm{e}^{-\frac{29 \times 10^{-3} \times 9.8 \times 8\,848}{8.31 \times 273}} \text{ Pa} \approx 0.33 \times 10^5 \text{ Pa}$$

人在峰顶的呼吸次数

$$\frac{17 p_0}{p} = \frac{17 \times 1.0 \times 10^5}{0.33 \times 10^5} \approx 51.5$$

$p = 0.33 p_0$,即珠穆朗玛峰顶处大气压强是海平面上大气压强的 0.33. 相同质量的空气在峰顶的体积是在海平面体积的 0.33,人在峰顶会面临严重的供氧不足的问题. 由于大气中温度并不均匀,气体也没有完全达到平衡态,所以以上计算只是粗略的估算.

三、统计规律性和涨落现象

从上面的讨论中可知,尽管组成气体的每一个分子的运动速度的大小和方向都是偶然的、随机的,但从宏观、整体的角度来看,由大量分子组成的气体都有着稳定的分布.这表明,这些大量偶然事件服从一定的分布规律.这种微观上千变万化、完全偶然,而宏观上具有一定规律的性质称为**统计规律性**,统计规律是对大量偶然事件整体起作用的规律.以气体分子速率的统计分布为例,尽管每一个粒子的运动是由动力学规律所制约的,但当体系中所包含的粒子数目巨大时,就导致在本质上以全新的运动形式出现,运动形式发生了从量到质的飞跃.这种大数量粒子体系所表现出的最重要的特点之一,就是在一定宏观条件下的稳定性,这是由统计规律所制约的.

统计规律的另一个特点是永远伴随着涨落.在分子动理论观点看来,一切与热运动有关的宏观量(如温度、压强等)的数值都是统计平均值,而实际的测量值都与统计平均值存在着偏差,这称为**涨落**(fluctuation).有关涨落的例子很多.**布朗运动**(Brownian motion)就是典型的例子.布朗运动是液体或气体中线度只有 10^{-6} m 数量级的布朗粒子在其周围的液体或气体分子撞击下进行的一种无规则运动,其实质是液体或气体分子热运动涨落的表现.由于布朗运动的粒子线度只有 10^{-6} m 数量级,其表面积很小,因而同时与其相碰撞的分子数 N 就不是足够大,从而造成沿不同方向与布朗粒子相碰撞的分子数出现明显的涨落,导致各方向分子撞击布朗粒子的力不能抵消,这种随机力使布朗粒子不停地无规则地运动着.除布朗运动外,光在空气中的散射现象也是由于介质密度的涨落引起的.在各种电路中也可以观察到由于带电粒子的热运动而引起的电流涨落,这种涨落往往会严重影响仪器的工作.在电子管、半导体

阅读材料 布朗

器件等中的电流涨落所引起的"噪声"是限制电子学、自动控制等仪器灵敏度的基本原因之一. 因此,研究涨落具有非常重要的实际意义.

14-8 气体分子的平均自由程和平均碰撞频率

根据分子动理论,气体中大量分子都处于永不停息的热运动中,气体分子在热运动中必然要发生分子间的相互碰撞,这种碰撞一般来说是极其频繁的. 就个别分子来说,它与其他分子何时在何地发生碰撞,单位时间内与其他分子会发生多少次碰撞,每连续两次碰撞之间可以自由运动多长的路程等,这些都是偶然的、不可预测的,但对大量分子构成的整体来说,分子间的碰撞却服从着确定的统计规律.

由于分子运动的无规性,一个分子在任意两次连续碰撞之间所通过的自由路程和所需要的时间,都具有偶然性,如图 14.8.1 所示. 对于由大量分子所组成的热力学系统,可以采用统计平均的方法确定其平均值. 分子在连续两次碰撞之间所通过的自由路程的平均值,称为平均自由程(mean free path),以 $\bar{\lambda}$ 表示;每个分子在单位时间内所受到的平均碰撞次数,称为平均碰撞频率(mean collision frequency),以 $\bar{z}$ 表示.

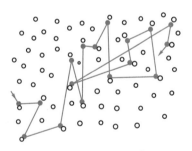

图 14.8.1 气体分子的碰撞

平均自由程与平均碰撞频率之间存在着简单的关系. 假设分子都以平均速率 $\bar{v}$ 运动,在 Δt 时间内分子通过的路程为 $\bar{v}\Delta t$,碰撞次数为 $\bar{z}\Delta t$,则平均自由程为

$$\bar{\lambda} = \frac{\bar{v}\Delta t}{\bar{z}\Delta t} = \frac{\bar{v}}{\bar{z}} \tag{14.8.1}$$

为确定 $\bar{z}$,我们可以建立一个简化的模型. 假设分子

都可以看作平均有效直径为 d 的刚性小球,分子间碰撞为完全弹性碰撞.假想"跟踪"一个分子,例如 A 分子,它以平均相对速率 $\bar{u}$ 运动,而其他分子则静止不动,考察 A 分子在运动中与多少个分子相碰撞.显然,在 A 分子运动过程中,由于碰撞,其中心的轨迹将是一条折线.在 A 分子运动过程中,只有中心与 A 分子的中心之间的距离小于或等于平均有效直径 d 的那些分子才有可能与 A 分子相接触并发生碰撞.这些分子必定处于以 A 分子的中心的运动轨迹为轴线,以分子的平均有效直径 d 为半径的曲折圆柱体中,如图 14.8.2 所示.圆柱体的截面积 $\sigma = \pi d^2$,称为分子的碰撞截面(collision cross-section).设气体的分子数密度为 n,在 Δt 时间内,A 分子所走过的路程为 $\bar{u}\Delta t$,相应的圆柱体体积为 $\sigma \bar{u} \Delta t$,而圆柱体内的总分子数 $n\sigma \bar{u}\Delta t$ 也就是 A 分子与其他分子的碰撞次数,因此平均碰撞频率为

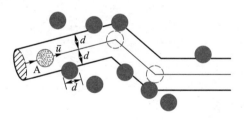

图 14.8.2 $\bar{\lambda}$ 和 $\bar{z}$ 的计算

$$\bar{z} = \frac{n\sigma \bar{u} \Delta t}{\Delta t} = \sigma \bar{u} n \qquad (14.8.2)$$

考虑分子之间的相对运动,由麦克斯韦速率分布律可以证明,气体分子的平均相对速率 $\bar{u}$ 与平均速率 $\bar{v}$ 之间的关系为

$$\bar{u} = \sqrt{2}\,\bar{v} \qquad (14.8.3)$$

将这一关系代入(14.8.2)式,可得

$$\bar{z} = \sqrt{2}\,\sigma \bar{v} n = \sqrt{2}\,\pi d^2\,\bar{v} n \qquad (14.8.4)$$

将(14.8.4)式代入(14.8.1)式就可以得到平均自由程 $\bar{\lambda}$ 为

$$\overline{\lambda} = \frac{1}{\sqrt{2}\,\sigma n} = \frac{1}{\sqrt{2}\,\pi d^2 n} \qquad (14.8.5)$$

上式表明,平均自由程与分子的平均有效直径 d 的平方以及分子数密度 n 成反比,而与平均速率无关.

对于理想气体,$p = nkT$,(14.8.5)式可以写作

$$\overline{\lambda} = \frac{kT}{\sqrt{2}\,\pi d^2 p} \qquad (14.8.6)$$

上式表明,当温度一定时,理想气体分子的平均自由程与气体的压强成反比.

在常温下,气体分子的平均自由程为 $10^{-8} \sim 10^{-7}$ m,而平均碰撞频率为 $10^9 \sim 10^{10}$ s^{-1}. 表 14.8.1 列出了 0 ℃时不同压强下空气分子的平均自由程理论计算结果.

表 14.8.1　0 ℃时不同压强下空气分子的平均自由程理论计算结果

压强 p/Pa	平均自由程 $\overline{\lambda}$/m
1.01×10^5	6.9×10^{-8}
1.33×10^2	5.2×10^{-5}
1.33	5.2×10^{-3}
1.33×10^{-2}	5.2×10^{-1}
1.33×10^{-4}	5.2

例 14.8.1

试计算空气分子在标准状况下的平均自由程和平均碰撞频率. 假设已知空气的摩尔质量 $M = 29 \times 10^{-3}$ kg·mol^{-1},空气分子的平均有效直径 $d = 3.5 \times 10^{-10}$ m.

解　已知标准状况 $T = 273$ K,

$p = 1.013 \times 10^5$ Pa,由平均自由程公式可得

$$\overline{\lambda} = \frac{kT}{\sqrt{2}\,\pi d^2 p}$$

$$= \frac{1.38 \times 10^{-23} \times 273}{\sqrt{2} \times 3.14 \times (3.5 \times 10^{-10})^2 \times 1.013 \times 10^5} \text{ m}$$

$$\approx 6.8 \times 10^{-8} \text{ m}$$

由理想气体分子平均速率公式可得标准状况下的

$$\overline{v} = \sqrt{\frac{8RT}{\pi M}} = \sqrt{\frac{8 \times 8.31 \times 273}{3.14 \times 29 \times 10^{-3}}} \text{ m·s}^{-1}$$

$$\approx 446 \text{ m·s}^{-1}$$

按平均碰撞频率的定义可得

$$\bar{z}=\frac{\bar{v}}{\bar{\lambda}}=\frac{446}{6.8\times10^{-8}}\ \mathrm{s^{-1}}=6.6\times10^{9}\ \mathrm{s^{-1}}$$

理论计算表明,在标准状况下,每个空气分子每秒钟内将与其他分子发生几十亿次碰撞!或者说空气分子平均每隔约 $\Delta t=\dfrac{1}{\bar{z}}\approx10^{-10}\ \mathrm{s}$ 就要与其他分子发生一次碰撞,气体中分子热运动混乱性和无序性的物理图像由此可见一斑!

例 14.8.2

无线电技术中所用的真空管真空度为 1.33×10^{-3} Pa,试求在 27 ℃时单位体积中的分子数密度及分子平均自由程. 设分子的有效直径为 3.0×10^{-10} m.

解 根据理想气体物态方程 $p=nkT$ 可得气体分子数密度

$$n=\frac{p}{kT}=\frac{1.33\times10^{-3}}{1.38\times10^{-23}\times(273+27)}\ \mathrm{m^{-3}}$$

$$\approx3.21\times10^{17}\ \mathrm{m^{-3}}$$

分子的平均自由程为

$$\bar{\lambda}=\frac{1}{\sqrt{2}\,\pi d^{2}n}$$

$$=\frac{1}{1.41\times3.14\times(3.0\times10^{-10})^{2}\times3.21\times10^{17}}\ \mathrm{m}$$

$$\approx7.8\ \mathrm{m}$$

空气的 $\bar{\lambda}=7.8$ m,气体分子已经很少碰撞. 但这时 $n=3.21\times10^{17}\ \mathrm{m^{-3}}$,仍很大.

例 14.8.3

在什么条件下,气体分子热运动的平均自由程 $\bar{\lambda}$ 与温度 T 成正比?在什么条件下, $\bar{\lambda}$ 与 T 无关?(设气体分子的有效直径一定)

解 由 $\bar{\lambda}=\dfrac{1}{\sqrt{2}\,\pi d^{2}n}=\dfrac{kT}{\sqrt{2}\,\pi d^{2}p}$ 可知,p 恒定时,气体分子热运动的平均自由程 $\bar{\lambda}$ 与温度 T 成正比;若分子数密度 n 一定,即分子总数 N 和气体体积 V 恒定,则 $\bar{\lambda}$ 与 T 无关.

14-9 气体内的输运过程

前面所讨论的都是气体在平衡态下的性质,实际上,许多问题都牵涉气体在非平衡态下的变化过程. 当气体各部分的物理性质不均匀时,譬如温度不同、压强不同或各气层之间有相对运动,或三者同时存在,那么由于分子之间的碰撞和掺和,气体将发生能量、质量或动量从一部分向另一部分的定向迁移.这就是非平衡态下气体内的迁移现象,也称为**输运过程**(transport process).输运的结果,将使气体各部分的物理性质趋于均匀一致,即气体趋于平衡态.

气体内的输运过程典型的有三种.当气体内各层流速不均匀时发生的黏性现象;当气体内各处温度不均匀时发生的热传导现象;当气体内各处分子数密度不同或分子类型不同时发生的扩散现象.实际上,三种迁移现象可以同时存在,为了看出各自的实质,把它们分开讨论.

一、黏性现象及其宏观规律

流动中的气体,如果各气层的流速不同时,相邻的两个气层之间的接触面上,将形成一对阻碍两气层相对运动的等值而反向的摩擦力,称为**黏性力**(viscous force),也称**内摩擦力**(interfriction force).例如用管道输送气体,气体在管道中前进时,紧靠着管壁的气体分子附着于管壁,其流速为零,离管壁越远,流速越大,在管道中心部分(即沿轴线部分)的气体流速最大,结果形成稳定的分层流动现象称为**黏性现象**(viscosity phenomenon).

为了说明黏性现象的宏观规律,我们设想气体被限制在两个无限大的平行平板 A、B 之间,如图 14.9.1 所示.下面的平板 A 静止,上面的平板 B 沿 x 轴以速度 $\boldsymbol{u}_0$ 匀速运动,因而两板之间的气体也被带动着沿 x 轴正方向流动,但平行于板的各层气体的流速不同,它们的流速 u 是 z 的函数,各层流速 u 随 z 的变化情况可以用**流速梯度**(gradient of flow velocity) $\dfrac{\mathrm{d}u}{\mathrm{d}z}$ 表示,它等于流速在 z 轴方向单位长度的增

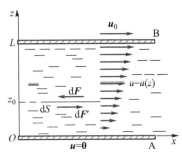

图 14.9.1　气体的黏性现象

量,是描述流速不均匀情况的物理量. 设想在气体内沿流速方向任选一分界平面($z = z_0$),面积为 dS,则下面流速小的气层对上面流速大的气层产生沿 x 轴负方向的黏性力 $d\boldsymbol{F}$,使上面的气层减速,而上面流速大的气层对下面流速小的气层产生沿 x 轴正方向的黏性力 $d\boldsymbol{F}'$,使下面的气层加速,这一对黏性力大小相等、方向相反,即 $d\boldsymbol{F} = -d\boldsymbol{F}'$.

实验表明,上下气层通过面 dS 相互作用的黏性力的大小与该处的流速梯度 $\left(\dfrac{du}{dz}\right)_{z_0}$ 成正比,与面积 dS 成正比,即

$$dF = \eta \left(\frac{du}{dz}\right)_{z_0} dS \qquad (14.9.1)$$

上式称为**牛顿黏性定律**(Newton's law of viscosity),式中比例系数 η 称为气体的**黏度**(viscosity),单位为 Pa·s,η 的数值取决于气体的性质与状态,总取正值.

根据动量定理,上式还可以写作

$$dI = -\eta \left(\frac{du}{dz}\right)_{z_0} dSdt \qquad (14.9.2)$$

式中 dI 为时间 dt 内通过面 dS 沿 z 轴正方向输运的动量,负号表示动量沿速度减小的方向,即逆流速梯度的方向输运.

从气体分子动理论来看,当气体流动时,每个分子既有热运动动量又有定向运动动量,由于分子热运动,面 dS 上下两部分的分子不断地交换,下面的分子带着较小的定向动量通过面 dS 运动到上面,经过碰撞把它的动量传递给上面的分子,与此同时,上面的分子带着较大的定向动量通过面 dS 运动到下面,经过碰撞把它的动量传递给下面的分子,其结果是有净的定向动量由上向下输运. 因此,黏性现象的微观解释是:**气体分子在热运动过程中输运定向动量的过程**. 根据气体分子动理论可以导出(推导从略)在时间 dt 内通过面 dS 沿 z 轴正方向输运的动量为

$$dI = -\frac{1}{3}nm_0\,\overline{v}\,\overline{\lambda}\left(\frac{du}{dz}\right)_{z_0} dSdt \qquad (14.9.3)$$

式中 n 为气体分子数密度，m_0 为分子质量，$\overline{v}$ 为平均速率，$\overline{\lambda}$ 为平均自由程. 将此结果与宏观规律式(14.9.2)相比较，可得黏度为

$$\eta = \frac{1}{3}nm_0\,\overline{v}\,\overline{\lambda} = \frac{1}{3}\rho\,\overline{v}\,\overline{\lambda} \qquad (14.9.4)$$

式中 $\rho = nm_0$ 为气体的密度. 上式表明黏度与 ρ、$\overline{v}$ 及 $\overline{\lambda}$ 有关，即取决于气体的性质与状态.

二、 热传导现象及其宏观规律

当气体内各处的温度不均匀时，将会有热量从温度较高处传向温度较低处，这种现象称为热传导(heat conduction)现象. 为了说明热传导现象的宏观规律，仍设想气体被限制在两个无限大的平行平板 A、B 之间，并假设气体的温度沿 z 轴正方向逐渐升高，温度的变化情况可以用温度梯度(temperature gradient)$\frac{dT}{dz}$ 来表示，它是描述温度不均匀情况的物理量. 设想在 $z = z_0$ 处有一分界面，面积为 dS，如图 14.9.2 所示.

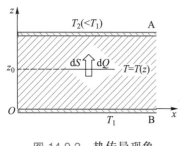

图 14.9.2 热传导现象

阅读材料 传热现象的研究

实验指出：在时间 dt 内通过面 dS 沿 z 轴方向传递的热量为

$$dQ = -\kappa\left(\frac{dT}{dz}\right)_{z_0} dSdt \qquad (14.9.5)$$

上式称为傅里叶热传导定律，式中比例系数 κ 称为导热系数(coefficent of heat conductivity)或热导率(thermal conductivity)，其单位为 $W \cdot m^{-1} \cdot K^{-1}$，它的数值取决于气体的性质与状态. 负号表示热量沿温度减小的方向输运.

从气体分子动理论来看，气体内各部分温度不均匀，表明各部分分子的平均热运动动能不同，由于热运动，上、下

两部分分子不断地交换,由下向上的分子带着较小的平均能量,而由上向下的分子带着较大的平均能量,分子交换的结果是有净能量自上向下输运.因此,气体内的热传导在微观上的解释是:**分子在热运动过程中输运气体分子热运动动能的过程**.根据气体分子动理论可以导出(推导从略)在时间 dt 内通过面 dS 沿 z 轴正方向输运的能量为

$$dQ = -\frac{1}{3}n\,\bar{v}\,\bar{\lambda}\frac{i}{2}k\left(\frac{dT}{dz}\right)_{z_0}dSdt \qquad (14.9.6)$$

将此结果与热传导宏观规律式(14.9.5)相比较,可得导热系数为

$$\kappa = \frac{1}{3}n\,\bar{v}\,\bar{\lambda}\frac{i}{2}k \qquad (14.9.7)$$

利用气体摩尔定容热容的概念,上式还可以写作

$$\kappa = \frac{1}{3}\bar{v}\,\bar{\lambda}\frac{C_{V,\,m}}{M}\rho \qquad (14.9.8)$$

三、扩散现象及其宏观规律

当气体中各部分分子数密度不均匀时,由于热运动而使分子从密度高处迁移到密度低处的现象称为**扩散**(diffusion)现象.由于分子数分布不均匀会造成压强差,因此扩散常伴随有因压强不均匀而引起的宏观运动,若气体中还存在温度差,则还伴随有热传导和热对流等,这样的扩散过程是相当复杂的.为简单计,我们只讨论温度处处相同、并且不存在由压强差引起的粒子定向流动的纯扩散,比如两种化学成分不同的气体之间的相互渗透,称为**互扩散**.由于不同气体的分子的大小、质量、相互作用不同,它们的扩散速率也可能不同,从而互扩散仍比较复杂.如果发生互扩散的两种气体的分子质量、分子有效直径等的差异足够小,则它们相互扩散的速率趋于相同,这样的互扩散称为**自**

扩散. 设想取两种质量和有效直径都极为接近的分子(例如:N_2 与 CO,或由 ${}_6^{12}C$ 原子和 ${}_6^{14}C$ 原子组成的 CO_2 气体)组成的混合气体,假定两种气体的比例各处不同但总的分子数密度处处相同,这样,由于各处总的分子数密度相同,则在同一温度下,气体内部不会出现压强不均匀,从而不会造成宏观的气体流动,这时,两种气体间进行的就是单纯的自扩散. 假设气体的密度沿 z 轴方向减小,密度的变化情况可以用密度梯度(density gradient)$\dfrac{d\rho}{dz}$ 来表示,它是描述密度不均匀情况的物理量.

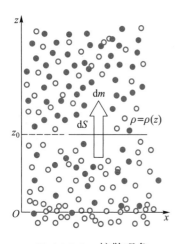

图 14.9.3　扩散现象

如图 14.9.3 所示,实验指出:在时间 dt 内通过面 dS 沿 z 轴方向传递的质量为

$$dm = -D\left(\frac{d\rho}{dz}\right)_{z_0} dSdt \qquad (14.9.9)$$

上式称为菲克扩散定律(Fick's law of diffusion),式中比例系数 D 称为自扩散系数(coefficent of self-diffusion),其单位为 $m^2 \cdot s^{-1}$,负号表示质量总是向分子数密度减小的方向输运.

从气体分子动理论来看,气体内各部分密度不均匀,由于面 dS 上方的气体密度小于面 dS 下方的气体密度,因而由热运动引起的在同样的时间内通过面 dS 交换的分子数不等,即有净质量由下向上输运,所以,扩散过程的微观解释是:分子在热运动过程中输运气体质量的过程. 根据气体分子动理论可以导出(推导从略)在时间 dt 内通过面 dS 沿 z 轴正方向输运的气体质量为

$$dm = -\frac{1}{3}\bar{v}\,\bar{\lambda}\left(\frac{d\rho}{dz}\right)_{z_0} dS \cdot dt \qquad (14.9.10)$$

将此结果与扩散的宏观规律式(14.9.9)相比较,可得自扩散系数为

$$D = \frac{1}{3}\bar{v}\,\bar{\lambda} \qquad (14.9.11)$$

14-10　实际气体和范德瓦耳斯方程

一、实际气体的等温线

前面我们用气体分子动理论讨论了理想气体的基本性质,在压强不太大和温度不太低的情况下,可把真实气体近似地当作理想气体来处理,但在高压或低温下,实际气体与理想气体在特性上有着显著的偏离.在 $p\text{-}V$ 图上,理想气体**等温线**(isotherm)是等轴双曲线,1869 年,英国物理学家安德鲁斯(Andrews)首先对 CO_2 气体的等温变化进行了实验,得出的几条等温线如图 14.10.1 所示(图中横坐标为摩尔体积),可见它并不是等轴双曲线.

在较低温度下,例如我们考察气体在 13 ℃时的等温线.等温地压缩气体时,随着体积的减小,气体的压强逐渐增大(图中 AB 段),与理想气体等温线相似.当压强增大到约 49 atm 后,进一步压缩气体时,气体的压强保持不变(图中 BC 段),但气缸中出现了液体,压缩只能使气体等压地向液体转变,此过程为液体与其蒸气平衡共存的状态,这时的蒸气称为**饱和蒸气**(saturated vapor),相应的压强称为**饱和蒸气压**(saturated vapor pressure),在一定的温度下饱和蒸气压有一定的值.当蒸气全部液化(C 点)后,再增大压强只能引起液体体积的微小收缩(图中 CD 段),反映了液体的可压缩性很小.等温线的 BCD 部分与理想气体等温线相差悬殊.

温度升高也观察到同样的过程,只是温度越高,平直部分越短,饱和蒸气压越高.在31.1 ℃的温度下,没有汽液共存的转变过程,平直部分缩成为一点 K.在高于 31.1 ℃的温度下,不论压强多大,CO_2 也不会转变为液体,相应的等温

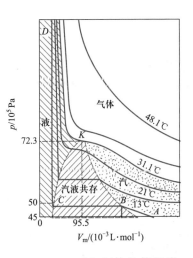

图 14.10.1　CO_2 气体的等温线

线就越接近理想气体的等温线,如图中 48.1 ℃ 的等温线.因此,CO_2 在高温(48.1 ℃)或低压(AB 段)下,近似地遵守理想气体物态方程.

CO_2 的 31.1 ℃ 等温线是一条特殊的等温线,称临界等温线(critical isotherm),对应的状态称临界态,临界等温线上的汽液转变点 K 是该曲线上斜率为零的一个拐点,叫临界点(critical point),其状态参量称为临界参量(critical parameter),以 (p_c, V_c, T_c) 表示.几种物质的临界参量如表 14.10.1 所示.从表中可以看出,有些物质的临界温度高于室温,所以在常温下就可以使之液化.但有些物质(如 O_2、N_2、H_2、He 气体等)的临界温度都很低,19 世纪上半叶的低温技术还不足以使这些气体液化,于是人们曾把它们称为"永久气体".随着低温技术的不断提高,至 1908 年,最后的一种"永久气体"氦也被液化,并在 1928 年被进一步凝成固体.

阅读材料   通往低温的历史

阅读材料   气体的液化和低温的获得

表 14.10.1   几种物质的临界参量

	T_c/K	$p_c/(1.013\times10^5\,\text{Pa})$	$V_c/(10^{-3}\,\text{L}\cdot\text{mol}^{-1})$
He	5.3	2.26	57.6
H_2	33.3	12.8	64.9
N_2	126.1	33.5	84.6
O_2	154.4	49.7	74.2
CO_2	304.3	72.3	95.5
H_2O	647.2	217.7	45.0
C_2H_5OH	516	63.0	153.9

阅读材料   范德瓦耳斯

从图 14.10.1 可以看出,临界等温线把物质的 p-V 图分成了四个区域.在临界等温线以上的区域是气态,其性质近似于理想气体;在临界等温线以下,KB 曲线右侧,物质也是气态,但由于能通过等温压缩被液化而称为蒸气或汽;

BKC 曲线下面是汽液共存的饱和状态,在临界等温线和 *KC* 曲线以左的状态是液态.

二、范德瓦耳斯方程

实际气体的状态不符合理想气体物态方程的根本原因,是理想气体的模型建立在假定气体分子都是质点,并且除碰撞的瞬间外分子之间无相互作用这一基础之上. 事实上,实际的分子都是由原子组成,而原子又由电子和原子核组成,它们之间总存在相互作用力. 对实验结果的理论分析表明,两个分子间的相互作用力随两分子中心之间的距离变化的情况可用图 14.10.2 中的曲线表示.

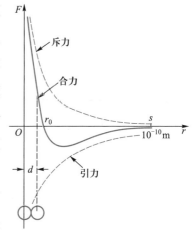

图 14.10.2 分子力

当 $r<r_0$ 时,表现为排斥力;当 $r>r_0$ 时,表现为吸引力;而当分子相距较远时,例如 $r>s$ 时,两分子间的相互作用力趋于零而可以忽略,s 称为分子力的 **有效作用距离**(effective action distance). 当 $r=r_0$ 时,两分子间也没有相互作用,此 r_0 称为两分子间的平衡距离. 由图可看出,当两个相向运动的分子彼此接近至 $r<r_0$ 时,相互斥力迅速增大,这强大的斥力将阻止两者的进一步靠近,好像两个分子都是有一定大小的球体,可形象地说成分子具有体积.

为考虑分子间相互作用对气体宏观性质的影响,我们简化地认为当两个分子中心的距离达到某一值 d 时,斥力变为无限大,因而两个分子中心之间的距离不可能小于 d,这相当于把分子设想成直径为 d 的刚性球,d 称为分子的 **有效直径**(effective diameter),实验表明,d 的数量级为 10^{-10} m. 当分子中心距离大于 d 时,两分子间只有引力作用,其有效作用距离 s 是 d 的几十到几百倍. 这样,我们就建立起比理想气体分子模型更接近实际气体分子的分子模型——有吸引力的刚性球分子模型. 根据这个模型来修正理想气体物态方程,可得出更接近实际气体性质的物态方程.

先考虑由于分子间斥力而使实际气体自身占有一定体积所引起的修正. 根据理想气体物态方程, 1 mol 理想气体的压强为

$$p = \frac{RT}{V_\mathrm{m}}$$

式中的 V_m 对理想气体来说就等于容器的容积, 对刚性球模型, 要计及分子本身体积, 每个气体分子自由活动的空间就小于容器容积, 应从 V_m 中减去一个反映气体分子所占体积的修正量 b, 于是

$$p = \frac{RT}{V_\mathrm{m} - b} \qquad (14.10.1)$$

式中的修正量 b 可用实验测定, 从理论上也可以证明 b 约等于 1 mol 气体分子自身总体积的 4 倍, 即

$$b = 4N_\mathrm{A} \cdot \frac{4}{3}\pi \left(\frac{d}{2}\right)^3 = 4N_\mathrm{A} \cdot \frac{4}{3}\pi \left(\frac{10^{-10}}{2}\right)^3 \mathrm{m}^3$$

$$\approx 10^{-6} \ \mathrm{m}^3 = 1 \ \mathrm{cm}^3$$

在标准状况下, 1 mol 气体所占的容积约为 $22.4 \times 10^{-3} \ \mathrm{m}^3$, 这时 b 只是该容积的 $4/10^5$, 所以可以忽略. 但如果压强增大, 例如增大 1 000 倍, 约为 10^8 Pa 时, 假设玻意耳定律仍能成立, 则气体所占容积将缩小到 $22.4 \times 10^{-3}/1\ 000 \ \mathrm{m}^3 = 22.4 \times 10^{-6} \ \mathrm{m}^3$, 此时 b 是该容积的 $1/20$, 修正量就必须考虑了.

再来考虑分子引力所引起的修正. 气体动理论指出, 气体的压强是大量分子无规则运动中碰撞容器器壁的平均总效果. 对理想气体, 分子间不考虑相互作用, 各个分子都无牵扯地撞向容器器壁. 考虑到分子间的引力, 由于当分子间距离大于分子的有效作用距离 s 时引力可以忽略, 因此对于容器中气体内部任一分子 α, 只有处在以它为中心, 以 s 为半径的球形作用圈内的分子才对它有吸引力作用. 因平衡态下这些分子相对 α 分子作对称分布, 所以它们对

α 分子的引力作用相互抵消,其结果使 α 分子好像不受吸引力作用一样,如图 14.10.3 所示. 但对处于器壁附近厚度为 s 的表面层内的分子如 β,情况就不同了. 由于对 β 分子有引力作用的分子分布不对称,平均来说,β 分子受到一个垂直于器壁指向气体内部的合力. 气体分子要与器壁碰撞,必然要通过这一厚度为 s 的表面层区域,这个指向气体内部的合力将减小分子撞击器壁的动量,也就减小了气体施与器壁的压强. 设 p_i 表示实际气体表面层单位面积上所受的内部分子的引力总效果,称为 **内 压 强** (internal pressure),那么实际气体的压强为

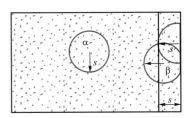

图 14.10.3 分子引力的修正

$$p = \frac{RT}{V_m - b} - p_i \qquad (14.10.2)$$

内压强 p_i 一方面与器壁附近单位面积上被吸引气体分子数成正比,另一方面又与内部参与吸引的分子数成正比,这两者都与分子数密度 n 成正比,因此 p_i 正比于 n^2,也即反比于 V_m^2,即

$$p_i \propto n^2 \propto \frac{1}{V_m^2}$$

引入比例常量 a,则

$$p_i = \frac{a}{V_m^2}$$

常量 a 决定于气体的性质,可由实验确定,它表示 1 mol 气体在占有单位体积时,由于分子间引力作用而引起的压强减小量. 各种不同气体吸引力的强弱差别很大,所以不同气体的常量 a 也相差很大,见表 14.10.2.

表 14.10.2 气体的范德瓦耳斯修正量		
气体	$a/(0.1\ Pa \cdot m^6 \cdot mol^{-2})$	$b/(10^{-6}\ m^3 \cdot mol^{-1})$
H_2	0.244	27
He	0.034	24

气体	$a/(0.1\ \mathrm{Pa \cdot m^6 \cdot mol^{-2}})$	$b/(10^{-6}\ \mathrm{m^3 \cdot mol^{-1}})$
N_2	1.39	39
O_2	1.36	32
H_2O	5.46	30
CO_2	3.59	43
C_5H_{12}	19.0	146

将 p_i 代入 (14.10.2) 式，即得 1 mol 实际气体的范德瓦耳斯方程为

$$\left(p+\frac{a}{V_m^2}\right)(V_m-b)=RT \qquad (14.10.3)$$

对于质量为 m 的实际气体，其体积 $V=\frac{m}{M}V_m$，所以 $V_m=\frac{M}{m}V$，把它代入 (14.10.3) 式即得质量为 m 的实际气体的范德瓦耳斯方程为

$$\left(p+\frac{m^2}{M^2}\frac{a}{V^2}\right)\left(V-\frac{m}{M}b\right)=\frac{m}{M}RT \qquad (14.10.4)$$

范德瓦耳斯方程 (van der Waals equation) 是荷兰物理学家范德瓦耳斯 (van der Waals) 在 1873 年首先导出的. 方程形式简单，物理图像十分鲜明，同时它还能描述气、液及汽液相互转变的性质，也能说明临界点的特征，从而揭示相变与临界现象的特点. 方程推导中的核心思想是将周围众多分子对一个分子的吸引力以平均作用力来代表. 这虽然简单，但意义和影响重大，它导致 20 世纪相变理论中的平均场方法的广泛应用和发展，用它可以解释铁磁体向顺磁体的转变，解释超导相变和液晶相变等. 1910 年，范德瓦耳斯获诺贝尔物理学奖.

三、范德瓦耳斯等温线

1 mol 气体的范德瓦耳斯方程可改写为

$$V_m^3 - \left(\frac{pb+RT}{p}\right)V_m^2 + \frac{a}{p}V_m - \frac{ab}{p} = 0 \qquad (14.10.5)$$

可见如果温度 T 保持恒定，p 与 V_m 的关系为一个三次方程.在不同温度下的范德瓦耳斯等温线如图 14.10.4 所示.与实际气体等温线相比较，可以发现两者都有一条临界等温线，在温度很高时，两者没有区别；在临界等温线以上，两者较为接近；在临界等温线以下却有明显差别.真实气体的等温线有一个液化过程，即图 14.10.4 中的平直的虚线 AB，在这过程中体积减小而压强不变.但在范德瓦耳斯等温线上，与这一部分相应的却是曲线 $AA'B'B$ 部分，其中 $A'B'$ 部分在实际上是不存在的，因为它意味着在等温条件下气体被压缩而体积却增大.而曲线的 AA' 和 $B'B$ 部分在实验上是可以实现的.如果气体内没有足够数量足够大小的尘埃或带电粒子等作为凝结核心，那么在 A 点到达饱和状态以后，可以继续压缩到 A' 点而仍不液化，甚至在超过同温度的饱和蒸气压的压强下仍以蒸气状态存在，这时蒸气密度大于该温度时的正常饱和蒸气密度，这种蒸气称为过饱和蒸气（supersaturated vapor）（或过冷蒸气），即图 14.10.4 中的 AA' 部分，这是一种亚稳态，只要引入一点微尘或带电粒子，蒸气分子就会以它们为核心而迅速凝结成液滴.近代研究宇宙射线或粒子反应的实验中常利用这一原理制成云室来探测微观粒子（尤其是带电粒子）的运动径迹，并在高能物理及核物理发展的早期为研究放射性原子核的性质及发现新的粒子等方面作出巨大贡献.据此，云室（cloud chamber）的发明人威耳孙（C. T. R. Wilson）获得了 1927 年的诺贝尔物理学奖.日常生活中，我们经常会看到天空中云层密布但仍不下雨，也是这种过饱和现象.如

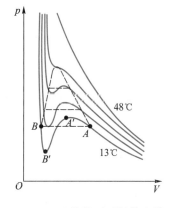

图 14.10.4　范德瓦耳斯等温线

果利用飞机或火箭在云中喷洒一些粉末状物质(如碘化银等),即可在这些过饱和蒸气中形成凝结核,在此基础上水蒸气凝结成较大水滴而下落成雨,这就是人工降雨.

图 14.10.4 中的 BB' 部分表示液体所受的压强比同温度下的饱和蒸气压还小时仍不蒸发,如果液体内没有尘埃或带电粒子作汽化核,这种状态实际上也是可以实现的,这时的液体称为**过热液体**(superheated liquid),它也是一种亚稳态.工业锅炉中的水多次煮沸后会变得很纯净,容易过热,在过热的水中如果猛然加进溶有空气的新鲜水,则会引起剧烈的汽化,压强突增,曾经由于这种原因引起过锅炉的爆炸.近代物理实验中利用过热液体的汽化现象制成气泡室(bubble chamber),当高速粒子射入过热液体时,沿途产生的离子作为汽化核,使过热液体汽化成一连串的小气泡,从而显示出离子的径迹.

例 14.10.1

设有 1 mol 遵守范德瓦耳斯方程的气体,试建立其临界点温度与压强、体积之间的关系.

解 根据(14.10.3)式,1 mol 物质的临界等温线方程为

$$\left(p+\frac{a}{V_m^2}\right)(V_m-b)=RT_K$$

其中 V_m 为 1 mol 气体可被压缩的体积,T_K 为临界温度.在 $p\text{-}V$ 图上范德瓦耳斯等温线的拐点对应临界点.根据拐点的数学条件,要求 $\dfrac{\mathrm{d}p}{\mathrm{d}V_m}\Big|_{V_s}=0$ 和 $\dfrac{\mathrm{d}^2 p}{\mathrm{d}V_m^2}\Big|_{V_s}=0$,将方程对 V_m 求一阶导数、二阶导数,并代入 $p=p_K,V_m=V_K$,可得

$$p_K+\frac{a}{V_K^2}=\frac{2a(V_K-b)}{V_K^3}$$

$$\frac{6a}{V_K^4}(V_K-b)=\frac{4a}{V_K^3}$$

解上两式可得到,临界点的 p_K 和 V_K 与常量 a、b 的理论关系为

$$a=3V_K^2 p_K,\quad b=\frac{1}{3}V_K$$

代回临界的范德瓦耳斯等温线方程,得

$$p_K V_K=\frac{3}{8}RT_K$$

提要

本章从理想气体的微观模型入手,运用统计平均的方法,建立起描述气体平衡状态的宏观参量与相应微观量间的联系,阐明了气体热运动的性质和规律,揭示了宏观量的微观本质.气体分子的速率分布和能量分布则给出了在平衡态条件下,对大量粒子系统起主导作用的统计规律.本章还简单介绍了气体内部因密度、温度、流速不均匀而引起的由非平衡态向平衡态转变的过程,即气体内的输运(内迁移)现象,指出这是分子热运动和分子间频繁碰撞的结果.本章也采用有吸引力的刚性球分子模型建立起范德瓦耳斯方程,并简单讨论了真实气体的性质.

基本概念与规律:

1. 热力学系统与外界 宏观量与微观量.

2. 热力学第零定律 如果系统 A 和系统 B 分别都与系统 C 的同一状态达到热平衡,那么当 A 和 B 接触时,它们也必定处于热平衡状态.

3. 理想气体物态方程 平衡态下

$$pV = \frac{m}{M}RT, \quad p = nkT$$

摩尔气体常量 R

$$R = 8.31 \text{ J} \cdot \text{mol}^{-1} \cdot \text{K}^{-1}$$

玻耳兹曼常量 k

$$k = 1.38 \times 10^{-23} \text{ J} \cdot \text{K}^{-1}$$

4. 理想气体压强的微观公式

$$p = \frac{2}{3}n\left(\frac{1}{2}m_0\overline{v^2}\right) = \frac{2}{3}n\,\overline{\varepsilon}_{kt}$$

5. 温度的微观统计意义

$$\overline{\varepsilon}_{kt} = \frac{1}{2}m_0\overline{v^2} = \frac{3}{2}kT$$

6. 能量均分定理 在温度为 T 的平衡态下，物质分子的每一个自由度都具有相同的平均动能，其大小都等于 $\frac{1}{2}kT$. 对于自由度为 i 的分子，在平衡态下其平均动能为

$$\overline{\varepsilon}_k = \frac{i}{2}kT$$

质量为 m，摩尔质量为 M 的理想气体的内能为

$$E = \frac{m}{M}\frac{i}{2}RT$$

7. 速率分布函数

$$f(v) = \frac{\mathrm{d}N}{N\mathrm{d}v}$$

麦克斯韦速率分布律

$$\frac{\mathrm{d}N}{N} = 4\pi\left(\frac{m_0}{2\pi kT}\right)^{3/2}\mathrm{e}^{-m_0 v^2/2kT}v^2\mathrm{d}v$$

三种特征速率

最概然速率 v_p

$$v_\mathrm{p} = \sqrt{\frac{2kT}{m_0}} = \sqrt{\frac{2RT}{M}} \approx 1.41\sqrt{\frac{RT}{M}}$$

平均速率 $\overline{v}$

$$\overline{v} = \sqrt{\frac{8kT}{\pi m_0}} = \sqrt{\frac{8RT}{\pi M}} \approx 1.60\sqrt{\frac{RT}{M}}$$

方均根速率 v_rms

$$v_\mathrm{rms} = \sqrt{\overline{v^2}} = \sqrt{\frac{3kT}{m_0}} = \sqrt{\frac{3RT}{M}} \approx 1.73\sqrt{\frac{RT}{M}}$$

8. 玻耳兹曼分布律 平衡态下某能量状态区间的粒子数正比于 $\mathrm{e}^{-\varepsilon/kT}$.

重力场中粒子数密度按高度的分布（温度恒定）

$$n = n_0\mathrm{e}^{-\frac{m_0 gz}{kT}}$$

9. 气体分子的平均自由程和平均碰撞频率

$$\overline{\lambda} = \frac{1}{\sqrt{2}\,\sigma n} = \frac{1}{\sqrt{2}\,\pi d^2 n}, \quad \overline{z} = \sqrt{2}\,\pi d^2 \overline{v} n$$

10. **输运过程** 黏性现象(输运分子定向动量)、热传导(输运分子无规则运动能量)、扩散(输运分子质量). 三种过程的宏观规律和系数的微观表达式如下

黏性现象 $\quad \mathrm{d}I = -\eta \left(\dfrac{\mathrm{d}u}{\mathrm{d}z} \right)_{z_0} \mathrm{d}S\mathrm{d}t, \quad \eta = \dfrac{1}{3} n m_0 \overline{v}\,\overline{\lambda}$

热传导 $\quad \mathrm{d}Q = -\kappa \left(\dfrac{\mathrm{d}T}{\mathrm{d}z} \right)_{z_0} \mathrm{d}S\mathrm{d}t, \quad \kappa = \dfrac{1}{3} \overline{v}\,\overline{\lambda} C_{V,\,\mathrm{m}} \rho / M$

扩散 $\quad \mathrm{d}m = -D \left(\dfrac{\mathrm{d}\rho}{\mathrm{d}z} \right)_{z_0} \mathrm{d}S\mathrm{d}t, \quad D = \dfrac{1}{3} \overline{v}\,\overline{\lambda}$

11. **范德瓦耳斯方程** 对于 1 mol 气体

$$\left(p + \frac{a}{V_{\mathrm{m}}^2} \right) (V_{\mathrm{m}} - b) = RT$$

实际气体的等温线:在某些温度和压强下,可能存在汽液共存的状态,这时的蒸气称为饱和蒸气. 温度高于某一限度,则不可能有这种汽液共存的平衡态出现,这一限度称为临界温度.

思考题

14-1 对热力学系统的宏观描述和微观描述的方法有何不同? 有何联系?

14-2 什么是热力学系统的平衡态? 气体在平衡态时有何特征? 这时气体中有分子热运动吗? 热力学中的平衡与力学中的平衡有何不同?

14-3 怎样根据热平衡引进温度的概念? 用温度计测量温度是根据什么原理?

14-4 对一定量的气体来说,当温度不变时,气体的压强随体积的减小而增大;当体积不变时,压强随温度的升高而增大. 就微观来看,它们是否有区别?

14-5 如果气体由几种类型的分子组成,试写出混合理想气体的压强公式.

14-6 试用气体分子热运动说明为什么大气中氢气的含量极少?

14-7　试回答下列问题:

(1) 气体中一个分子的速率在 $v \sim v + \Delta v$ 的概率是多少?

(2) 一个分子具有最概然速率的概率是多少?

(3) 气体中所有分子在某一瞬时速率的平均值是 $\bar{v}$,则一个气体分子在较长时间内的平均速率应如何考虑?

14-8　气体分子的最概然速率、平均速率以及方均根速率各是怎么样定义的? 它们的大小由哪些因素决定? 各有什么用处?

14-9　如盛有气体的容器相对于某坐标系从静止开始运动,容器内的分子速度相对于这坐标系也将增大,则气体的温度会不会因此升高呢?

14-10　速率分布函数的物理意义是什么? 总分子数为 N 的理想气体的分布函数为 $f(v)$,单位体积内的分子数为 n. 试说明下列各量的意义:

(1) $f(v) \mathrm{d}v$;(2) $Nf(v) \mathrm{d}v$;(3) $nf(v) \mathrm{d}v$;

(4) $\int_{v_1}^{v_2} f(v) \mathrm{d}v$;(5) $\int_{v_1}^{v_2} Nf(v) \mathrm{d}v$;(6) $\int_{v_1}^{v_2} Nvf(v) \mathrm{d}v$;

(7) $\int_{0}^{\infty} f(v) \mathrm{d}v$.

14-11　如果作质点近似处理,在铁路上行驶的火车、在海面上航行的船只、在空中飞行的飞机各有几个自由度?

14-12　试指出下列各式所表示的物理意义:

(1) $\frac{1}{2}kT$;(2) $\frac{i}{2}RT$;(3) $\frac{i}{2}\nu RT$(ν 为物质的量);(4) $\frac{3}{2}kT$;(5) $\frac{3}{2}kT$;(6) $\frac{3}{2}RT$.

14-13　一定质量的气体,保持容器的容积不变. 当温度增加时,分子运动更趋剧烈,因而平均碰撞次数增多,平均自由程是否也因此而减小呢?

14-14　在恒压下,加热理想气体,则气体分子的平均自由程和平均碰撞频率将如何随温度的变化而变化?

14-15　分子热运动与分子间的碰撞,在迁移现象中各起什么作用? 哪些物理量体现了它们的作用?

习题

14-1　在什么温度下,下列一对温标给出相同的读数:

(1) 华氏温标和摄氏温标;

(2) 华氏温标和热力学温标;

(3) 摄氏温标和热力学温标.

14-2　有一水银气压计,当水银柱为 0.76 m 高时,水银管顶离水银液面的距离为 0.12 m. 水

银管的截面积为 2.0×10^{-4} m^2. 当有少量氦气混入水银管内顶部时,水银柱高下降为 0.60 m. 此时温度为 27 ℃,试计算有多少质量的氦气在管顶(氦气的摩尔质量为 0.004 $kg \cdot mol^{-1}$,0.76 m 水银柱压强为 1.013×10^5 Pa)?

14-3 一容积为 1.0×10^{-3} m^3 的容器中,含有 4.0×10^{-5} kg 的氦气和 4.0×10^{-5} kg 的氢气,它们的温度为 30 ℃,试求容器中混合气体的压强.

14-4 一氢气球在 20 ℃下充气后,压强为 1.2 atm,半径为 1.5 m. 到夜晚时,温度降为 10 ℃,气球半径缩为 1.4 m,其中氢气压强降为 1.1 atm. 求已经漏掉多少氢气?

14-5 一气缸内储有理想气体,其压强、摩尔体积和温度分别为 p_1,V_{m1},T_1. 现将气缸加热使气体的压强和体积同比例地增大,即在初态和末态气体的压强 p 和摩尔体积 V_m 都满足关系式

$$p = CV_m$$

其中 C 为常量,

(1)求常量 C(用 p_1,T_1 和摩尔气体常量 R 表示);

(2)设 $T_1 = 200$ K,当摩尔体积增大到 $2V_{m1}$ 时,气体的温度是多少?

14-6 目前可获得的极限真空度为 1.00×10^{-18} atm,求在此真空度下,1 cm^3 空气内平均有多少个分子?(设温度为 20 ℃.)

14-7 设想每秒有 10^{23} 个氧分子以 500 $m \cdot s^{-1}$ 的速度沿着与器壁法线成45°角的方向撞在面积为 2×10^{-4} m^3 的器壁上,求这群分子作用在器壁上的压强.

14-8 在近代物理中常用电子伏(eV)作为能量单位,试问在多高温度下,分子的平均平动能为 1 eV?温度为 1 K 的单个分子热运动平均平动能量相当于多少电子伏?

14-9 1 mol 氢气在温度为 27 ℃时,它的分子的平动动能和转动动能各为多少?

14-10 计算在 300 K 温度下氢、氧和水银蒸气分子的方均根速率和平均平动动能.

14-11 求压强为 1.013×10^5 Pa、质量为 2×10^{-3} kg、体积为 1.54×10^{-3} m^3 的氧气的分子平均平动动能.

14-12 一瓶氢气和一瓶氧气温度相同. 若氢气分子的平均平动动能为 6.21×10^{-21} J. 试求:

(1)氧气分子的平均平动动能和方均根速率.

(2)氧气的温度.

14-13 许多星球的温度达到 10^8 K. 在这温度下原子已经不存在了,而氢核(质子)是存在的. 若把氢核视为理想气体,问:

(1)氢核的方均根速率是多少?

(2)氢核的平均平动动能是多少电子伏?

14-14   有 2×10^{-3} m^3 刚性双原子分子理想气体,其内能为 6.75×10^2 J.

（1）试求气体的压强；

（2）设分子总数为 5.4×10^{22},求分子的平均平动动能及气体的温度.

14-15   一容积为 10 cm^3 的电子管,当温度为 300 K 时,用真空泵把管内空气抽成压强为 5×10^{-6} mmHg 的高真空,问此时管内有多少个空气分子？这些空气分子的平均平动动能的总和是多少？平均转动动能的总和是多少？平均动能的总和是多少？

14-16   水蒸气分解为同温度的氢气和氧气,即 $H_2O \rightarrow H_2 + \frac{1}{2}O_2$,也就是 1 mol 的水蒸气可分解成同温度的 1 mol 氢气和 0.5 mol 氧气,当不计振动自由度时,求此过程中内能的增量.

14-17   一容积为 20.0 L 的瓶子以速率 $v = 200$ m·s^{-1} 匀速运动,瓶子中充有质量为 100 g 的氢气.设瓶子突然停止,且气体分子全部定向运动的动能都转化为热运动动能,瓶子与外界没有热量交换.求热平衡后氢气的温度、压强、内能及氢气分子的平均动能各增加多少？

14-18   由能量按自由度均分原理,设气体为刚性分子,自由度为 l,则当温度为 T 时,求：

（1）一个分子的平均动能；

（2）1 mol 氧气分子的转动动能总和.

14-19   如图所示的曲线分别表示了氢气和氦气在同一温度下的分子速率的分布情况.求：

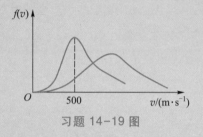

习题 14-19 图

（1）氦气分子的最概然速率；

（2）两种气体的温度.

14-20   已知某气体在温度 $T = 273$ K,压强 $p = 1.0 \times 10^{-2}$ atm 时,密度 $\rho = 1.24 \times 10^{-2}$ g·L^{-1},求：

（1）此气体分子的方均根速率；

（2）此气体的摩尔质量,并确定它是什么气体.

14-21   在麦克斯韦速率分布律下,

（1）计算温度 $T_1 = 300$ K 和 $T_2 = 600$ K 时,氧气分子的最概然速率 v_{p_1} 和 v_{p_2}；

（2）计算在这两温度下的最概然速率附近单位速率区间内的分子数占总分子数的百分比；

（3）计算 300 K 时氧气分子在 $2v_p$ 处单位速率区间内分子数占总分子数的百分比.

14-22   求速率大小在 v_p 与 $1.01v_p$ 之间的气体分子数占总分子数的百分比.

14-23   求氢气在 300 K 时分子速率在 $v_p - 10$ m·s^{-1} 与 $v_p + 10$ m·s^{-1} 之间的分子数所占百分比.

14-24 设氢气的温度为300 ℃. 求速度大小在 3 000 m · s⁻¹ 到 3 010 m · s⁻¹ 之间的分子数 N_1 与速度大小在 v_p 到 v_p+10 m · s⁻¹ 之间的分子数 N_2 之比.

14-25 遵守麦克斯韦速率分布的分子的最概然能量 E_p 等于什么量值? 它就是 $\frac{1}{2}m_0v_p^2$ 吗?

14-26 试求温度为 T, 分子质量为 m_0 的气体中分子速率倒数的平均值 $\overline{\left(\frac{1}{v}\right)}$, 它是否等于 $\frac{1}{\bar{v}}$? (提示: $\int_0^{\infty} e^{-bu^2}u\,du = \frac{1}{2b}$.)

14-27 已知某理想气体的分子数为 N, 分子质量为 m_0, 速率分布函数为 $f(v)$. 求:

(1) 速率在 $v_p \sim \bar{v}$ 间的分子数;

(2) 速率在 $v_p \sim \infty$ 间所有分子的动能之和.

14-28 设 N 个粒子系统的速率分布函数为

$$\begin{cases} dN_v = Kdv(V>v>0, K \text{ 为常量}) \\ dN_v = 0(v>V) \end{cases}$$

(1) 画出分布函数图;

(2) 用 N 和 V 定出常量 K;

(3) 用 V 表示出算术平均速率和方均根速率.

14-29 导体中自由电子的运动类似于气体分子的运动. 设导体中共有 N 个自由电子. 电子气中电子最大速率 v_F 称为费米速率. 电子速率在 v 与 v+dv 之间的概率为

$$\frac{dN}{N} = \begin{cases} \dfrac{4\pi v^2 A\,dv}{N}, & 0<v<v_F \\ 0, & v>v_F \end{cases}$$

式中 A 为常量.

(1) 由归一化条件求 A.

(2) 证明电子气中电子的平均动能

$$\bar{\varepsilon}_k = \frac{3}{5}\left(\frac{1}{2}mv_F^2\right) = \frac{3}{5}E_F, \text{此处 } E_F \text{ 称为费米能}.$$

14-30 假定大气层各处温度相同均为 T, 空气的摩尔质量为 M. 试根据玻耳兹曼分布律 $n = n_0 e^{-(E_p/kT)}$ 证明 p 与高度 h (从海平面算起)的关系是 $h = \frac{RT}{Mg}\ln\frac{p_0}{p}$ (p_0 是海平面处的大气压强).

14-31 求上升到什么高度处, 大气压强减到地面的75%. 设空气的温度为 0 ℃, 空气的摩尔质量为 0.028 9 kg · mol⁻¹.

14-32 一定量的理想气体, 分别在体积不变和压强不变的条件下升温, 分子的平均碰撞频率和平均自由程将怎样变化?

14-33 在一半径为 R 的球形容器里储有分子有效直径为 d 的气体, 试问该容器中最多可以容纳多少个分子, 才能使气体分子间不至于相碰?

14-34 无线电技术中所用的真空管真空度为 $1.33×10^{-3}$ Pa, 试求在 27 ℃ 时单位体积中的分子数及分子平均自由程. 设分子的有效直径为 $3.0×10^{-10}$ m.

14-35   设氮气分子的有效直径为 10^{-10} m，

（1）求氮气在标准状况下的平均碰撞频率；

（2）如果温度不变，气压降到 $1.33×10^{-4}$ Pa，则平均碰撞频率又为多少？

14-36   标准状况下氦气（He）的黏度 $\eta = 1.89×10^{-5}$ Pa·s，摩尔质量 $M = 0.004\,0$ kg·mol^{-1}，$\bar{v} = 1.20×10^{3}$ m·s^{-1}，试求：

（1）在标准状况下氦原子的平均自由程；

（2）氦原子的半径.

第十五章　热力学基础

我们在第十四章中主要讨论了理想气体在平衡态下的基本性质和统计规律,本章将讨论热力学系统在受到外界影响时,其状态变化所遵循的规律.实验表明,在热力学基本概念适用的范围内,一切与热运动有关的现象都遵循热力学基本定律,热学中最基本的热力学定律是热力学第一、第二定律.热力学第一定律是关于能量的规律,是获得物质系统各种宏观性质的依据;热力学第二定律是关于熵的原理,是判断宏观过程进行的方向和限度的依据.随着科学技术的发展,熵的概念得到了深化和泛化,并已成为当代物理学前沿领域中的一个重要概念.本章重点介绍热力学第一、第二定律及其在热力学过程中的应用,简要分析熵及熵增加原理的微观统计意义.

15-1　热力学第一定律

一、热力学过程及准静态过程

热力学系统的状态随时间发生变化的过程称为热力学过程(thermodynamic process),简称过程.在过程进行中的任一时刻,系统的状态一般不是平衡态.例如,推动活塞压缩气缸内的气体时,气体的体积、密度、温度和压强都将发生变化,在不同时刻有不同的状态. 由于活塞的运动方式不同,气缸中气体状态随时间的变化可以有不同的方式,即经历不同的过程. 如果过程进行得很快,气体的体积、密度、温度和压强都将快速发生变化,在任一时刻,由于活塞运动而使气体各处密度不同,气体内部的宏观参量不均匀,过程进行中的每一个中间态都不是平衡态;相反,如果过程进行得无限缓慢,外界的压强始终比系统压强大无穷小量 $\mathrm{d}p$,使气体的体积每次只改变 $\mathrm{d}V$,等待系统平衡后,再重复以上过程,则可以认为每一个中间态都处于平衡态.

对于不同的过程通常按过程中系统状态的性质可分为准静态过程和非准静态过程. 所谓准静态过程(quasi-steady process)是指:该过程进行得足够缓慢,以致过程连续经历的每一个中间状态都可视为平衡态,系统的状态都对应有确定的状态参量. 于是我们也就可以在不涉及时间参量的情况下,用系统状态参量的变化规律来描述准静态过程的性质和特征.

对于以压强、体积和温度为状态参量的热力学系统,描述其平衡态的独立参量只有两个,因此,系统的每一个平衡态都可以用 p-V 图(或 p-T 图、T-V 图)上的一个点来表示,而系统经历的一个准静态过程可以用图上的一条曲线来表示,如图 15.1.1 所示.

相对于准静态过程而言,中间态为非平衡态的过程称为非准静态过程,对于非准静态过程,由于过程进行中的每一个中间态不都是平衡态,非平衡态没有确定的状态参量,因而非准静态过程不能用 p-V 图上的曲线来表示.

准静态过程是理想化的过程,在实际过程中,如果能够控制过程进行的速度,以至于系统状态每发生一个微小的变化所用的时间(常称为过程的特征时间),都远远超过系统本身的弛豫时间,就可以将此过程近似为准静态过程. 仍以推动活塞压缩气缸中气体为例,由于活塞运动而使气

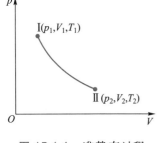

图 15.1.1　准静态过程

体各处密度不同,这种作用在气体中以密度疏密波的形式传播,其传播速度为气体中的声速,数量级约为 10^2 m·s^{-1},对于线度为 10^{-1} m 的容器中的气体而言,压强恢复均匀一致所需时间(即压强的弛豫时间)大约为 10^{-3} s. 因此,只要控制推动活塞运动的速度,使每一次运动所经历的时间远大于上述弛豫时间,则在进行下一次运动之前,气体早已重新建立起新的平衡态,这样的过程可近似为准静态过程.

需要指出的是,在准静态过程中,若不考虑摩擦阻力,则外界作用的压强始终与系统的压强相平衡,可保证过程的准静态性质. 若考虑存在摩擦阻力,那么虽然在过程进行得足够缓慢时,系统的每一个中间态仍然可以看作平衡态,但外界作用的压强不再等于系统内部的压强. 我们将不考虑这种更为复杂的情况. 因此,本书中提到的准静态过程均指无摩擦的准静态过程.

二、热力学系统的内能

在热力学研究中,把物质系统内部与热现象有关的能量称为内能. 热力学系统由大量的分子、原子或其他粒子组成,这些粒子都处于永不停息的无规则运动状态,并且粒子之间有相互作用. 一个宏观热力学系统内部的能量形式包括组成系统的分子(或原子)的热运动的动能、相互作用势能、化学能、电离能、原子核内部的核能等. 在一般的热现象中,并不涉及微观粒子结构的变化,即不涉及化学反应和核反应,所以热力学系统的内能仅指参与热运动的分子的热运动动能以及分子间的相互作用势能的总和.用 E 表示内能(internal energy),由于分子热运动动能与系统的温度有关,而分子间的相互作用势能与分子间距离有关,即与气体体积有关,所以气体的内能是温度与体积的状态函数,即 $E = E(T, V)$. 对于理想气体,由于忽略分子之间的相互作用,内能仅是温度的函数,与体积无关. 在气体动理论中,已根据经典的能量均分定理得出 1 mol 理想气体的内能 (14.5.3)式和质量为 m,摩尔质量为 M 的气体的内能 (14.5.4)式,即

$$E_{\mathrm{m}} = \frac{i}{2}RT$$

$$E = \frac{m}{M}\frac{i}{2}RT$$

对于无限小的状态改变,则有

$$\mathrm{d}E_{\mathrm{m}} = \frac{i}{2}R\mathrm{d}T \tag{15.1.1}$$

$$\mathrm{d}E = \frac{m}{M}\frac{i}{2}R\mathrm{d}T \tag{15.1.2}$$

由此可见内能的改变只与初、末两状态的温度有关,而与具体的过程无关,内能是状态量。

三、准静态过程中的功

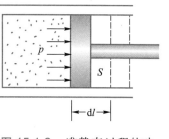

图 15.1.2　准静态过程的功

力学研究表明,外力对系统做功,将改变系统的运动状态,并且伴随有以功的形式出现的能量的转化. 对于热力学系统,做功也是系统实现能量转化的方式之一. 在此我们只讨论准静态过程中系统的体积发生变化时,压力所做的机械功,也称体积功. 如图 15.1.2 所示,设想气缸内的气体经历了一个无摩擦的准静态膨胀过程,此时外界施于气体的压强等于气体的压强 p,当活塞移动一微小位移 $\mathrm{d}l$ 时,气体对外界所做的微元功为

$$\mathrm{d}W = pS\mathrm{d}l$$

式中 S 为活塞的横截面积. 因气体体积的增量为 $\mathrm{d}V = S\mathrm{d}l$,故上式可写为

$$\mathrm{d}W = p\mathrm{d}V \tag{15.1.3}$$

这就是在无摩擦准静态过程中体积功的微元功表达

式.显然,当体积膨胀时,$dV>0$,则$dW>0$,表示系统对外界做正功;当体积缩小时,$dV<0$,则$dW<0$,表示系统对外界做负功,或称外界对系统做正功.

对于系统体积由 V_1 变为 V_2 的有限的无摩擦准静态过程,系统对外界所做的功为

$$W = \int dW = \int_{V_1}^{V_2} p dV \qquad (15.1.4)$$

(15.1.3)式和(15.1.4)式是计算准静态过程中压力做功的基本公式.式中的 p,V 都是系统的状态参量,因此,可以利用物态方程找出函数关系来计算准静态过程的功.

由(15.1.3)式和(15.1.4)式可知,当系统体积由 V 变化到 $V+dV$ 时,系统对外所做的微元功 dW 在数值上就等于 p-V图上过程曲线下小长方形的面积;而从状态 Ⅰ 变化到状态 Ⅱ 所做的总功,在数值上就等于 Ⅰ 到 Ⅱ 过程曲线下的面积,如图 15.1.3 所示.从图中还可以看出,如果系统的状态变化沿另一虚线所示的过程进行,那么气体所做的功就等于虚线下面的面积.由此可以得出一个重要结论:系统由一个状态变化到另一个状态时所做的功,不仅取决于系统的初、末两个状态,还与系统所经历的过程有关.**功是一个过程量**.

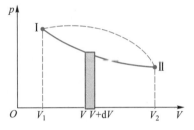

图 15.1.3　功的图示

四、准静态过程中的热量和热容

1. 准静态过程中的热量

外界对系统做功使系统的状态发生变化,这是系统间相互作用的一种方式.热力学系统相互作用的另一种常见方式是热传导,两个温度不同的系统相互接触以后,高温系统的温度会下降而低温系统的温度会上升,最后达到热平衡而具有相同的温度,这种因系统间的温度差而在系统之间相互传递热运动能量的方式,称为热传导(heat conduction).

 阅读材料　量热学的建立

 阅读材料　焦耳

当系统与外界存在温度差时,系统与外界以热传导方式传递的热运动能量称为热量(heat),一般用符号 Q 表示. 因此,热量的本质是能量,其单位为能量的单位:焦耳(J).

对系统做功和热传导都是改变系统能量状态的方式,功和热量都是系统能量变化的量度. 功和热量的另一个共同特征是,两者都是与过程有关的量.

但热量和功在本质上是完全不同的两个概念. 外界对系统做功从而改变系统的状态,是通过系统的宏观位移来完成的,本质上是外界的有规则运动能量转化为系统内分子无规则运动的能量,也就是外界机械能与系统内部热运动能量之间的转化. 而通过热传导来改变系统的状态,是通过系统内、外分子间的相互作用来完成的,本质上是外界物质分子无规则运动的能量转化为系统内分子无规则运动的能量.

应注意,一个系统与外界的热传导并不一定会引起系统本身温度的变化. 例如,一定量的理想气体和温度为 T 的热库(或称热源,指能吸收或放出热量而自身温度基本保持不变的大物体,如恒温箱)保持接触而作准静态的膨胀(或压缩)时,气体的温度也等于 T(实际上应和热库温度相差一无穷小量 dT,以保证传热的条件)而保持不变. 这就是准静态的等温变化过程.

2. 准静态过程的热容

前面已指出,热量是在热力学过程中传递的一种能量,一个物体或系统荷载或容纳这种形式的能量的能力就是该物体或系统的热容量,简称热容(heat capacity). 定量地,在一定的条件下,物体或系统温度升高(或降低)1 K 时吸收(或放出)的热量称为该物体或系统在该条件下的热容,用 C 表示,即

$$C = \lim_{\Delta T \to 0} \frac{\Delta Q}{\Delta T} = \frac{dQ}{dT} \tag{15.1.5}$$

物质系统的热容与质量有关,单位质量物质的热容称为**比热容**(specific heat capacity),用 c 表示,单位为 $J \cdot K^{-1} \cdot kg^{-1}$;1 mol 物质的热容称为**摩尔热容**(molar heat capacity),单位为 $J \cdot K^{-1} \cdot mol^{-1}$.

由于气体的状态参量 p, V, T 中只有两个是独立的,因而系统的内能作为状态的函数,可以用 p, V, T 中的任意两个来表示,即气体的内能是两个变量的函数. 例如,把内能看成温度和体积的函数时,就可以表示为 $E = E(T, V)$. 由于热量是过程量,所以一个系统的热容不具有唯一性,热容定义中的一定条件与过程进行的具体物理条件有关.热学中如果所研究的对象是气体,那么最常用的是摩尔定容热容与摩尔定压热容,前者是在体积保持不变的过程中 1 mol 气体的热容,用 $C_{V,m}$ 表示,后者是在压强保持不变的过程中 1 mol 气体的热容,用 $C_{p,m}$ 表示.

假定 1 mol 气体温度升高 dT,吸收热量为 dQ_m,则有

$$C_{V,m} = \left(\frac{dQ_m}{dT} \right)_V = \frac{dQ_{V,m}}{dT} \qquad (15.1.6)$$

$$C_{p,m} = \left(\frac{dQ_m}{dT} \right)_p = \frac{dQ_{p,m}}{dT} \qquad (15.1.7)$$

式中 $dQ_{V,m}$ 表示 1 mol 气体在体积保持不变的条件下,温度升高 dT 所吸收的热量;$dQ_{p,m}$ 表示 1 mol 气体在压强保持不变的条件下,温度升高 dT 所吸收的热量.

五、 热力学第一定律

热力学系统与外界之间的相互作用可以分为力学作用和热学作用,在这些作用下,一方面,系统的状态会发生变化,从而作为状态函数的内能将会随之改变. 另一方面,伴随有做功和热传导两种形式的能量传递. 根据能量守恒定

律,做功、热传导和内能改变这三种形式的能量的总和应保持守恒. 于是,当热力学系统状态改变时,可以通过做功和热传导两种方式改变系统的内能,内能的增量等于外界对系统所做的功与外界传递给系统的热量之和,这就是著名的热力学第一定律(first law of thermodynamics). 若用数学形式表述,则有

$$Q = \Delta E + W \tag{15.1.8}$$

其中 Q 和 W 分别表示热力学过程中系统从外界吸收的热量和对外界所做的功,ΔE 为初、末两状态内能的增量. 在一个热力学过程中,上式中的三个物理量都是可正可负的代数量,它们的符号具有特定的物理含义:$Q>0$ 表示系统吸热,$Q<0$ 则表示系统放热;$W>0$ 表示系统对外做正功,$W<0$ 则表示系统对外做负功,也即外界对系统做正功;$\Delta E>0$,表示系统内能增加,$\Delta E<0$ 则表示系统内能减少.

　　对于初、末状态相差无限小的热力学过程,热力学第一定律可写为

$$dQ = dE + dW \tag{15.1.9}$$

式中 dE 代表内能的增量,由于内能是态函数,所以代表 E 的全微分,是与过程无关的量,而 dQ 与 dW 仅代表与过程有关的无限微小的增量.

　　根据(15.1.3)式和(15.1.9)式,对于准静态过程,则有

$$dQ = dE + pdV$$

$$Q = \Delta E + \int_{V_1}^{V_2} pdV \tag{15.1.10}$$

　　在历史上曾经有不少人试图制造一种既不消耗系统内能,又无须外界提供能量而能永远对外做功的机器,这种违背热力学第一定律的机器称为"第一类永动机". 这样的意图经过无数次的尝试都以失败而告终. 因此,热力学第一定律又可以表述为:第一类永动机是不可能实现的.

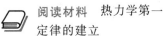
阅读材料　热力学第一定律的建立

阅读材料　永动机的否定

可见,热力学第一定律是关于热现象的能量守恒定律,因此该定律与过程是否为准静态过程无关,即(15.1.8)式适用于两个平衡态之间的一切过程.能量守恒定律的普适性也使(15.1.8)式对处于液态、气态和固态的物质系统均成立.

例 15.1.1

如图 15.1.4 所示为 1 mol 的理想气体的 T-V 图,AB 为直线,其延长线通过原点 O.求气体在 AB 过程中对外做的功.

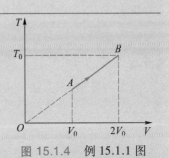

图 15.1.4　例 15.1.1 图

解　由系统状态在 T-V 图上为直线,延长线通过原点 O,可知过程方程为

$$\frac{T}{V} = \frac{T_0}{2V_0}$$

再根据理想气体物态方程

$$pV = \nu RT$$

由于 $\nu = 1$ mol,两式相比较可知 $p = R\dfrac{T_0}{2V_0}$,

这是一个等压过程.则气体对外做功为

$$W = \int_{V_A}^{V_B} p\mathrm{d}V = p(V_B - V_A)$$

$$= \frac{RT_0}{2V_0}(2V_0 - V_0) = \frac{RT_0}{2}$$

例 15.1.2

如果一定量的单原子理想气体,经历一准静态过程,其体积和压强依照 $pV^n =$ 常量的规律变化,其中 n 为已知常数。已知气体体积从 V_1 变为 V_2,压强从 p_1 变为 p_2,求气体在该过程中所做的功。

解　设 $pV^n = C$(常量),理想气体对外所做的功为

$$W = \int_{V_1}^{V_2} p\mathrm{d}V = \int_{V_1}^{V_2} CV^{-n}\mathrm{d}V$$

$$= \frac{C}{1-n}(V_2^{1-n} - V_1^{1-n}) = \frac{p_1V_1 - p_2V_2}{n-1}$$

例 15.1.3

一定质量的理想气体,其状态沿 p-T 图上的一条直线从平衡态 a 到达平衡态 b,如图 15.1.5 所示,试问:理想气体的体积在这一过程中如何改变? 此过程是吸热过程还是放热过程?

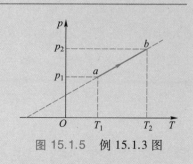

图 15.1.5   例 15.1.3 图

解   对理想气体的准静态过程,可以通过分析三个状态参量的变化情况来找出给定过程的特征. 对于描述准静态过程来讲,p-V 图、p-T 图、T-V 图都是等价的.

由系统初、末态在 p-T 图上的位置可知

$$\frac{p_1}{T_1} > \frac{p_2}{T_2}$$

再根据理想气体物态方程:

$$\frac{p_1 V_1}{T_1} = \frac{p_2 V_2}{T_2}$$

有

$$V_1 < V_2$$

所以气体体积膨胀对外做正功,$W > 0$. 由题图还知 $T_2 > T_1$,所以该过程气体的内能增加了,即 $\Delta E = E_2 - E_1 > 0$. 根据热力学第一定律,有

$$Q = \Delta E + W > 0$$

因此,该过程为吸热膨胀过程.

例 15.1.4

1 mol 双原子分子理想气体从状态 $A(p_1, V_1)$ 沿图 15.1.6 所示直线(延长线经过坐标原点)变化到状态 $B(p_2, V_2)$,试求理想气体在该过程中吸收的热量.

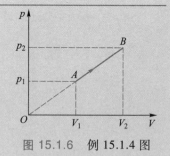

图 15.1.6   例 15.1.4 图

解   双原子分子的自由度 $i = 5$,设状态 A 和状态 B 的温度分别为 T_1、T_2.根据理想气体物态方程可得

$$T_1 = p_1 V_1 / \nu R, \quad T_2 = p_2 V_2 / \nu R$$

气体的内能增量

$$\Delta E = \nu \frac{i}{2} R(T_2 - T_1) = \frac{i}{2}(p_2 V_2 - p_1 V_1)$$

$$= \frac{5}{2}(p_2 V_2 - p_1 V_1)$$

气体对外界所做的功为 AB 线段下的梯形面积,即

$$W = \frac{1}{2}(p_2 V_2 - p_1 V_1)$$

根据热力学第一定律,气体在该过程吸收的热量为

$$Q = \Delta E + W = 3(p_2 V_2 - p_1 V_1)$$

15-2　热力学第一定律对理想气体准静态过程的应用

理想气体是热力学中最简单、最重要的气体模型,通过研究理想气体在准静态过程中的性质和能量转化的规律,可以为实际应用提供信息和作出指导.由于在过程中系统的状态在一定条件下发生变化,其状态参量间的关系称为过程方程,在过程进行中伴随有做功、传热和内能改变等形式的能量转化,因此过程方程和能量转化是过程性质的重要标志.本节中我们将讨论理想气体经历的几种准静态过程.

一、等体过程

等体过程(isochoric process)中系统的体积 V = 常量,在 p-V 图上,等体过程曲线为连接初态与末态并平行于 p 轴的线段,如图 15.2.1 所示.由理想气体物态方程可知,等体过程的过程方程可表示为

$$\frac{p}{T} = 常量$$

或

$$\frac{p}{T} = \frac{p_1}{T_1} = \frac{p_2}{T_2}$$

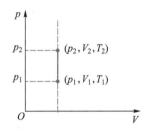

图 15.2.1　等体过程曲线

1. 理想气体的摩尔定容热容

系统在保持体积不变的过程中 1 mol 气体的热容量,称为摩尔定容热容(molar heat capacity at constant volume).由于等体过程中系统体积保持不变,对外不做功,即 $dV = 0$,根据热力学第一定律,可知

$$dQ_{V,m} = dE_m$$

则(15.1.6)式可表示为

$$C_{V,m} = \frac{dQ_{V,m}}{dT} = \frac{dE_m}{dT} \qquad (15.2.1)$$

对于理想气体,内能仅是温度的函数,与体积无关. 在气体动理论中,已根据经典的能量均分定理得出(14.5.3)式,即 1 mol 理想气体的内能为

$$E_{\mathrm{m}} = \frac{i}{2}RT$$

代入(15.2.1)式,可得理想气体的摩尔定容热容为

$$C_{V,\,\mathrm{m}} = \frac{i}{2}R \qquad (15.2.2)$$

2. 能量转化关系

由于体积不变,系统对外不做功,即 $W = 0$,根据热力学第一定律,有

$$Q_V = \Delta E$$

根据(15.2.1)式,有 $\mathrm{d}E_{\mathrm{m}} = C_{V,\,\mathrm{m}}\mathrm{d}T$,对于质量为 m 的气体,则有

$$\mathrm{d}E = \frac{m}{M}C_{V,\,\mathrm{m}}\mathrm{d}T \qquad (15.2.3)$$

将 $C_{V,\,\mathrm{m}}$ 视为常量,积分可得理想气体的内能增量

$$\Delta E = \int_{T_1}^{T_2} \frac{m}{M}C_{V,\,\mathrm{m}}\mathrm{d}T = \frac{m}{M}C_{V,\,\mathrm{m}}(T_2 - T_1) \qquad (15.2.4)$$

(15.2.4)式适用于理想气体各种过程的内能增量的计算.

于是,在理想气体的等体过程中有

$$Q_V = \Delta E = \frac{m}{M}C_{V,\,\mathrm{m}}(T_2 - T_1)$$

在理想气体的等体过程中,系统吸收的热量全部转化为系统的内能.

二、等压过程

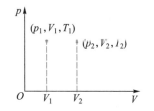

图 15.2.2　等压过程曲线

等压过程(isobaric process)中系统的压强 $p =$ 常量,在 $p\text{-}V$ 图上,等压过程曲线为连接初态与末态并平行于 V 轴的线段,如图 15.2.2 所示. 由理想气体物态方程可知,等压

过程的过程方程可表示为

$$\frac{T}{V} = 常量$$

或

$$\frac{T}{V} = \frac{T_1}{V_1} = \frac{T_2}{V_2} \qquad (15.2.5)$$

1. 理想气体的摩尔定压热容   摩尔热容比

系统在保持压强不变的过程中,1 mol 气体的热容,称为摩尔定压热容(molar heat capacity at constant pressure).

对于无限小的过程,对理想气体物态方程两边取微分,则有

$$p\mathrm{d}V + V\mathrm{d}p = \frac{m}{M}R\mathrm{d}T$$

由于等压过程中系统压强保持不变,即 $\mathrm{d}p = 0$,代入上式,可得等压过程中系统对外界所做的功为

$$p\mathrm{d}V = \frac{m}{M}R\mathrm{d}T \qquad (15.2.6)$$

内能变化与过程无关,系统内能增量仍然可利用(15.2.3)式 $\mathrm{d}E = \frac{m}{M}C_{V,\mathrm{m}}\mathrm{d}T$ 表示,根据热力学第一定律,可得等体过程中吸收的热量为

$$\mathrm{d}Q_p = \frac{m}{M}C_{V,\mathrm{m}}\mathrm{d}T + \frac{m}{M}R\mathrm{d}T = \frac{m}{M}(C_{V,\mathrm{m}} + R)\mathrm{d}T \qquad (15.2.7)$$

对于 1 mol 的气体,则有

$$\mathrm{d}Q_{p,\mathrm{m}} = (C_{V,\mathrm{m}} + R)\mathrm{d}T$$

将上式代入(15.1.7)式 $C_{p,\mathrm{m}} = \dfrac{\mathrm{d}Q_{p,\mathrm{m}}}{\mathrm{d}T}$,则有

$$C_{p,\mathrm{m}} = C_{V,\mathrm{m}} + R \qquad (15.2.8)$$

上式又称为迈耶公式(Mayer's formula),它表明 1 mol 理想气体的温度升高 1 K 时,等压过程要比等体过程多吸收 $R = 8.31$ J 的热量,这部分热量用于气体在膨胀时对外界

做功.

通常把摩尔定压热容与摩尔定容热容之比称为摩尔热容比(molar ratio of specific heat capacities),用符号 γ 表示:

$$\gamma = \frac{C_{p,\,m}}{C_{V,\,m}} \qquad (15.2.9)$$

在一般问题所涉及的温度范围内,理想气体的 $C_{V,m}$ 和 $C_{p,m}$ 分别近似为一常量. 对于单原子分子气体(如氦气、氖气、氩气等),自由度 $i = 3$,有 $C_{V,m} = \frac{3}{2}R$, $C_{p,m} = \frac{5}{2}R$, $\gamma \approx 1.67$;对于双原子分子气体(如氢气、氧气、氮气等),$i = 5$,有 $C_{V,m} = \frac{5}{2}R$, $C_{p,m} = \frac{7}{2}R$, $\gamma \approx 1.40$;对于多原子分子气体(如水蒸气、乙醇蒸气、甲烷等),可取 $C_{V,m} = 3R$, $C_{p,m} = 4R$, $\gamma \approx 1.33$.

能量均分定理表明,$C_{V,m}$, $C_{p,m}$, γ 均只与气体分子的自由度有关而与气体温度无关. 表 15.2.1 列出了 0 ℃时几种气体摩尔热容的实验值.

表 15.2.1　0 ℃时几种气体摩尔热容的实验值				
分子	气体	$C_{V,m}$ /(J · K^{-1} · mol^{-1})	$C_{p,m}$ /(J · K^{-1} · mol^{-1})	γ
单原子分子	氦气	12.5	20.9	1.67
	氖气	12.9	21.2	1.64
	氩气	12.5	21.2	1.65
双原子分子	氢气	20.4	28.8	1.41
	氧气	21.0	28.9	1.40
	氮气	20.4	28.6	1.41
多原子分子	水蒸气	27.8	36.2	1.31
	乙醇蒸气	79.2	87.5	1.11

从表 15.2.1 可以看出,对于各种气体两种摩尔热容之差($C_{p,m} - C_{V,m}$)都接近于 R;单原子分子和双原子分子气体

的 $C_{V,m}, C_{p,m}, \gamma$ 理论值与实验值也比较接近．但对多原子分子气体，理论值与实验值之间存在较大差距．实验还指明，这些量值与温度也有关．

理论与实验的差异，其根本的原因在于，上述热容理论建立在能量均分定理之上，而这个定理是以"粒子能量可以连续变化"这一经典概念为基础的．实际上，原子、分子等微观粒子的运动遵从量子力学规律，能量的变化只能取一些不连续的分立值，称为"能量量子化"，因此只有量子理论才能对气体热容给出较满意的解释．

2. 等压过程的能量转化关系

分别对（15.2.6）式和（15.2.7）式积分，在等压过程中，理想气体对外所做的功和吸收的热量分别为

$$W = \int_{V_1}^{V_2} p\,\mathrm{d}V = p(V_2 - V_1) = \int_{T_1}^{T_2} \frac{m}{M}R\,\mathrm{d}T = \frac{m}{M}R(T_2 - T_1)$$

$$(15.2.10)$$

$$Q_p = \int_{T_1}^{T_2} \frac{m}{M}C_{p,m}\,\mathrm{d}T = \frac{m}{M}C_{p,m}(T_2 - T_1) \quad (15.2.11)$$

在等压过程中，内能增量为

$$\Delta E = \frac{m}{M}C_{V,m}(T_2 - T_1)$$

显然 $Q_p = \Delta E + W$，在等压过程中，气体从外界吸收的热量，一部分转化成系统内能，另一部分则用于对外界做功．

三、等温过程

等温过程（isothermal process）中系统的温度 T = 常量，由理想气体物态方程可知，等温过程的过程方程可表示为

$$pV = 常量 \qquad (15.2.12)$$

在 p-V 图 15.2.3 上，等温过程曲线为一条等轴双曲线．

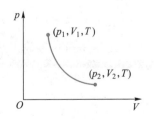

图 15.2.3　等温过程曲线

等温过程中系统对外界所做的功为

$$W = \int_{V_1}^{V_2} p\,\mathrm{d}V = \int_{V_1}^{V_2} \frac{m}{M} RT \frac{\mathrm{d}V}{V} = \frac{m}{M} RT \ln \frac{V_2}{V_1} = \frac{m}{M} RT \ln \frac{p_1}{p_2}$$

(15.2.13)

等温过程中，$\Delta E = 0$，根据热力学第一定律，系统吸热

$$Q_T = W = \frac{m}{M} RT \ln \frac{V_2}{V_1} = \frac{m}{M} RT \ln \frac{p_1}{p_2}$$ (15.2.14)

在等温过程中，系统将其从外界吸收的热量全部转化为对外界所做的功.

例 15.2.1

假定气体经历的是下列两种过程：(1) 等温压缩；(2) 先等压压缩，然后再等体升压到同样的末态，如图 15.2.4 所示. 求把压强为 1.013×10^5 Pa、体积为 100 cm³ 的氮气压缩到 20 cm³ 时，气体内能的增量、吸收的热量和所做的功.

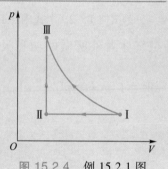

图 15.2.4   例 15.2.1 图

解   (1) 如图所示，气体在状态 I、III 的温度相同，视氮气为理想气体，则无论经怎样的过程到达末态 III，气体的内能不变，即

$$\Delta E = E_3 - E_1 = 0$$

等温压缩中气体吸收的热量和所做的功为

$$Q_T = W = \frac{m}{M} RT \ln \frac{V_2}{V_1} = p_1 V_1 \ln \frac{V_2}{V_1}$$

$$= 1.013 \times 10^5 \times 100 \times 10^{-6} \ln \frac{20 \times 10^{-6}}{100 \times 10^{-6}} \text{ J}$$

$$\approx -16.3 \text{ J}$$

负号表示在等温压缩过程中，外界对气体做功而气体向外界放出热量.

(2) 气体先经等压压缩过程到达状态 II，再经等体升压至末态 III，仍有 $\Delta E = 0$，

则气体吸收的热量和所做的功为

$$Q = W = W_p + W_V$$

因在等体过程中气体不做功，即 $W_V = 0$，所以得

$$Q = W_p = p_1 (V_2 - V_1)$$

$$= 1.013 \times 10^5 \times (20 - 100) \times 10^{-6} \text{ J}$$

$$\approx -8.1 \text{ J}$$

从计算结果可知，尽管初、末状态相同，但过程不同时，气体吸收的热量和所做的功也不相同，功与热量都与过程有关.

15-3　理想气体的绝热过程

绝热过程是系统与外界没有热量交换的过程,即 $Q=0$,显然这是一种理想的过程. 常见情形中,在良好绝热材料包围的系统内发生的准静态过程就是绝热过程(adiabatic process). 因进行得较快而来不及与外界交换热量的过程,如气缸内气体经历的急速压缩或膨胀、空气中声音传播时所引起的膨胀或压缩过程等,都可以近似地当作绝热过程来处理.

一、准静态绝热过程

1. 准静态绝热过程的特征

准静态绝热过程的特征是:对任一无限微小的过程,有 $\mathrm{d}Q=0$;而对于一个有限的过程,$Q=0$. 因此,根据热力学第一定律,可知

$$\mathrm{d}Q=\mathrm{d}E+p\mathrm{d}V=0, \quad Q=\Delta E+W=0$$

则有下列关系式成立:

$$p\mathrm{d}V=-\mathrm{d}E=-\frac{m}{M}C_{V,\,\mathrm{m}}\mathrm{d}T \tag{15.3.1}$$

$$W=-\Delta E=-\frac{m}{M}C_{V,\,\mathrm{m}}(T_2-T_1) \tag{15.3.2}$$

上式表明,准静态绝热过程中气体对外界所做的功完全来自气体内能的改变. 当气体绝热膨胀时,气体对外界做正功,气体内能减少,温度随之降低,气体压强也因温度的降低和分子数密度的减小而减小;当气体被绝热压缩时,外界对气体做正功,气体内能增加,温度随之升高,气体压强也随之增大. 所以,在绝热过程中,气体的三个状态参量 p、V、T 均发生了变化.

2. 绝热方程

考虑一个无限微小的准静态绝热过程. 由于 p、V、T 均变化,对理想气体物态方程 $pV = \dfrac{m}{M}RT$ 取微分可得

$$p\mathrm{d}V + V\mathrm{d}p = \frac{m}{M}R\mathrm{d}T \qquad (15.3.3)$$

将(15.3.1)式代入上式,并利用 $C_{p,\mathrm{m}} = C_{V,\mathrm{m}} + R$,有

$$V\mathrm{d}p = \frac{m}{M}C_{p,\mathrm{m}}\mathrm{d}T \qquad (15.3.4)$$

从(15.3.1)和(15.3.4)两式中消去 $\mathrm{d}T$,分离变量可整理得

$$\frac{\mathrm{d}p}{p} + \gamma\frac{\mathrm{d}V}{V} = 0 \qquad (15.3.5)$$

式中 $\gamma = \dfrac{C_{p,\mathrm{m}}}{C_V}$ 称为摩尔热容比,又称绝热指数.

在一般问题所涉及的温度范围内,绝热指数 γ 可视为常数,对上式积分得

$$\ln p + \gamma\ln V = C_1$$

即

$$pV^{\gamma} = C_1 \qquad (15.3.6)$$

上式反映了绝热过程中压强与体积的关系,通常称为泊松公式(Poisson formula). 利用理想气体物态方程,还可将(15.3.6)式写成以下两种形式,即

$$TV^{\gamma-1} = C_2 \qquad (15.3.7)$$

$$p^{\gamma-1}T^{-\gamma} = C_3 \qquad (15.3.8)$$

式中 C_1、C_2 和 C_3 均为常量,(15.3.6)式、(15.3.7)式、(15.3.8)式都称为理想气体的准静态绝热方程(adiabatic equation). 需要强调的是这些绝热方程都只适用于准静态过程,因为在推导过程中应用了准静态过程功的计算公式 $\mathrm{d}W = p\mathrm{d}V$,对于非准静态过程不适用.

3. 绝热过程曲线

依据(15.3.6)式,可在 p-V 图上画出绝热过程曲线.
图15.3.1 给出了理想气体等温、等压、等体和绝热过程的过程曲线,图 15.3.2 给出了理想气体等温线(isotherm)与绝热线(adiabat)的比较. 因为绝热线的斜率与等温线的斜率之比为 γ(见例 15.3.2,可对两过程的过程方程取微分得到这一结果),而 γ 总大于 1,所以绝热线上任一点的斜率都比经过同一点的等温线的斜率陡一些. 从物理上理解,$p = nkT$,压强由分子数密度 n 和温度 T 决定. 在等温压缩过程中,压强的增加仅由于分子数密度的增大而引起,而在绝热压缩过程中,压强不仅因分子数密度的增大而增加,还因为温度的升高而增强. 因此在气体体积由 V_1 减小至 V_2 的过程中,绝热压缩所导致的压强增加量 Δp 大于等温压缩过程所引起的压强增加量.

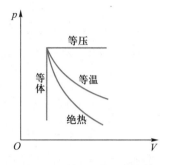

图 15.3.1　等温、等压、等体和绝热过程曲线

4. 绝热过程的功

设一定量的理想气体从初态 (p_1, V_1) 开始经历一准静态绝热过程,对于任一中间态 (p, V),由泊松公式 $p_1 V_1^\gamma = p V^\gamma$,有

$$p = \frac{p_1 V_1^\gamma}{V^\gamma}$$

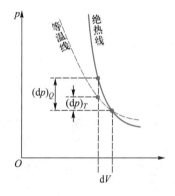

图 15.3.2　等温线与绝热线的比较

从初态 (p_1, V_1) 到末态 (p_2, V_2),绝热过程的功为

$$W = \int_{V_1}^{V_2} p\,\mathrm{d}V = p_1 V_1^\gamma \int_{V_1}^{V_2} \frac{\mathrm{d}V}{V^\gamma} = \frac{p_1 V_1^\gamma}{1-\gamma}\left(V_2^{1-\gamma} - V_1^{1-\gamma}\right)$$

$$= \frac{p_1 V_1}{\gamma-1}\left[1 - \left(\frac{V_1}{V_2}\right)^{\gamma-1}\right] \qquad (15.3.9)$$

利用泊松公式 $p_1 V_1^\gamma = p_2 V_2^\gamma$,上式还可化为

$$W = \frac{1}{\gamma-1}(p_1 V_1 - p_2 V_2) \qquad (15.3.10)$$

例 15.3.1

气缸内储有 2 mol 氦气 (视为理想气体),初始温度为 27 ℃ ,体积为 20 L. 先将氦气等压膨胀,直至体积加倍,然后绝热膨胀,直至回复到初始温度为止.

试在 $p\text{-}V$ 图上大致画出气体的状态变化过程,并求氦气在此过程中吸收的热量、内能的改变和所做的功.

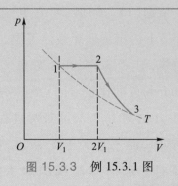

图 15.3.3 例 15.3.1 图

解 气体的状态变化过程如图 15.3.3 所示.

氦气仅在等压膨胀过程中吸热,所以有

$$Q = Q_p = \frac{m}{M} C_{p,\,m} (T_2 - T_1)$$

其中,$\frac{m}{M} = 2$ mol. 由于氦气为单原子分子气体,所以 $C_{p,\,m} = C_{V,\,m} + R = \frac{5}{2}R$,$T_1 = 300$ K.

根据等压过程的过程方程 $\frac{V_1}{T_1} = \frac{V_2}{T_2}$,可得

$$T_2 = \frac{V_2}{V_1} T_1 = \frac{40}{20} \times 300 \text{ K} = 600 \text{ K}$$

代入吸热关系式可得

$$\begin{aligned} Q &= Q_p = \frac{m}{M} C_{p,\,m} (T_2 - T_1) \\ &= 2 \times \frac{5}{2} \times 8.31 \times (600 - 300) \text{ J} \\ &\approx 1.25 \times 10^4 \text{ J} \end{aligned}$$

因为 $T_3 = T_1 = 300$ K,$\Delta T = 0$,所以氦气的内能改变 $\Delta E = 0$.

根据热力学第一定律知,因 $\Delta E = 0$,故有

$$W = Q = 1.25 \times 10^4 \text{ J}$$

即氦气对外所做的功等于其从外界吸收的热量.

例 15.3.2

如图所示,某理想气体在 $p\text{-}V$ 图上等温线与绝热线相交于 A 点。已知 A 点的压强 $p_1 = 2 \times 10^5$ Pa,体积 $V_1 = 0.5 \times 10^{-3}$ m³,而且 A 点处等温线斜率与绝热线斜率之比为 0.714。现使气体从 A 点绝热膨胀至 B 点,气体体积变为 $V_2 = 1.0 \times 10^{-3}$ m³,求:

(1) B 点处的压强;

(2) 在此过程中气体对外做的功.

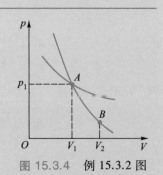

图 15.3.4 例 15.3.2 图

解 （1）对等温方程 $pV=C$ 两边取微分，整理得

$$\left(\frac{\mathrm{d}p}{\mathrm{d}V}\right)_T = -\frac{p}{V}$$

上式即等温线的斜率.

对绝热方程 $pV^\gamma = C$ 两边取微分，整理得

$$\left(\frac{\mathrm{d}p}{\mathrm{d}V}\right)_Q = -\gamma\frac{p}{V}$$

上式即绝热线的斜率.

由题意知

$$\frac{(\mathrm{d}p/\mathrm{d}V)_T}{(\mathrm{d}p/\mathrm{d}V)_Q} = \frac{-p/V}{-\gamma p/V} = \frac{1}{\gamma} \approx 0.714$$

故

$$\gamma = \frac{1}{0.714} \approx 1.4$$

由绝热方程可得

$$p_2 = p_1\left(\frac{V_1}{V_2}\right)^\gamma = 2\times10^5 \times \left(\frac{0.5\times10^{-3}}{1.0\times10^{-3}}\right)^{1.4}\text{Pa}$$

$$\approx 7.58\times10^4\,\text{Pa}$$

（2）气体对外做的功为

$$W = \int_{V_1}^{V_2} p\,\mathrm{d}V = \int_{V_1}^{V_2} p_1\left(\frac{V_1}{V}\right)^\gamma \mathrm{d}V = \frac{p_1V_1 - p_2V_2}{\gamma-1}$$

$$= \frac{2\times10^5\times0.5\times10^{-3} - 7.58\times10^4\times1.0\times10^{-3}}{1.4-1}\text{J}$$

$$\approx 60.5\,\text{J}$$

例 15.3.3

一定质量的理想气体，经一准静态过程从状态 A 到达状态 B，在 $p\text{-}V$ 图上表示如图所示. 图中 AC 为等温线，BD 为绝热线，这两条线的交点为 E，过 A、E、B 作 V 轴的垂线，分别交于 F、G、H. 试用 $p\text{-}V$ 图上的图形（即曲线所围的面积）来表示系统在该过程所做的功、内能的增量和吸收的热量.

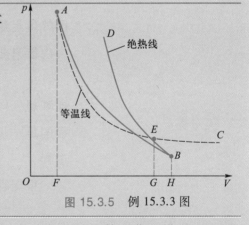

图 15.3.5　例 15.3.3 图

解 系统在过程 AB 中对外做功

$$W = \int_{V_1}^{V_2} p\,\mathrm{d}V = A_{ABHFA}$$

式中 A_{ABHFA} 表示曲边梯形 $ABHFA$ 的面积.

内能的增量为

$$\Delta E_{AB} = \Delta E_{AE} + \Delta E_{EB} = \Delta E_{EB} = -A_{EBHGE}$$

即系统内能的减少等于曲边梯形 $EBHGE$ 的面积.

系统在 AB 过程中吸收的热量

$$Q_{AB} = \Delta E_{AB} + W_{AB} = A_{ABHFA} - A_{EBHGE}$$

即系统吸收的热量 Q_{AB} 等于曲边梯形 $ABHFA$ 和 $EBHGE$ 的面积之差.

二、非准静态绝热过程

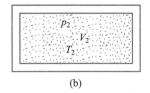

(a)

(b)

图 15.3.6 绝热自由膨胀

非准静态绝热过程的典型例子是理想气体的绝热自由膨胀过程. 设有一绝热容器,用一隔板将容器分为容积相等的两半,左半部储有平衡态的理想气体,其压强为 p_1,体积为 V_1,温度为 T_1,右半部为真空,如图 15.3.6(a)所示. 当把隔板抽去后,气体将冲入右半部,最后在整个容器内达到一个新的平衡态,其状态参量为 p_2,V_2($= 2V_1$),T_2,如图 15.3.6(b)所示. 气体冲入右半部的过程不可能无限缓慢地进行,过程中任一时刻气体显然不处于平衡态,因而绝热自由膨胀过程是非准静态过程.

虽然绝热自由膨胀过程是非准静态过程,它仍应服从热力学第一定律. 由于过程绝热,即 $Q = 0$,又由于向真空膨胀,气体对外不做功,即 $W = 0$,根据热力学第一定律,有

$$E_2 - E_1 = 0$$

即气体经绝热自由膨胀,内能保持不变. 对于理想气体,因为内能只是温度的函数,所以

$$T_2 = T_1$$

即理想气体经绝热自由膨胀后温度将复原. 注意,由于过程的每一步中系统并不处于平衡态,因此不能说成是等温过程.

根据理想气体物态方程,对于初、末两态应有

$$p_1 V_1 = \frac{m}{M} R T_1$$

$$p_2 V_2 = \frac{m}{M} R T_2$$

因为 $T_2 = T_1$,$V_2 = 2V_1$,由上两式给出理想气体经绝热自由膨胀后的压强为

$$p_2 = \frac{p_1}{2}$$

如果用泊松公式 $p_1 V_1^{\gamma} = p_2 V_2^{\gamma} = p_2 (2V_1)^{\gamma}$，将得到 $p_2 = \dfrac{p_1}{2^{\gamma}}$，

这显然是错误的,因为绝热自由膨胀过程是非准静态的,泊松公式不适用.

例 15.3.4

如图所示,器壁与活塞均绝热的容器中间被一隔板等分为两部分,其中左边储有 1 mol 处于标准状态的单原子分子理想气体,另一边为真空。现先把隔板拉开,待气体平衡后,再缓慢向左推动活塞,把气体压缩到原来的体积,求气体的温度改变多少?

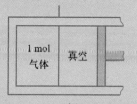

图 15.3.7 例 15.3.4 图

解 已知气体开始时的状态为 p_0、V_0、T_0,
先向真空绝热膨胀
所以

$$T_1 = T_0, \qquad V_1 = 2V_0, \qquad p_1 = \frac{1}{2}p_0$$

再作绝热压缩,气体状态由 V_1、T_1,变为 V_0、T_2

$$T_2 V_0^{\gamma-1} = T_1 V_1^{\gamma-1} = T_0 (2V_0)^{\gamma-1}$$

对于单原子分子理想气体,$\gamma = 5/3$
可得

$$T_2 = 2^{\frac{5}{3}-1} T_0 = 2^{\frac{2}{3}} T_0$$

所以温度升高

$$\Delta T = T_2 - T_0 = (2^{\frac{2}{3}} - 1) \times 273 \ \text{K} \approx 160 \ \text{K}$$

气体被压缩到原来的体积,温度升高,气体并未恢复到膨胀前的状态,要恢复到原来状态,可以通过等体降温来实现,气体从开始膨胀到被压缩回来恢复原来状态过程中,外界对气体做了功,得到等量的热量.

三、多方过程

一般情况下,气体所进行的实际过程往往既非绝热过程也非等温过程. 比较一下理想气体等压、等体、等温和绝热四个过程的过程方程,它们分别是

$$p = C_1, \qquad V = C_2, \qquad pV = C_3, \qquad pV^{\gamma} = C_4$$

这四个方程都可以用

$$pV^n = C \qquad (15.3.11)$$

的表达式来统一表示，其中 n 是对应于某一特定过程的常数．满足（15.3.11）式的过程称为**多方过程**（polytropic process），（15.3.11）式称为理想气体多方过程的过程方程，指数 n 称为**多方指数**（polytropic exponent）．

1. 多方过程的特征

考虑一个无限微小的准静态过程．由理想气体物态方程 $pV = \dfrac{m}{M}RT$，微分可得

$$p\mathrm{d}V + V\mathrm{d}p = \frac{m}{M}R\mathrm{d}T$$

根据热力学第一定律 $\mathrm{d}Q = \mathrm{d}E + \mathrm{d}W$，有

$$\frac{m}{M}C_{n,\mathrm{m}}\mathrm{d}T = \frac{m}{M}C_{V,\mathrm{m}}\mathrm{d}T + p\mathrm{d}V$$

式中 $C_{n,\mathrm{m}}$ 为该过程的摩尔热容．完全类似于绝热过程方程的推导，若 $C_{n,\mathrm{m}}$ 为常量，由上两式消去 $\mathrm{d}T$，分离变量、整理后积分，即可得（15.3.11）式．其中

$$n = \left(1 - \frac{R}{C_{n,\mathrm{m}} - C_{V,\mathrm{m}}}\right) \qquad (15.3.12)$$

利用理想气体物态方程，还可将（15.3.11）式写成以下两种形式，即

$$TV^{n-1} = C \qquad (15.3.13)$$

$$p^{n-1}T^{-n} = C \qquad (15.3.14)$$

从推导过程可知，只有当 n 为常数时才能积分得到（15.3.11）式．而由（15.3.12）式可知，n 为常数，在物理意义上也就是要求过程中的摩尔热容 $C_{n,\mathrm{m}}$ 为常量．可见理想气体多方过程的基本特征，从热容的角度来看，可以认为是过程中的摩尔热容 $C_{n,\mathrm{m}}$ 为常量．

气体在多方过程中的功完全可用推导（15.3.9）式的方法求得，所得结果也与（15.3.9）式形式相同，只要把（15.3.9）式中的 γ 换成 n 即可．

显然,对于绝热过程 $n=\gamma$,对于等温过程 $n=1$,对于等压过程 $n=0$,而等体过程则相当于 $n\to\infty$ 时的多方过程,如图 15.3.8 所示.

可知,多方过程是包括了前述各种过程的较为一般的过程.

2. 多方过程的摩尔热容

由(15.3.12)式可得多方过程的摩尔热容

$$C_{n,\mathrm{m}}=C_{V,\mathrm{m}}-\frac{R}{n-1}=\frac{\gamma-n}{1-n}C_{V,\mathrm{m}} \qquad (15.3.15)$$

若以 n 为自变量,$C_{n,\mathrm{m}}$ 为函数,画出的 $C_{n,\mathrm{m}}-n$ 关系曲线如图 15.3.9 所示.(15.3.15)式表示,多方过程的摩尔热容可为正,也可为负.在多方指数 $n<0$;$0\leq n\leq 1$ 以及 $\gamma\leq n\leq\infty$ 的范围内,均有 $C_{n,\mathrm{m}}\geq 0$,而在 $1<n<\gamma$ 范围内,$C_{n,\mathrm{m}}<0$,即为多方负热容,它表示系统吸热反而要降温.在这样的多方过程中,理想气体对外做功大于它所吸收的热量,于是内能减少从而使温度降低,热容就是负的.

由上面的讨论知,理想气体多方过程是包括了等压、等体、等温和绝热等较为一般的过程,但它并不是理想气体不受任何限制的普遍热力学过程,它是将热容视为常量时推导得到的.因此必须指出,并非一切的实际过程都可以用多方过程来概括.

还必须指出,热容为常量的假设来自能量均分定理,而能量均分定理是在经典力学适用、能量是连续函数的前提下导出的.实际上微观粒子的热运动应遵从量子力学规律,微观粒子的能量只能取一些分立的值.量子力学的理论计算与热容的实验结果符合得很好.热容实际上是温度的函数,则 n 也是温度的函数.在实际问题中,如果气体的热容随温度的变化并不显著,在处理问题时往往将热容近似为常量,因而 n 也可近似为常数,则多方过程也成立.

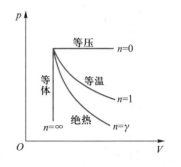

图 15.3.8　多方过程中 n 的值

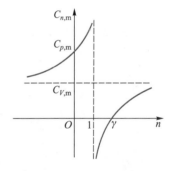

图 15.3.9　$C_{n,\mathrm{m}}-n$ 关系曲线

对理想气体多方过程的讨论,能为研究实际气体的实际过程提供更多的线索.

例 15.3.5

一定量的双原子分子理想气体,经历如图 15.3.10 所示的 *ABCA* 准静态过程,设状态 *A* 的温度为 300 K.

(1) 求状态 *B*、*C* 的温度;

(2) 计算各过程中气体所吸收的热量、气体所做的功和气体内能的增量.

(3) 问图中 $A \rightarrow B$ 是多方过程吗?

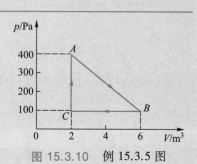

图 15.3.10   例 15.3.5 图

解   由图得 $p_A = 400$ Pa, $p_B = p_C = 100$ Pa, $V_A = V_C = 2$ m³, $V_B = 6$ m³.

(1) $C \rightarrow A$ 为等体过程,由过程方程

$$p_A/T_A = p_C/T_C$$

得

$$T_C = \frac{p_C}{p_A}T_A = 75 \text{ K}$$

$B \rightarrow C$ 为等压过程,由过程方程

$$V_B/T_B = V_C/T_C$$

得

$$T_B = \frac{V_B}{V_C}T_C = 225 \text{ K}$$

(2) 由理想气体物态方程可求出气体的物质的量 $\nu = p_A V_A/(RT_A) \approx$ 0.321 mol.

由题知,该气体为双原子分子气体,即 $C_{V,\text{m}} = \frac{5}{2}R$, $C_{p,\text{m}} = \frac{7}{2}R$.

$A \rightarrow B$ 为直线过程,气体做功可由过程曲线下的面积求得

$$W_1 = \frac{1}{2}(p_A + p_B)(V_B - V_C) = 1\,000 \text{ J}$$

内能增量

$$\Delta E_1 = \frac{5}{2}\nu R(T_B - T_A) = -500 \text{ J}$$

吸热

$$Q_1 = \Delta E_1 + W_1 = 500 \text{ J}$$

$B \rightarrow C$ 为等压过程,吸热

$$Q_2 = \frac{7}{2}\nu R(T_C - T_B) = -1\,400 \text{ J}$$

($Q_2 < 0$,说明该过程放热)

气体做功

$$W_2 = p_B(V_C - V_B) = -400 \text{ J}$$

内能增量

$$\Delta E_2 = \frac{5}{2}\nu R(T_C - T_B) = -1\,000 \text{ J}$$

$C \rightarrow A$ 为等体过程,吸热

$$Q_3 = \frac{5}{2}\nu R(T_A - T_C) = 1\,500 \text{ J}$$

气体做功

$$W_3 = 0$$

内能增量

$$\Delta E_3 = Q_3 = 1\ 500\ \text{J}$$

整个过程内能改变

$$\Delta E = 0$$

净吸热等于对外做功

$$Q = W = \frac{1}{2}(p_A - p_C)(V_B - V_C) = 600\ \text{J}$$

（3）$A \to B$ 为直线过程　设方程为

$$p = kV + b \quad (k, b \text{ 均为不为零常量})$$

其斜率

$$\frac{\mathrm{d}p}{\mathrm{d}V} = k$$

多方过程 $pV^n = C$，n 为常数，本题中 $n \neq 0$，也不趋于 $\pm\infty$.

该过程斜率 $\dfrac{\mathrm{d}p}{\mathrm{d}V} = -n\dfrac{p}{V}$，将直线方程代入，并令其等于 k，可得

$$\frac{\mathrm{d}p}{\mathrm{d}V} = -n\frac{kV + b}{V} = -n\left(k + \frac{b}{V}\right) = k$$

该式只在 $b = 0$，对应 $n = -1$ 时成立.

本题 $b \neq 0$，上式无解，因此 $A \to B$ 直线过程不是多方过程.

本题也可以通过分析热容来判断，这不是一个等热容过程.

　　至此，我们讨论了理想气体在准静态过程中的性质及能量转化的方式、数量关系，为方便查阅，将有关公式列于表 15.3.1 中.

表 15.3.1　理想气体准静态过程的主要公式

过程	过程方程	摩尔热容	对外界做功	吸收热量	内能改变
等体	$\dfrac{p}{T} = \dfrac{p_1}{T_1} = \dfrac{p_2}{T_2}$	$C_{V,\text{m}}$	0	$\dfrac{m}{M}C_{V,\text{m}}(T_2 - T_1)$	$\dfrac{m}{M}C_{V,\text{m}}(T_2 - T_1)$
等压	$\dfrac{T}{V} = \dfrac{T_1}{V_1} = \dfrac{T_2}{V_2}$	$C_{p,\text{m}}$	$p(V_2 - V_1)$	$\dfrac{m}{M}C_{p,\text{m}}(T_2 - T_1)$	$\dfrac{m}{M}C_{V,\text{m}}(T_2 - T_1)$
等温	$pV = p_1V_1 = p_2V_2$	∞	$\dfrac{m}{M}RT\ln\dfrac{V_2}{V_1}$	$\dfrac{m}{M}RT\ln\dfrac{V_2}{V_1}$	0
绝热	$pV^\gamma = C_1$ $TV^{\gamma-1} = C_2$ $p^{\gamma-1}T^{-\gamma} = C_3$	0	$\dfrac{1}{\gamma-1}(p_1V_1 - p_2V_2)$	0	$\dfrac{m}{M}C_{V,\text{m}}(T_2 - T_1)$
多方	$pV^n = C_1$ $TV^{n-1} = C_2$ $p^{n-1}T^{-n} = C_3$	$C_{n,\text{m}} = \dfrac{n-\gamma}{n-1}C_{V,\text{m}}$	$\dfrac{1}{n-1}(p_1V_1 - p_2V_2)$	$\dfrac{m}{M}C_{n,\text{m}}(T_2 - T_1)$	$\dfrac{m}{M}C_{V,\text{m}}(T_2 - T_1)$

15-4   循环过程和卡诺循环
卡诺定理

在历史上,热力学理论的建立与发展,是与热机的使用和改进密切相关的. 当今制冷设备与相关技术日益普及与精良,研究工作物质在热机和制冷机中所经历的热力学过程是有实际意义的. 本节只从物理的角度介绍有关的基本概念与原理,不作技术上的深入讨论.

一、循环过程及其特征

如果一个系统由某个状态出发,经过任意的一系列的变化过程,最后又回到原来的状态,则这样的过程称为循环过程(cyclic process). 无摩擦准静态的循环过程可以用 p-V 图上的一条闭合曲线来描述. 循环过程具有方向性,系统沿闭合曲线顺时针方向进行的循环称为正循环,反之则称为逆循环. 无论何种循环,系统状态变化的特点是:循环一周后状态复原,因此,循环过程的重要特征是系统的内能不变,即 $\Delta E = 0$.

如图 15.4.1 所示为一正循环. 在循环过程中,系统膨胀时对外界做正功,被压缩时对外界做负功. 系统对外界做的净功,在数值上等于闭合曲线所包围的面积. 对于正循环,净功为正,即 $W > 0$.

在循环过程中,系统既有吸热的过程,又有放热的过程. 通常用 Q_1 表示系统吸收的热量,用 Q_2 表示系统放出的热量,根据热力学第一定律,因内能不变,系统吸收的净热量应该等于它对外界所做的净功,即能量转化关系为

$$Q_1 - Q_2 = W \qquad (15.4.1)$$

蒸汽机、内燃机等利用吸收热能对外做功的机器统称

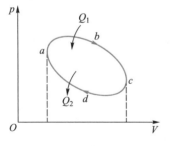

图 15.4.1   正循环过程曲线

为热机(heat engine). 以蒸汽机的工作过程为例,其工作原理如图 15.4.2 所示. 水泵 B 将水池 A 中的水抽入锅炉 C 中加热、汽化成水蒸气;进入过热器 D 中进一步加热成高温、高压水蒸气,这是一个吸热而使水蒸气内能增加的过程,水蒸气经传送装置进入气缸 E,在其中膨胀,推动活塞对外做功,水蒸气的一部分内能转化为机械功. 最后水蒸气成为废气进入冷却器 F 中凝结成水,内能的一部分通过放热而传递给外界. 水泵 G 再把冷却器中的水抽入水池 A 完成一次循环过程. 从能量转化的角度来看,工作物质(水蒸气)在高温热源(锅炉和加热器)吸热升温增加内能,然后膨胀对外做功,一部分内能转化为机械能;另一部分内能在低温热源(冷却器)外放热而传到外界. 热机不可能把从高温热源吸收来的热量全部转化为机械功,而必须将一部分热量释放给低温热源.

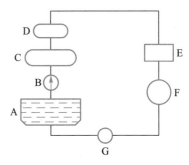

图 15.4.2 蒸汽机工作原理图

反映热机效能的重要标志之一是它的循环效率. 效率定义为在一次循环过程中,工作物质对外所做的净功与它从高温热源吸收的热量之比,用 η 表示. 则

$$\eta = \frac{W}{Q_1} = \frac{Q_1 - Q_2}{Q_1} = 1 - \frac{Q_2}{Q_1} \qquad (15.4.2)$$

同理可知,逆循环中,外界对系统做正净功,而系统向外界释放的净热量等于整个逆循环中系统释放与吸收热量的代数和,如图 15.4.3 所示.

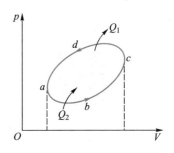

图 15.4.3 逆循环过程曲线

以逆循环方式工作的机器称为制冷机,如冷气机、冰箱等. 普通家用冰箱工作原理的示意图如图 15.4.4 所示. 压缩机把比较容易液化的工作物质(如氟利昂等)送入冷凝器,冷凝器与大气相接触,温度为室温,它相对于冷柜可称为高温热源,工作物质在冷凝器中放出汽化热后冷却并在高压下凝结成液体,高压液体经节流装置后降压降温,进入蒸发器中,蒸发器与低温热源(冷柜)相接触,高压液体在蒸发器中吸热汽化,使冷柜降温,自身则汽化变为蒸气后再进

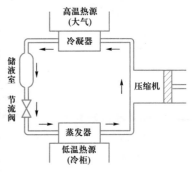

图 15.4.4 冰箱工作原理图

入压缩机,如此重复循环,起到制冷作用. 制冷机在工作时从低温热源吸热,向高温热源放热.

在夏天,可将房间作为低温热源,以室外大气作为高温热源,制冷循环可使房间降温. 在冬天则可以将室外大气作为低温热源,以房间为高温热源,制冷循环可使房间升温变暖,为此目的设计的制冷机又叫热泵(heat pump),空调就是一种热泵,目前已广泛应用于各种建筑物中.

制冷机的工作目的是利用外界提供的功 W 使工作物质从低温热源(如冷库)吸收热量 Q_2,向高温热源(如周围环境)放出绝对值为 Q_1 的热量,以使低温热源的温度降得更低. 反映制冷机工作效能的重要标志之一是制冷系数,制冷系数定义为在一次逆循环中,工作物质从低温热源吸收的热量 Q_2 与外界提供的功 W 之比,用 e 表示,则

$$e = \frac{Q_2}{W} = \frac{Q_2}{Q_1 - Q_2} \qquad (15.4.3)$$

二、 卡诺循环

阅读材料 蒸汽机的发明与应用

阅读材料 卡诺

蒸汽机在 18 世纪末期因瓦特的工作而得到完善,成为真正意义上的动力机械. 但当时的蒸汽机效率非常低,大约 5%. 为了提高效率,人们做了许多改进工作,在经历了将近 50 年的改造之后,效率也仅提高到了 8% 左右. 于是,人们开始意识到应该从理论上来研究如何提高热机效率的问题. 1824 年,法国青年工程师萨迪·卡诺(S. Carnot)提出了一种理想热机模型:假设工作物质只与高、低温两个恒温热源交换热量,没有散热、漏气等因素存在,这种热机称为卡诺热机,其工作物质的循环过程叫卡诺循环. 卡诺还证明了这种热机的工作效率是最高的.

图 15.4.5 表示卡诺热机在一个循环过程中能量的转化情况. 下面讨论以理想气体为工作物质、循环过程为无摩

擦准静态过程的卡诺循环的效率.

卡诺循环过程分为四步:

第一步,气缸与温度为 T_1 的高温热源接触,气体吸热膨胀推动活塞对外做功,尽管气体因膨胀而趋于降温,由于始终与热源接触,气体温度 T_1 保持了恒定,因此,这是一个等温膨胀过程.

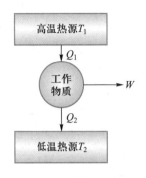

图 15.4.5 卡诺热机的能量转化

第二步,气缸脱离高温热源,同时气体进一步膨胀对外做功,气体因膨胀而冷却,温度随之降低至低温热源的温度 T_2. 这一过程气体不与外界交换热量,为一绝热膨胀过程.

第三步,气缸与温度为 T_2 的低温热源接触,活塞被压缩,尽管气体被压缩时趋于升温,但由于始终与低温热源接触,气体温度 T_2 保持不变,气体向低温热源放出热量,因此,这是一个等温压缩过程.

第四步,气缸脱离低温热源,活塞进一步被压缩,这使气体压强增大,并且由于这一过程气体不与外界交换热量,为一绝热压缩过程,最终气体温度回升至初温度 T_1,完成了一次循环过程.

可见,卡诺循环曲线是由两条等温线和两条绝热线构成,其 p-V 图如图 15.4.6 所示. 由于系统仅在等温膨胀过程中吸热、并仅在等温压缩过程中放热,所以有

$$Q_1 = \frac{m}{M} R T_1 \ln \frac{V_2}{V_1}$$

$$Q_2 = \frac{m}{M} R T_2 \ln \frac{V_3}{V_4}$$

根据循环效率的定义,理想气体准静态卡诺循环效率为

$$\eta_C = 1 - \frac{Q_2}{Q_1} = 1 - \frac{T_2 \ln V_3/V_4}{T_1 \ln V_2/V_1}$$

上式可由理想气体准静态绝热过程方程得以简化. 对绝热膨胀过程 2→3 有

$$T_1 V_2^{\gamma-1} = T_2 V_3^{\gamma-1}$$

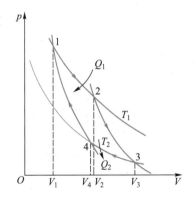

图 15.4.6 正向卡诺循环过程曲线

对绝热压缩过程 4→1 有

$$T_1 V_1^{\gamma-1} = T_2 V_4^{\gamma-1}$$

两式相比,可得

$$\frac{V_2}{V_1} = \frac{V_3}{V_4}$$

代入效率关系式可得卡诺循环的效率为

$$\eta_C = 1 - \frac{T_2}{T_1} \qquad (15.4.4)$$

上式表明,理想气体准静态卡诺循环的效率只由高、低温两个热源的温度决定,高温热源的温度越高,低温热源的温度越低,循环效率就越高.

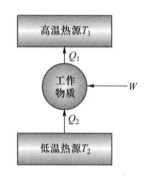

图 15.4.7 卡诺制冷机的能量转化情况

对于按逆向卡诺循环方式工作的卡诺制冷机,其能量转化情况如图 15.4.7 所示,其 p–V 图如图 15.4.8 所示.通过与正向卡诺循环类似的推导,不难得到理想气体准静态逆向卡诺循环的制冷系数为

$$e_C = \frac{Q_2}{W} = \frac{Q_2}{Q_1 - Q_2} = \frac{T_2}{T_1 - T_2} \qquad (15.4.5)$$

上式表明,理想制冷机的制冷系数取决于高、低温热源的温度,T_2 越低,e 越小.因此,要从温度已经很低的系统中再吸热来降低其温度,就必须消耗更多外界的功.

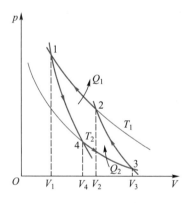

图 15.4.8 逆向卡诺循环过程曲线

对卡诺循环的理论研究,为提高热机的工作效率指出了有效的途径.对于实际的热机,其低温热源一般就是其工作的自然环境,降低自然环境的温度是很困难而又不经济的.因此,提高热机效率的有效途径之一便是提高高温热源的温度.例如环境温度为 20 ℃ 时,当蒸气温度由 300 ℃ 提高到 600 ℃ 时,按卡诺循环效率公式计算的效率由 49% 提高为 66%.当然,实际的蒸汽机循环效率只有 15% 到 30%,因为卡诺循环为理想的循环,实际循环中热源并不是恒温的,工作物质脱离热源后完全绝热也是不可能的,而且实际进行的循环过程也不是理想化准静态的.

在一般的制冷机中,高温热源的温度就是大气温度,所以逆向卡诺循环的制冷系数取决于所希望达到的制冷温度 T_2. 例如,家用电冰箱冷库的温度为 -10 ℃,室温为 25 ℃,按(15.4.5)式计算的制冷系数为 7.5;假定室温不变而期望 T_2 越低,制冷系数就越小,则从冷库吸收相等的热量,外界所需做的功就越多了. 实际的评价是,外界所做的功一定时,e 越大,表明能从低温热源吸收的热量越多,温度降得越低,即制冷效能越好. 同理,这样的讨论也是理想化的. 然而(15.4.5)式表明,制冷机的效能与工作物质无关,这一结论为人们选择更为环保的物质作为制冷剂提供了理论依据.

*卡诺定理

上面在讨论卡诺循环时,要求过程无摩擦、无漏气、无散热等耗散因素存在,同时还要求过程为准静态过程. 同时满足这两个条件的过程是可逆过程. 因此(15.4.4)式是理想气体可逆卡诺循环的效率,但是实际热机的工质并不是理想气体,其循环也不是可逆卡诺循环. 在对一般热机的热功转化问题的研究中,法国工程师卡诺建立的卡诺定理,原则上指出了提高热机效率的正确途径和提高热机效率所要受到的限制,对工程技术作出了卓越的贡献.

阅读材料 卡诺的热机理论

卡诺定理表述为

(1) 在两个给定温度的热源之间工作的一切可逆热机,其效率都相等,与工作物质无关;

(2) 在两个给定温度的热源之间工作的不可逆热机的效率,都小于可逆热机的效率.

由卡诺定理(1)得出一切可逆热机的效率都应等于以理想气体为工作物质的准静态卡诺热机的效率,即

$$\eta_C = 1 - \frac{T_2}{T_1} \tag{15.4.6}$$

由卡诺定理(2)得出热机效率的最大值为

$$\eta_{\max} = 1 - \frac{T_2}{T_1} \qquad\qquad (15.4.7)$$

卡诺定理指明了提高热机效率的方向．首先，要增大高、低温热源的温度差，由于一般热机总是以周围环境作为低温热源，所以实际上只能是提高高温热源的温度；其次，则要尽可能地减少热机循环的不可逆性，也就是减少摩擦、漏气、散热等耗散因素．

在这里不再给出历史上对卡诺定理的证明，而在本章的稍后用热力学第二定律和熵的概念加以简单讨论，以说明卡诺定理不仅使用价值重大，还具有坚实的热力学基础，在热力学发展史上占有重要的地位．

例 15.4.1

一定量理想气体经历下列准静态循环过程：

（1）绝热压缩，由 V_1、T_1 到 V_2、T_2；

（2）等体吸热，由 V_2、T_2 到 V_2、T_3；

（3）绝热膨胀，由 V_2、T_3 到 V_1、T_4；

（4）等体放热，由 V_1、T_4 到 V_1、T_1．

该循环称为奥托循环（Otto cycle），或等体加热循环，它是四冲程汽油机工作循环的理想模型．设 V_1，V_2，γ 为已知，试求此循环的效率．

解　循环过程的 $p\text{-}V$ 图如图 15.4.9 所示，因为吸热和放热只在两等体过程中进行，所以

吸热　$Q_1 = \dfrac{m}{M} C_{V,\,m}(T_3 - T_2)$

放热　$Q_2 = \dfrac{m}{M} C_{V,\,m}(T_4 - T_1)$

代入效率公式即得

$$\eta = 1 - \frac{Q_2}{Q_1} = 1 - \frac{T_4 - T_1}{T_3 - T_2}$$

又因 1→2 和 3→4 为绝热过程，由绝热过程方程得

$$T_1 V_1^{\gamma-1} = T_2 V_2^{\gamma-1}, \quad T_3 V_3^{\gamma-1} = T_4 V_4^{\gamma-1}$$

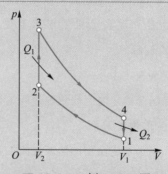

图 15.4.9　例 15.4.1 图

因　$V_2 = V_3$，$V_4 = V_1$，所以

$$(T_3 - T_2) V_2^{\gamma-1} = (T_4 - T_1) V_1^{\gamma-1}$$

即

$$\frac{T_4 - T_1}{T_3 - T_2} = \left(\frac{V_1}{V_2}\right)^{1-\gamma}$$

因而

$$\eta = 1 - \frac{T_4 - T_1}{T_3 - T_2} = 1 - \left(\frac{V_1}{V_2}\right)^{1-\gamma}$$

引入绝热压缩比:

$$r = \frac{V_1}{V_2}$$

即得

$$\eta = 1 - \frac{1}{\left(\dfrac{V_1}{V_2}\right)^{\gamma-1}} = 1 - \frac{1}{r^{\gamma-1}}$$

由此可见,奥托循环的效率由绝热压缩比决定,并随着 r 的增大而增大.

例 15.4.2

如图 15.4.10 所示,一定量理想气体经历下列准静态循环过程:

(1) 绝热压缩,由 V_1、T_1 到 V_2、T_2;

(2) 等压吸热,由 V_2、T_2 到 V_3、T_3;

(3) 绝热膨胀,由 V_3、T_3 到 V_1、T_4;

(4) 等体放热,由 V_1、T_4 到 V_1、T_1.

该循环称为狄塞尔循环(Diesel cycle)或等压吸热循环,它是四冲程柴油内燃机工作循环的理想模型.设 V_1,V_2,V_3 和 γ 为已知,试求此循环的效率.

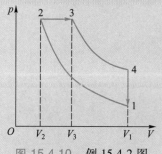

图 15.4.10 例 15.4.2 图

解 等压吸热

$$Q_1 = \nu C_{p,m}(T_3 - T_2)$$

等体放热

$$Q_2 = \nu C_{V,m}(T_4 - T_1)$$

$$\eta = 1 - \frac{Q_2}{Q_1} = 1 - \frac{C_{V,m}(T_4 - T_1)}{C_{p,m}(T_3 - T_2)} = 1 - \frac{1}{\gamma} \frac{\dfrac{T_4}{T_1} - 1}{\dfrac{T_2}{T_1}\left(\dfrac{T_3}{T_2} - 1\right)}$$

由于 3→4 为绝热过程,所以有

$$\frac{T_3}{T_4} = \left(\frac{V_1}{V_3}\right)^{\gamma-1}$$

1→2 为绝热压缩过程,所以有

$$\frac{T_2}{T_1} = \left(\frac{V_1}{V_2}\right)^{\gamma-1}$$

2→3 为等压过程,所以有

$$\frac{T_3}{T_2} = \frac{V_3}{V_2}$$

由此可求得

$$\frac{T_4}{T_1} = \frac{T_4}{T_3} \times \frac{T_2}{T_1} \times \frac{T_3}{T_2} = \left(\frac{V_3}{V_2}\right)^{\gamma}$$

代入上面的效率公式,即可得

$$\eta = 1 - \frac{\left(\dfrac{V_3}{V_2}\right)^{\gamma} - 1}{\gamma \left(\dfrac{V_1}{V_2}\right)^{\gamma-1}\left(\dfrac{V_3}{V_2} - 1\right)}$$

例 15.4.3

一热机在 1 000 K 和 300 K 的两热源之间工作,如果:

(1) 高温热源提高到 1 100 K;

(2) 低温热源降到 200 K.

问理论上热机效率增加多少? 为了提高热机效率,哪一种方案更好?

解
$$\eta_0 = 1 - \frac{T_2}{T_1} = 1 - \frac{300}{1\ 000} = 70\%$$

(1) $\eta_1 = 1 - \dfrac{T_2}{T_1} = 1 - \dfrac{300}{1\ 100} \approx 72.7\%$

所以
$$\frac{\eta_1 - \eta_0}{\eta_0} \approx 3.86\%$$

(2) $\eta_2 = 1 - \dfrac{T_2}{T_1} = 1 - \dfrac{200}{1\ 000} = 80\%$

所以
$$\frac{\eta_2 - \eta_0}{\eta_0} \approx 14.3\%$$

计算结果表明,理论上说来,降低低温热源温度可以获得更高的热机效率。而实际上,所用低温热源往往是周围的空气或流水,要降低它们的温度是困难的. 所以,提高高温热源的温度来获得更高的热机效率是更有效的途径.

例 15.4.4

一卡诺热机,当 $t_1 = 127\ ^{\circ}\text{C}$,$t_2 = 27\ ^{\circ}\text{C}$ 时,每次循环输出的功为 8 000 J. 现提高 t_1 而保持 t_2,使输出的功增加为 10 000 J. 若两个卡诺循环都工作在相同的两条绝热线之间,求:

(1) 第二个循环的热机效率;

(2) 第二个循环的高温热源温度 T_1'.

解 (1) 如图 15.4.11 所示,由于工作在相同的两条绝热线之间,且低温热源的温度相同,所以两个循环向低温热源放出的热量必相等,即 $Q_2' = Q_2$.

对于第一个循环,有下式成立:

$$\eta = \frac{W}{Q_1} = \frac{W}{W + Q_2} = 1 - \frac{T_2}{T_1}$$

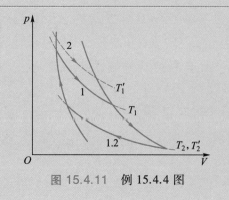

图 15.4.11　例 15.4.4 图

由此可得

$$Q_2' = Q_2 = \frac{W}{1 - \dfrac{T_2}{T_1}} - W$$

已知 $T_1 = 400$ K,$T_2 = 300$ K,$W = 8\ 000$ J,代入上式,得

$$Q_2' = \frac{8\ 000}{1 - \dfrac{300}{400}} - 8\ 000\ \text{J} = 24\ 000\ \text{J}.$$

由于已知第二个循环输出的功为 $W' = 10\ 000$ J,所以第二个循环的热机效率为

$$\eta' = \frac{W'}{Q_1'} = \frac{W'}{W' + Q_2'} = \frac{10\ 000}{10\ 000 + 24\ 000} \approx 29.4\%$$

(2)对于卡诺循环,有下列关系式成立:

$$\eta = 1 - \frac{Q_2'}{Q_1'} = 1 - \frac{T_2'}{T_1'}$$

从中可得

$$T_1' = \frac{Q_1'}{Q_2'} T_2'$$

因为 $T_2' = T_2 = 300$ K,$Q_1' = W' + Q_2'$,所以第二个循环的高温热源温度 T_1' 为

$$T_1' = \frac{W' + Q_2'}{Q_2'} T_2' = \frac{10\ 000 + 24\ 000}{24\ 000} \times 300\ \text{K}$$
$$= 425\ \text{K}$$

例 15.4.5

一定量理想气体经历下列准静态循环过程:

(1)等温压缩,由 V_1、T_1 到 V_2、T_1;

(2)等体降温,由 V_2、T_1 到 V_2、T_2;

(3)等温膨胀,由 V_2、T_2 到 V_1、T_2;

(4)等体升温,由 V_1、T_2 到 V_1、T_1.

该循环称为逆向斯特林循环(reversed Stirling cycle),是回热式制冷机工作循环的理想模型.设 T_1,T_2 为已知,试求此循环的制冷系数 e.

解 循环过程的 $p-V$ 图如图 15.4.12 所示.该循环过程中,两个等体过程热量交换的代数和为零.对于理想的回热过程,系统在一个等体过程中所放出的热量经过内部回热器在另一个等体过程中被完全吸收回来.系统在这两个等体过程中与外界没有热交换,就像在绝热过程中一

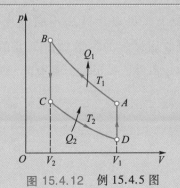

图 15.4.12 例 15.4.5 图

样. 于是,系统与外界的热量交换通过两个等温过程进行.

从冷库吸收的热量为

$$Q_2 = \frac{m}{M}RT_2\ln\frac{V_1}{V_2}$$

向外界放出的热量为

$$Q_1 = \frac{m}{M}RT_1\ln\frac{V_1}{V_2}$$

所以此循环的制冷系数为

$$e = \frac{Q_2}{W} = \frac{Q_2}{Q_1-Q_2} = \frac{T_2}{T_1-T_2}$$

结果表明,逆向斯特林循环具有与逆向卡诺循环同样的制冷系数,因此其制冷系数必然特别小. 它一定比在 p-V 图中具有同样循环曲线但却没有实现理想回热的可逆斯特林循环的制冷系数小. 实现回热时虽然制冷系数有可能会变小,但由于循环中被冷却对象的平均温度降低,更容易达到制冷的目的.

从上式可以看出,冷库与外界环境的温差越大,或者环境温度一定时冷库温度越低,制冷系数越小,制冷效果越差.利用上式可以计算从不同温度的冷库中吸收同样多的热量时所需要的功. 假定环境温度 $T_1 = 300$ K,吸取的热量都是 $Q_2 = 100$ J,则当冷库温度分别为 100 K,1 K,10^{-3} K 时,所需做功分别为

$$W_1 = \frac{T_1-T_2}{T_2}Q_2 = \frac{300-100}{100}\times 100 \text{ J} = 2\times 10^2 \text{ J}$$

$$W_2 = \frac{300-1}{1}\times 100 \text{ J} \approx 3\times 10^4 \text{ J}$$

$$W_3 = \frac{300-10^{-3}}{10^{-3}}\times 100 \text{ J} \approx 3\times 10^7 \text{ J}.$$

利用核绝热去磁方法,达到 10^{-6} K 的低温时,若再要从其中吸取 100 J 的热量,则做功为 3×10^{10} J. 这些结果表明,物体的温度越低,取出其中同样多的热量所需做的功将迅速增大,因此再要降低温度将更困难. 当物体温度接近于 0 K 时,只要 Q_2 不为零,则所需的功将接近于无穷大. 这表明绝对零度实际上是达不到的. 热力学中有一条热力学第三定律,它也可表述为:不可能用有限的步骤使物体冷却到绝对零度,又称为绝对零度不可达原理.从热力学第三定律可以推出许多重要结论,特别是对于低温下物质特性的研究具有重要的意义.

15-5　热力学第二定律

一、自发过程的方向性

在没有外界的帮助下自动发生的过程称为自发过程.实验表明,自然界中的自发过程只沿单一方向进行,而其逆过程则不能自动进行.例如:两个温度不同的物体相接触,热量会自动地由高温物体传向低温物体,直到两者的温度相同为止;相反的过程,即热量自动地从低温物体传向高温物体,使得两者的温度差越来越大的现象是不可能发生的.转动着的飞轮制动后由于轴承的摩擦而最终将停止转动,在这过程中,飞轮的机械能转化为轴承和周围环境的内能(热);相反的过程,即静止的飞轮由于轴承变冷而使飞轮重新转动起来的现象则是不可能发生的.用隔板将一容器分成左右两边,左边储有一定量气体,右边为真空.当隔板抽去后,气体总是自动地向真空膨胀,最终充满整个容器;相反的过程,气体自动地收缩回容器的一边,另一边又变为真空的现象是不可能发生的.同样的容器内,左右两边储有两种不同的气体,当隔板抽去后,两种气体将会自动地发生相互扩散,直到两种气体在容器内均匀地混合;相反的过程,即均匀混合的气体自动地分离为两种不同的气体而分处于容器两边的现象是不可能发生的.

包括上述例子在内的大量实验事实表明,自然界中有许多过程能够自动地发生,它们都满足热力学第一定律.但也有许多过程,虽然不违反热力学第一定律,但不会自动地发生.也就是说,自然界中的自发过程都具有方向性.对这一问题的探索和研究,推动了热力学第二定律(second law of thermodynamics)的建立,导致热力学中熵这一概念的建立和发展．

二、热力学第二定律的两种语言表述

热力学第二定律是在研究热机和制冷机的工作原理以及如何提高它们的效能的基础上总结出来的，用它能解决与热现象有关的过程进行的方向性问题．热力学第二定律存在着逻辑上等价的各种不同的表述方式．下面介绍两种典型的语言表述．

1. 热力学第二定律的克劳修斯表述（1850 年）

克劳修斯（R. J. E. Clausius）针对热传递过程的方向性问题指出："不可能把热量从低温物体传向高温物体而不引起其他任何变化"或者说："热量不能自动地从低温物体传向高温物体．"

阅读材料 克劳修斯

阅读材料 开尔文

从形式逻辑的角度看，这种表述属于否定式命题，其必要的条件是"不引起其他任何变化，"它意味着，如果引起了其他的变化，则该命题就不成立．因此可以将克劳修斯表述用肯定的形式表述为：将热量从低温物体传到高温物体时，必然会引起其他的变化．这表明，热量能够自发地从高温物体传到低温物体，而反方向的过程在没有外界帮助的条件下则不可能自动地发生．从能量的观点看，克劳修斯表述给出了能量在自发传递时的单向性的规律．

2. 热力学第二定律的开尔文表述（1851 年）

开尔文（Kelvin）针对功与热量之间转化问题，以热机的效率为题指出："不可能制成一种循环动作的热机，只从单一热源吸收热量，使之完全转化为有用功而不产生其他的影响．"

同样，在这个否定式命题中，必要的条件是"不产生其他的影响，"它意味着，如果产生了其他的影响，则该命题就不成立．因此可以将开尔文表述用肯定的形式表述为：如果从单一热源吸收热量使之完全变为有用功,则必然会产生其他的影响.这表明,功可以自发地全部转化为热量,而反方向的过程,即热量不能自动地全部转化为功.从能量的观点看,开尔文表述也给出了能量在自发转化时单向性的规律.

能够从单一热源吸热并使之完全转化为有用功、又不产生其他影响的循环动作的热机必然是效率为百分之百的热机,这种单热源热机不违反热力学第一定律,被称之为第二类永动机(perpetual motion machine of the second kind).于是,热力学第二定律的开尔文表述也可以表述为:"第二类永动机是不可能制成的."

3. 两种表述的等价性

按照逻辑学原理,两种表述完全等价意味着一种表述正确,则另一种表述也必然正确,一种表述错误,则另一种表述也必然错误.由此可知,对开尔文表述与克劳修斯表述,只要违背其中一种表述,则另一种表述也不正确.下面我们利用逻辑学的反证法证明开尔文表述与克劳修斯表述的等价性.

(1)首先证明,如果克劳修斯表述不成立,则开尔文表述也不成立.

假设克劳修斯表述不成立,即热量 Q 可以通过某种方式自动地由低温热源传到高温热源而不产生其他任何影响,如图 15.5.1 所示,假设有一卡诺制冷机 A 不需要外界做功,就可在低温热源处吸热传到高温热源而不产生其他任何影响,则可以设计另一卡诺热机 B 工作于上述高温热源和低温热源之间,并在高温热源处吸热 Q_1,在低温热源处放热 Q_2,同时对外做功 $W = Q_1 - Q_2$.于是,当把 A 和 B 组合而成一联合机,并令 $Q_1 = Q$,在完成了一个循环之后,其净效果是:高温热源没有发生变化,而联合机只是从单一的低温热源吸热 $Q_1 - Q_2$ 并全部转化为有用的功而不产生其他任

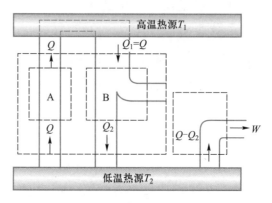

图 15.5.1 证明克劳修斯表述不成立,则开尔文表述也不成立

何影响,即等价于一部单热源热机. 显然,这个结果是违背开尔文表述的. 由于上述卡诺热机是可以实现的,那么该论证表明,如果克劳修斯表述不成立则开尔文表述也不成立.

(2)其次证明,如果开尔文表述不成立,则克劳修斯表述也不成立.

假设开尔文表述不成立,即存在一个单热源热机 A 从高温热源吸收热量 Q_1,完全转化为有用功 $W = Q_1$ 而不产生其他任何影响,如图 15.5.2 所示,则可以设计另一卡诺制冷机 B 利用该热机提供的有用功 $W = Q_1$,从低温热源吸收热量 Q_2,在高温热源处放热 $Q_1 + Q_2$. 于是,当把 A 和 B 组合而成一联合机,在完成了一个循环之后,其净效果是:热量 Q_2 从低温热源传到高温热源而没有其他任何变化. 显然,这个结果是违背克劳修斯表述的. 由于上述卡诺制冷机是可以实现的,那么该论证表明,如果开尔文表述不成立,则克劳修斯表述也不成立.

上述证明满足逻辑学关于两种表述等价性的要求,故可证明这两种表述是等价的.

阅读材料 普里戈金

三、可逆过程与不可逆过程

热力学第二定律两种表述的等价性反映了自然界与热

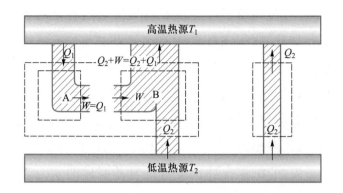

图 15.5.2 证明开尔文表述不成立,则克劳修斯表述也不成立

现象有关的宏观过程应当有一个共同的特征,讨论过程的方向性就是讨论过程的可逆性问题,由此引出可逆与不可逆过程的概念.

1. 可逆与不可逆过程

物理学定义:一个热力学系统由某一状态 A 出发,经历某一过程到达另一状态 B,如果系统从状态 B 回复到状态 A 时,外界也同时恢复原状(即系统回到原状态的同时,消除了原来过程对外界引起的一切影响),则称原来的过程为可逆过程(reversible process). 反之,如果用任何方法都不能使系统在回复初态的同时,消除原来过程对外界的影响,则原过程称为不可逆过程(irreversible process).

由此看来,热力学第二定律的开尔文表述指出了功热转化的不可逆性,功可以自动转化为热,而反方向的过程虽然在外界的帮助下能发生,但必然会引起外界的变化. 热力学第二定律的克劳修斯表述指出了热传导的不可逆性. 热量能够自发地从高温物体传到低温物体,而热量从低温物体传到高温物体必然会引起外界的变化. 两种表述的等价说明这两种不可逆性存在联系. 下面说明功热转化的不可逆性必然导致热传导的不可逆性。热量从低温物体传到高温物体,可以借助制冷机使系统状态复原,在这一过程中,外界必须对系统做功,最后,这些功以热的形式回到了外界,由于功热转化的不可逆性,所以热传导也是不可逆

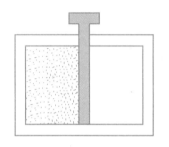

图 15.5.3 气体绝热自由膨胀过程

的. 同理, 热传导的不可逆性必然导致功热转化的不可逆性. 不仅如此, 我们还可以证明自然界中各种不可逆过程都是相互关联的.

首先证明功热转化的不可逆性与气体绝热自由膨胀的不可逆性相关联。图 15.5.3 为气体绝热自由膨胀过程. 在抽出隔板后, 左侧的气体将向右侧的真空作自由膨胀, 这个过程是自发的. 在膨胀过程中系统对外所做的功为零。而相反的过程, 可以依靠外界压缩气体实现, 在这一过程中, 外界对气体做了功, 由于能量守恒, 在最终逆过程中, 外界做的功以热量的形式回到了外界. 由于功热转化是不可逆的, 因此气体绝热自由膨胀是一个不可逆过程。类似地, 气体的非准静态膨胀过程也是不可逆的. 因为气体膨胀的原过程与气体被压缩的逆过程所做的功数值不相等, 必然存在功热转化, 因而是不可逆的. 以上分析表明可逆过程原过程和逆过程所做的功必须只差一个负号. 即: $W_{ab} = -W_{ba}$, 这一条件要求过程必须是准静态。

可逆过程必须是无摩擦的, 如果过程中存在摩擦, 则系统在正、反过程中都要克服摩擦力做功, 这些功将自动转化为热量, 这些热量一部分被系统吸收, 其余部分会释放给外界, 消失在环境中. 因此, 摩擦带来了能量的耗散, 摩擦的存在给系统和外界带来的影响均无法消除.

分析表明: 只有无耗散的准静态过程才是可逆的.

在实际的宏观过程中, 有两方面的因素不可避免: 一是因物质的固有属性引起的固有耗散效应, 如由摩擦力、黏性力、电阻、磁滞以及非弹性等导致的耗散; 二是存在于系统与外界之间的有限大小的压强差及温度差, 这一因素导致了过程是非准静态的. 无耗散的准静态过程是理想化的过程, 严格地讲并不存在. 因此与热现象有关的实际宏观过程都是不可逆的. 这就是热力学第二定律的实质。各种不可逆过程都是相互关联的．因而每一种不可逆过程都可以作为表述热力学第二定律的基础．

在实际过程中，如果摩擦可以忽略不计，过程进行得足够缓慢就可以近似作可逆过程来处理．可逆过程的概念在理论研究与计算中有着重要的意义．

2. 能量的品质

从能量的角度看，热力学第二定律描述了能量在转化过程中的自然倾向，这使人们认识到，在自然界中存在着一个普遍趋势：非热能形式的能量最终会转化为热能形式的能量．由于热能本身不能自动地完全转化为其他形式的能量，所以热能与其他形式的能量相比更缺乏运动转化的潜力，其可用性更差，若用品质因素来衡量，则热能的品质比其他形式能量的品质要低．

尽管在一切宏观过程中能量始终是守恒的，但由于耗散的不可避免，导致了非热能形式的能量转化为热能，同时也导致了能量品质的降低．因耗散产生的热量通常是流失在环境中无法再利用，这使得自然界中可利用的能量因耗散而不断减少．因此，热力学第二定律的实质是指出，一切宏观过程的进行都会导致能量贬值，即可用能量的减少，不可用能量的增加．

例 15.5.1

某理想气体分别经历如图 15.5.4 所示各过程：(1) $B \rightarrow A$；(2) $C \rightarrow A$；(3) $D \rightarrow A$，已知图中虚线为两条等温线，BCD 三点在同一条等温线上，$C \rightarrow A$ 为绝热过程，问 $B \rightarrow A$ 和 $D \rightarrow A$ 过程分别是吸热还是放热过程？

解　在图上温度 $T_2 < T_1$．三个过程内能增量相同且 $\Delta E > 0$，系统都对外界做负功，并有 $|W_{DA}| > |W_{CA}| > |W_{BA}|$．

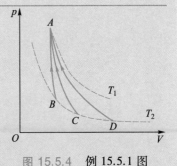

图 15.5.4　例 15.5.1 图

将 $D \rightarrow A$ 过程与 $C \rightarrow A$ 绝热过程比较,根据热力学第一定律 $Q = W + \Delta E$ 可知,$C \rightarrow A$ 过程: $-|W_{CA}| + \Delta E = 0$,因此 $D \rightarrow A$ 过程: $Q = -|W_{DA}| + \Delta E < 0$. 用一句话简单来说,对于 $C \rightarrow A$ 绝热过程,外界做功全部转化为系统的内能;而 $D \rightarrow A$ 过程,外界做了更多的功,多做的功必将以热量形式放出. 同理可得到 $B \rightarrow A$ 过程应该吸热,$Q > 0$.

我们也可以适当地将几根曲线构成一循环过程,考虑循环中吸热、内能增量、做功的情况. 沿曲线 $A \rightarrow C \rightarrow D \rightarrow A$ 构成一个循环. 这是一个逆循环,该循环中,$A \rightarrow C$ 为绝热过程,系统与外界不交换热量,而 $C \rightarrow D$ 为等温膨胀过程,在这一分过程中系统始终从外界吸热. 根据热力学第一定律,在该循环中外界对系统做功,系统向外界放热. $A \rightarrow C$ 过程和 $C \rightarrow D$ 过程都不是放热过程,因此 $D \rightarrow A$ 过程应该放热,$Q < 0$;或根据热力学第二定律,制冷机的制冷系数不可能为无穷大,必须有放热过程,所以 $D \rightarrow A$ 过程应该放热,$Q < 0$.

用类似的方法可以分析 $B \rightarrow A$ 过程热量,沿曲线 $A \rightarrow C \rightarrow B \rightarrow A$ 构成一个循环. 这是一个正循环,外界对系统做功,系统从外界吸热. 该循环 $A \rightarrow C$ 过程绝热,$C \rightarrow B$ 过程等温放热,所以 $B \rightarrow A$ 过程应该吸热,$Q > 0$.

15-6 熵和熵增加原理

热力学第二定律是有关过程进行方向的规律,由热力学第二定律可以断定,对于一个没有外来影响的热力学系统来说,在其中所进行的不可逆过程的结果,不可能借助系统内部的任何其他过程而自动复原. 当然,我们可以借助外界的作用使系统回复到初态,但同时必然在外界留下不能完全消除的变化. 由此可见,热力学系统所进行的不可逆过程的初态和终态之间有重大的差异性,这种差异性决定了过程的方向. 由此可以预期,根据热力学第二定律有可能找到一个新的态函数,用这个态函数在初、末两态的差异来对过程进行的方向作出数学分析.

一、克劳修斯不等式与态函数熵

1. 克劳修斯不等式

首先研究一下由可逆过程组成的循环具有的特性．以卡诺循环为例,由

$$\eta = 1 - \frac{Q_2}{Q_1} = 1 - \frac{T_2}{T_1}$$

可得

$$\frac{Q_1}{T_1} = \frac{Q_2}{T_2}$$

利用热力学第一定律的符号规则,系统从外界吸收热量为正,反之为负,可将上式改写为

$$\frac{Q_1}{T_1} + \frac{Q_2}{T_2} = 0 \qquad (15.6.1)$$

因卡诺循环由两个等温和两个绝热过程组成,上式可理解为

$$\sum_i \frac{Q_i}{T_i} = 0 \qquad (15.6.2)$$

即在一个可逆卡诺循环中,系统吸收的热量与对应的热源温度之比的代数和为零．另一方面,我们由卡诺定理知道,热机效率满足关系

$$\eta = 1 - \frac{Q_2}{Q_1} \leqslant 1 - \frac{T_2}{T_1}$$

利用热力学第一定律的符号规则,与前面作相同的讨论,我们可得到关系式

$$\sum_i \frac{Q_i}{T_i} \leqslant 0 \qquad (15.6.3)$$

上式可推广到热机与多个热源接触的情况（证明从略）．对于一个热源温度连续变化的更普遍的循环过程,则应将上式的求和形式改写为积分形式

$$\oint \frac{\mathrm{d}Q}{T} \leqslant 0 \qquad (15.6.4)$$

上式称为**克劳修斯不等式**（Clausius inequality），式中 $\mathrm{d}Q$ 表示系统在微小过程中，工作物质在温度为 T 的热源处吸收的热量．对可逆过程取等号，对不可逆过程取不等号．

2. 态函数熵

设 a、b 为系统的任意两个平衡态，将克劳修斯等式应用于如图 15.6.1 所示的任意可逆循环过程，可有

$$\oint_{(R)} \frac{\mathrm{d}Q}{T} = \int_{a1b} \frac{\mathrm{d}Q}{T} + \int_{b2a} \frac{\mathrm{d}Q}{T} = 0$$

下标 R 表示可逆过程．由于过程可逆，有

$$\int_{b2a} \frac{\mathrm{d}Q}{T} = -\int_{a2b} \frac{\mathrm{d}Q}{T}$$

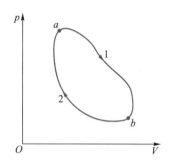

图 15.6.1　克劳修斯等式

代入上式，得

$$\int_{a1b} \frac{\mathrm{d}Q}{T} = \int_{a2b} \frac{\mathrm{d}Q}{T}$$

上述积分路径 1、2 为任意路径，a、b 两态也是任意选定的平衡态．这一结果表明：热量虽是与过程有关的量，但可逆过程中热温比 $\dfrac{\mathrm{d}Q}{T}$ 的积分值却是与过程无关的、仅与初、末态有关的量，由此可以断定：系统一定存在着一个由状态参量所决定的态函数．初、末态一旦确定，这个态函数的增量也就确定了，并且，这个态函数的增量可以用任意一个联系相同初、末态的可逆过程的热温比的积分值来量度．在力学中由于保守力做功与路径无关而可引入势能函数．同理，克劳修斯根据这一性质引入一个态函数**熵**（entropy），记作 S，于是有定义式

$$\Delta S = S_2 - S_1 = \int_{1可逆}^{2} \frac{\mathrm{d}Q}{T} \qquad (15.6.5)$$

上述定义由克劳修斯于 1865 年提出，熵 S 也称为克劳修斯

熵或热力学熵. S_1、S_2 分别为状态 1、2 的熵,积分是对连接 1、2 两个平衡态间的任意可逆过程的路径进行的.

对于一个无限微小的可逆过程,有

$$dS = \frac{dQ}{T} \qquad (15.6.6)$$

由于熵的定义式只定义了两个平衡态间的熵差,因此这意味着系统在某一平衡态的熵的数值与熵的参考点的选取有关,具有相对性. 热学中需要讨论的正是两态间的熵差. 熵的单位为 $J \cdot K^{-1}$.

热力学的参量可分为两类,一类与总质量无关,称为强度量,如压强、温度、密度、比热容等;另一类与质量成正比,称为广延量,如体积、内能、热容、熵等. 广延量具有可加性. 处于平衡态的系统的熵等于各组成部分熵之和.

3. 熵差的计算

根据定义式(15.6.5),对于可逆过程,只要状态确定,则态函数熵也就确定,初、末状态间的熵差也就唯一地确定,而与等式右端选择的积分路径无关. 因此,计算可逆过程熵差时,选择连接初、末状态的任一可逆过程都行. 对于不可逆过程,因为熵是态函数,两状态间的熵差与过程无关,因而可以自行设计一个连接初、末态的任一可逆过程,按定义式计算出熵差,即为原来不可逆过程初、末态的熵差.

对于以 p、V、T 为状态参量的系统,熵 S 可表示为任意两个独立参量的函数关系式,即 $S = S(p,V)$,$S = S(p,T)$ 或 $S = S(T,V)$. 若知初、末两态的状态参量值,代入函数关系式即可得到两态间的熵差.

例 15.6.1

求理想气体准静态过程的熵变. 设初态为 p_1,V_1,T_1,末态为 p_2,V_2,T_2.

解　根据热力学第一定律 $\mathrm{d}Q = \mathrm{d}E + \mathrm{d}W$，按定义，对理想气体，若以 T, V 为状态参量，则有

$$\mathrm{d}S = \frac{\mathrm{d}Q}{T} = \frac{\mathrm{d}E + \mathrm{d}W}{T} = \frac{\mathrm{d}E}{T} + \frac{p\mathrm{d}V}{T}$$

$$= \frac{m}{M}C_{V,\mathrm{m}}\frac{\mathrm{d}T}{T} + \frac{m}{M}R\frac{\mathrm{d}V}{V}$$

视 $C_{V,\mathrm{m}}$ 为常量，积分可得系统的熵变为

$$\Delta S(T, V) = \int_{T_1}^{T_2}\frac{m}{M}C_{V,\mathrm{m}}\frac{\mathrm{d}T}{T} + \int_{V_1}^{V_2}\frac{m}{M}R\frac{\mathrm{d}V}{V}$$

$$= \frac{m}{M}C_{V,\mathrm{m}}\ln\frac{T_2}{T_1} + \frac{m}{M}R\ln\frac{V_2}{V_1}$$

$$(15.6.7\mathrm{a})$$

若以 p, V 为状态参量，则由 $\dfrac{p_1 V_1}{T_1} = \dfrac{p_2 V_2}{T_2}$，得

$\dfrac{T_2}{T_1} = \dfrac{p_2 V_2}{p_1 V_1}$，代入上式，得

$$\Delta S(p, V) = \frac{m}{M}C_{V,\mathrm{m}}\ln\frac{p_2}{p_1} + \frac{m}{M}C_{p,\mathrm{m}}\ln\frac{V_2}{V_1}$$

$$(15.6.7\mathrm{b})$$

若以 p, T 为状态参量，则由 $\dfrac{p_1 V_1}{T_1} = \dfrac{p_2 V_2}{T_2}$，得

$\dfrac{V_2}{V_1} = \dfrac{T_2 p_1}{T_1 p_2}$，代入上式，得

$$\Delta S(T, p) = \frac{m}{M}C_{p,\mathrm{m}}\ln\frac{T_2}{T_1} - \frac{m}{M}R\ln\frac{p_2}{p_1}$$

$$(15.6.7\mathrm{c})$$

讨论：对等温过程，$T_2 = T_1$，则有

$$\Delta S = \frac{m}{M}R\ln\frac{V_2}{V_1} = \frac{m}{M}R\ln\frac{p_1}{p_2}$$

$$(15.6.8)$$

对等压过程，$p_2 = p_1$，则有

$$\Delta S = \frac{m}{M}C_{p,\mathrm{m}}\ln\frac{V_2}{V_1} = \frac{m}{M}C_{p,\mathrm{m}}\ln\frac{T_2}{T_1}$$

$$(15.6.9)$$

对等体过程，$V_2 = V_1$，则有

$$\Delta S = \frac{m}{M}C_{V,\mathrm{m}}\ln\frac{T_2}{T_1} = \frac{m}{M}C_{V,\mathrm{m}}\ln\frac{p_2}{p_1}$$

$$(15.6.10)$$

对绝热过程，$\mathrm{d}Q = 0$，$\Delta S = 0$，即可逆绝热过程为等熵过程.

阅读材料　熵增加原理的提出

二、熵增加原理

从系统的一个状态 1 过渡到另一个状态 2 可以有不同的路径. 对含有不可逆过程的循环过程，如图 15.6.2 所示，根据克劳修斯不等式，有

$$\int_{1\text{不可逆}}^{2} \frac{\mathrm{d}Q}{T} + \int_{2\text{可逆}}^{1} \frac{\mathrm{d}Q}{T} < 0$$

或

$$\int_{1\text{不可逆}}^{2} \frac{\mathrm{d}Q}{T} < -\int_{2\text{可逆}}^{1} \frac{\mathrm{d}Q}{T} = \int_{1\text{可逆}}^{2} \frac{\mathrm{d}Q}{T}$$

于是,按照熵的定义式(15.6.5),对任意过程,我们有

$$\Delta S = S_2 - S_1 \geqslant \int_{1}^{2} \frac{\mathrm{d}Q}{T} \quad (\text{沿任意过程}) \quad (15.6.11)$$

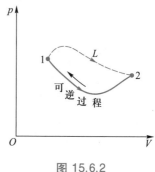

图 15.6.2

这一不等式也可看作热力学第二定律的一种数学表述．其中,等号对应可逆过程,不等号对应不可逆过程．若过程为绝热时,$\mathrm{d}Q = 0$,则有

$$\Delta S = S_2 - S_1 \geqslant 0 \quad\quad\quad (15.6.12)$$

若过程是可逆的绝热过程,则系统的熵值不变;若过程是不可逆的绝热过程,则系统的熵值增加．上式即表示熵增加原理(principle of entropy increase):热力学系统的熵在任何绝热过程中永不减少．(15.6.12)式为熵增加原理的数学表述．

　　我们知道,"孤立系统"是指与外界不发生任何相互作用的系统,孤立系统一定不与外界交换热量,在孤立系统内进行的过程一定是绝热过程,因而系统的熵不会减少．所以,熵增加原理又表述为:一个孤立系统的熵永不减少．

　　由此得出,热力学第二定律指出一切宏观过程都是不可逆过程,而熵增加原理则指明任何自发的不可逆绝热过程总是向着熵增加的方向进行．因此,熵增加原理实质上是热力学第二定律的一种表述——熵表述．任何自发过程都是由非平衡态趋于平衡态,到了平衡态就不再变化,由此,系统在平衡态时,熵函数应达到最大值．所以,热力学第二定律给出了判别自发过程进行的方向和限度的准则:"任何自发过程必定向着熵增加的方向进行;自发不

可逆绝热过程进行的限度是以熵函数达到最大值为准则".

阅读材料　远离平衡态的自组织现象研究

阅读材料　热寂说的提出

必须指出,上面的讨论都是对孤立系统而言的,对于非孤立的开放系统来说,无序程度高的状态不一定就是概率大的状态,熵也可能在过程中减少从而使系统的无序程度降低. 这是因为开放系统熵的改变来自两个方面:一是系统内部的不可逆过程引起熵的增加,称为熵产生,记作 dS_i;另一是与外界交换中流入系统的熵,称为熵流,记作 dS_e. 系统熵的增量则为 $dS = dS_i + dS_e$. 对于一个开放系统中的热力学过程,其熵的变化有可能会减少. 例如,生命系统就是一个高度有序的开放系统,熵越低就意味着系统越完善和健全而生命力越强. 正是在与外界有着充分的物质、能量的交流中,生命系统不断地得到"负熵",进而从单细胞生物逐渐演化成现在这样丰富多彩的自然界.

例 15.6.2

试求理想气体向真空绝热自由膨胀过程中的熵变.

解　理想气体的绝热自由膨胀为一不可逆过程,计算其熵变,可以选择连接同样初、末态的可逆过程来进行. 这里,我们选择理想气体等温膨胀过程来计算气体由体积 V_1 膨胀到 $V_2 = 2V_1$ 过程中的熵变. 设有一定量理想气体,在等温过程中

$$dE = 0, \quad dQ = pdV = \frac{m}{M}\frac{RTdV}{V}$$

按熵差定义,有

$$\Delta S = S_2 - S_1 = \int_{V_1}^{V_2} \frac{m}{M}\frac{RdV}{V}$$

$$= \frac{m}{M}R\ln 2 > 0$$

这也是理想气体自由膨胀的熵差. 由于这是不可逆的绝热过程,所以熵差不为零,过程进行的方向是沿熵增大的方向进行的.

例 15.6.3

试由熵增加原理导出卡诺定理.

解 对于任意的一个热机工作循环过程，工作物质从温度为 T_1 的高温热源吸热 Q_1，向温度为 T_2 的低温热源放热 Q_2，整个复合系统包括高温热源、低温热源和工作物质三部分. 由于高温热源和低温热源的温度分别保持不变，经历一个循环后工作物质恢复到原状态，那么，在一个循环过程中，高温热源、低温热源及工作物质的熵的变化分别为

$$\Delta S_H = -\frac{Q_1}{T_1}, \quad \Delta S_L = \frac{Q_2}{T_2}, \quad \Delta S_M = 0$$

由于高温热源、低温热源和工作物质三部分组成的复合系统为一个封闭的孤立系统，则由熵增加原理知，整个复合系统的熵变为

$$\Delta S = \Delta S_H + \Delta S_L + \Delta S_M$$

$$= -\frac{Q_1}{T_1} + \frac{Q_2}{T_2} \geq 0$$

于是有

$$\frac{Q_2}{T_2} \geq \frac{Q_1}{T_1}$$

由热力学第一定律知，热机循环一周后工作物质有 $\Delta E = (Q_1 - Q_2) - W = 0$，于是

$$Q_2 = Q_1 - W$$

代入上式则有

$$\frac{Q_1 - W}{T_2} \geq \frac{Q_1}{T_1}$$

可解得

$$W \leq \frac{T_1 - T_2}{T_1} Q_1$$

所以热机的效率

$$\eta = \frac{W}{Q_1} \leq \frac{T_1 - T_2}{T_1} \leq \eta_C$$

式中的等号适用于可逆过程，不等号适用于不可逆过程. 卡诺定理由此得证. 事实上，考察上述导出过程可知，卡诺定理是热力学第二定律的必然结果. 由此还可以知道，热力学第二定律不仅解决了热力学过程中自发过程进行方向的问题，还解决了热机效率的最大限度及提高热机效率应采取措施的问题.

15-7　热力学第二定律的统计意义

一、热力学第二定律的统计意义

阅读材料　热力学第二定律的建立

1. 自然过程方向性的微观分析

自发过程的方向性和热力学过程的不可逆性是被大量观察实验所证明的事实,热力学第二定律就是这一事实的文字总结,而熵增加原理可以视为这一事实的数学表述.但宏观热力学还不能说明:为什么自发过程具有方向性?为什么热力学过程是不可逆的?

物理学在关于分子运动和物质结构的微观理论研究中,常常使用所谓有序与无序的概念,利用这个概念可以简明而形象地说明热力学第二定律和熵的微观意义.例如:功自动转化为热,定向运动的宏观机械能转化成了无规则热运动的动能,从分子动理论来看,是大量分子的有序运动转变为大量分子无序运动的过程;又如,热量自动从高温物体传向低温物体的过程,两个温度不同的物体最终达到了共同的温度.我们原来还可区分两个不同温度物体的热运动动能的不同,最后两物体中的平均动能变为相同,这时这种简单的区分也没有了,分子热运动的无序程度增大了;再如气体的绝热自由膨胀过程,分子原先都集中在隔板的一边,分子运动的空间分布是相对有序的,膨胀结束后气体均匀充满整个容器,分子运动在空间分布上的无序程度当然也增加了.

2. 热力学第二定律的统计意义

前面曾指出,对于由大量分子组成的热力学系统,由于分子不停息地运动和碰撞,系统的微观态是瞬息变化着的.在给定的宏观条件下,系统存在大量彼此不同的微观态,而且即使是在同一宏观态下,仍可以有许许多多的微观态.热力学中,把一个宏观态所包含的微观态数目称为热力学概率,记为 W.

我们以理想气体绝热向真空自由膨胀为例予以简单分析.设有容器被隔板分为体积相等的左右两部分,左边储有气体,共 N 个分子,右边为真空,隔板抽去后气体将向真空自由膨胀.为简便计,仅考察分子在左、右两边的分布情况.且为便于讨论,先假定考察分别标记为 a、b、c、d 的 4 个分子的分布,如图 15.7.1 所示.把哪几个分子处于哪一边的具体分布表示为系统的微观态,由 4 个分子组成的系统,在抽去隔板后共可取 $n = 2^4 = 16$ 种微观态.而用分子数在左右两边的分布表示系统的宏观态,每一种宏观态可以包含一个或多个微观态.

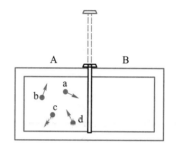

图 15.7.1 气体自由膨胀

表 15.7.1 列出了 4 个分子在左右两边的分布情况.

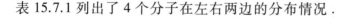

表 15.7.1 4 个分子在左右两边的分布情况				
宏观态		微观态		一个宏观态包含的微观态数目
左边	右边	左边	右边	
4	0	a b c d		1
3	1	a b c b c d d a b a c d	d a c b	4
2	2	a b a c a d b c b d c d	c d b d b c a d a c a b	6
1	3	a b c d	b c d a c d a b d a b c	4
0	4		a b c d	1

统计物理有一个基本假设,对于处于平衡态的孤立系,系统内各个微观态出现的概率是相等的.因此,那些包含微观态数目多的宏观态出现的概率就大,包含微观态数目少的宏观态出现的概率就小.上面的例子中,出现第 i 个宏观态的概率 W_i 为

$$W_i = \frac{n_i}{n}$$

其中,n 为微观态总数,n_i 为第 i 个宏观态所包含的微观态数.根据上面的列表可知,5 个宏观态的概率分别为

$$W_1 = \frac{1}{2^4}, \quad W_2 = \frac{4}{2^4}, \quad W_3 = \frac{6}{2^4}, \quad W_4 = \frac{4}{2^4}, \quad W_5 = \frac{1}{2^4}$$

阅读材料 玻耳兹曼关于热力学第二定律的微观解释

也就是说,隔板抽去后,4 个分子集中在一边的概率较小,为 $\frac{1}{2^4}$,而两边均匀分布的概率较大,为 $\frac{6}{2^4}$.进一步计算表明,分子总数越多,则左右两边分子数相等或差不多的宏观态出现的概率越大.如果一个系统所含分子数的数量级为 10^{23},则打开隔板后分子运动到集中于一边的概率为 $\frac{1}{2^{10^{23}}} \to 0$,而均匀分布所出现的概率为最大,其中所包含的微观态数目最多.统计分析表明,平衡态所包含的微观态数目最多,所以,在不受外界影响时,系统总是处于平衡态.如果系统受到外界影响,使它处于非平衡态上,则经过足够长时间后,系统就将自动过渡到平衡态.

如果不是考察分子位置的空间分布,而是考察分子的速度.例如,对于一个孤立系统,其分子动能在各处大致均等的宏观态所包含的微观态数大大超过其他的情况.因此,在宏观上就自动发生热量从高温部分传向低温部分,并过渡到整个系统有统一温度的平衡态.又如在孤立系统中,分子速度方向作完全无规分布的宏观态与分子速度方向同向排列时的宏观态相比,在包含的微观态数目上要大

得多．所以，大量分子有规则运动总要向无规则运动过渡，其结果就表现为功向热的自动转化．

由此可以得到结论：孤立系统中自发进行的不可逆过程总是由概率小的宏观态向概率大的宏观态进行，也就是由包含微观态数目少的宏观态向包含微观态数目多的宏观态进行．这就是热力学第二定律的统计意义，也就是熵增加原理的微观实质．

二、熵的统计表述

当孤立系统从热力学概率小的宏观态向热力学概率大的宏观态过渡时，系统就由不平衡态向平衡态发展，系统的熵值也随之达到最大值．由此可以推知熵 S 与宏观态的热力学概率 W 之间存在着本质的联系．历史上玻耳兹曼首先建立了熵的统计表达式：

$$S = k\ln W \qquad (15.7.1)$$

上式由玻耳兹曼在 1877 年建立，称为玻耳兹曼熵公式，式中 k 为玻耳兹曼常量．

玻耳兹曼公式揭示了熵的统计意义：热力学概率越大，即某一宏观态所对应的微观态数目越多，系统内分子热运动的无序性越大，熵就越大，所以熵是组成系统的微观粒子热运动无序性的量度．

理论上可以证明，根据玻耳兹曼熵公式可以得到宏观热力学熵或克劳修斯熵公式所能得到的所有结果．

熵的增加就意味着无序程度的增加；平衡态时熵最大，表示系统达到了最无序的状态．正是这个意义使熵这一概念的内涵变得十分丰富而且充满了生命力．现在，熵的概念以及与之有关的理论，已在物理、化学、气象、生物学、信息论等工程技术乃至社会科学的领域中获得了广泛的应用．

例 15.7.1

试用玻耳兹曼熵公式(15.7.1)计算理想气体在等温膨胀过程中的熵变.

解 在等温膨胀过程中,对于一指定分子,在体积为 V 的容器中找到它的概率 W_1 是与该容器的体积成正比的,即

$$W_1 = cV$$

式中 c 是比例系数,对于 N 个分子,它们同时在 V 中出现的概率 W 等于各单个分子出现概率的乘积,而这个乘积也就是在 V 中由 N 个分子组成的宏观状态的概率,即

$$W = (W_1)^N = (cV)^N$$

由(15.7.1)式,系统的熵为

$$S = k\ln W = kN\ln(cV)$$

经过等温膨胀,熵的增量为

$$\Delta S = kN\ln(cV_2) - kN\ln(cV_1) = kN\ln\frac{V_2}{V_1}$$

$$= \frac{R}{N_A}\frac{N_A m}{M}\ln\frac{V_2}{V_1} = \frac{m}{M}R\ln\frac{V_2}{V_1}$$

这一结果已在自由膨胀的讨论中用(15.6.5)式计算得到.

提要

本章以观测和实验事实为依据,从能量的观点出发,分析研究热力学系统状态变化过程中有关热功转化的关系与条件. 本章以理想气体为研究对象,重点讨论了热力学第一定律及其在各准静态过程中的应用,指出第一定律是包括热现象在内的能量守恒定律. 本章引入了熵函数的概念,加强了对热力学第二定律的讨论,阐明热力学第二定律是指明过程进行的方向与条件的基本定律.

基本概念与规律

1. 准静态过程 过程进行中的每一时刻,系统都无限接近于平衡态.

2. 准静态过程的功、热量、内能

（1）准静态过程中系统对外界所做的体积功：

$$W = \int_{V_1}^{V_2} p\,\mathrm{d}V$$

功是过程量,其几何意义由定义式可见,为 p-V 图上过程曲线(被积函数)下的面积.

（2）热量:系统与外界之间因存在温度差而交换的热运动能量. 热量也是过程量. 准静态过程中系统与外界交换的热量为

$$Q = \frac{m}{M} C_{\mathrm{m}} (T_2 - T_1)$$

式中,C_{m} 为摩尔热容,随过程而异.

（3）内能:系统内微观粒子各种形式的热运动能量之和,是态函数,与状态变化过程无关. 理想气体的内能是温度的单值函数,两平衡态间系统内能的变化都可表示为

$$\Delta E = \frac{m}{M} \frac{i}{2} R (T_2 - T_1)$$

3. 热力学第一定律

$$Q = E_2 - E_1 + W$$
$$\mathrm{d}Q = \mathrm{d}E + \mathrm{d}W$$

热力学第一定律在理想气体各准静态过程中应用时,常用到

摩尔定容热容:$C_{V,\,\mathrm{m}} = \dfrac{i}{2} R$;

摩尔定压热容:$C_{p,\,\mathrm{m}} = \dfrac{i+2}{2} R$;

迈耶公式:$C_{p,\,\mathrm{m}} - C_{V,\,\mathrm{m}} = R$;

摩尔热容比:$\gamma = \dfrac{C_{p,\,\mathrm{m}}}{C_{V,\,\mathrm{m}}} = \dfrac{i+2}{i}$.

4. 循环过程

热机循环:系统从高温热源吸热,对外界做功,向低温

热源放热.

热机效率为

$$\eta = \frac{W}{Q_1} = 1 - \frac{Q_2}{Q_1}$$

制冷循环:系统接受外界做功,从低温热源吸热,向高温热源放热.

制冷系数为

$$e = \frac{Q_2}{W} = \frac{Q_2}{Q_1 - Q_2}$$

卡诺循环:系统只和高温、低温两个恒温热源交换热量的准静态循环过程.

卡诺正循环的效率:

$$\eta_C = 1 - \frac{T_2}{T_1}$$

卡诺逆循环的制冷系数:

$$e_C = \frac{T_2}{T_1 - T_2}$$

5. 可逆与不可逆过程

可逆过程:借助外界条件改变无穷小的量就可以使其反向进行的过程,其结果是系统和外界能同时回复到初始状态.

无摩擦的以及与外界进行等温热传导的准静态过程是可逆过程.

不可逆过程:各种自然的宏观过程都是不可逆的,而且它们的不可逆性又是相互沟通的.

三个典型实例:功热转化、热传导、气体的绝热自由膨胀.

6. 热力学第二定律

克劳修斯表述:

热量不能自动地从低温物体传向高温物体.

开尔文表述:

不可能制成一种循环动作的热机,只从单一热源吸收热量,使之完全变为有用功而不产生其他的影响.

热力学第二定律的实质在于指出,一切与热现象有关的实际宏观过程都是不可逆的.

7. 熵和熵增加原理

克劳修斯熵定义:

$$\Delta S = S_2 - S_1 = \int_1^2 \frac{dQ}{T} \quad (沿可逆过程)$$

因为熵是态函数,两状态间的熵差与过程无关,因而可以自行设计一个连接初、末两态的任一可逆过程,按定义式计算出熵差.

熵增加原理:

$$\Delta S = S_2 - S_1 \geq 0$$

热力学系统的熵在任何绝热过程中永不减少. 若过程是可逆的绝热过程,则系统的熵值不变;若过程是不可逆的绝热过程,则系统的熵值增加.

8. 热力学第二定律的统计意义

热力学概率:

一个宏观态所包含的微观态数目称为热力学概率,记为 W.

热力学第二定律的统计意义:

孤立系统中自发进行的不可逆过程总是由概率小的宏观态向概率大的宏观态进行,也就是由包含微观态数目少的宏观态向包含微观态数目多的宏观态进行.

玻耳兹曼熵公式:

$$S = k \ln W$$

熵的物理意义:熵是组成系统的微观粒子热运动无序性的量度.

思考题

15-1 内能和热量的概念有何不同?下面两种说法是否正确?

(1) 物体的温度越高,则热量越多;

(2) 物体的温度越高,则内能越大.

15-2 在 p-V 图上用一条曲线表示的过程是否一定是准静态过程?理想气体经过自由膨胀由状态(p_1, V_1)变化到(p_2, V_2),这一过程能否在 p-V 图上用一条等温线表示?

15-3 为什么气体热容的数值可以有无穷多个?什么情况下,气体的摩尔热容是零?什么情况下,气体的摩尔热容是无穷大?什么情况下是正值?什么情况下是负值?

15-4 一理想气体经图示的过程,试讨论其摩尔热容的正负:

(1) 过程 Ⅰ→Ⅱ;

(2) Ⅰ′→Ⅱ(沿绝热线);

(3) Ⅱ′→Ⅱ.

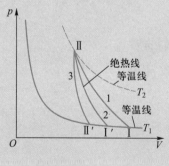

思考题 15-4 图

15-5 如图所示,一定量的理想气体在 p-V 图上初态 A 经历(1)或(2)过程到达末态 B,已知 A、B 两态处于同一条绝热线上(图中虚线是绝热线),试讨论两过程中气体 ΔE,ΔT,W 和 Q 的正负.

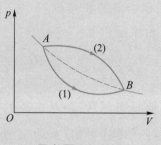

思考题 15-5 图

15-6 对物体加热而其温度不变,有可能吗?没有热交换而系统的温度发生变化,有可能吗?

15-7 某理想气体按 $pV^2 =$ 常量的规律膨胀,问此理想气体的温度是升高了,还是降低了?

15-8 有两个可逆机分别用不同热源作卡诺循环,在 p-V 图上,它们的循环曲线所包围的面积相等,但形状不同,如图所示,它们吸热和放热的差值是否相同?对外所做的净功是否相同?效率是否相同?

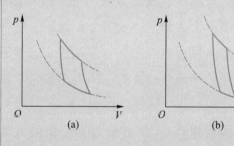

思考题 15-8 图

15-9 p-V 图中表示循环过程的曲线所包围的面积,代表热机在一个循环中所做的净功.如图所示,如果体积膨胀得大些,面积就大了(图中面积),所做的净功就多了,因此热机效率也就可以提高了,这种说法对吗?

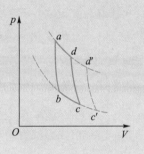

思考题 15-9 图

15-10 有一可逆的卡诺机,它作热机使用时,如果工作的两热源的温度差越大,则对于做功就越有利.当作制冷机使用时,如果两热源的温度差越大,对于制冷是否也越有利?为什么?

15-11 在一个房间里有一台电冰箱正工作着,如果打开冰箱的门,能否使房间降温?用一台热泵能否使房间降温?

15-12 一条等温线与一条绝热线能否相交两次,为什么?

15-13 两条绝热线与一条等温线能否构成一个循环,为什么?

15-14 从理论上如何计算物体在初、末态之间进行不可逆过程所引起的熵变?

15-15 可逆过程是否一定是准静态过程?准静态过程是否一定是可逆过程?

15-16 一杯热水置于空气中,它总是冷却到与周围环境相同的温度,因为处于比周围温度高或低的概率都较小,而与周围同温度的平衡却是最概然状态,但是这杯水的冷却是减小了,这与熵增加原理有无矛盾?

15-17 一定量的气体,初始压强为 p_1,体积为 V_1,今把它压缩到 $\dfrac{V_1}{2}$,一种方法是等温压缩,另一种方法是绝热压缩.问哪种方法最后的压强较大?这两种方法中气体的熵改变吗?

15-18 一定量气体经历绝热自由膨胀,既然是绝热的,即 $dQ = 0$,那么熵变也应该为零.这种说法对吗?为什么?

15-19 试根据热力学第二定律判别下面说法是否正确?

(1)功可以全部转化为热,但热不能全部转化为功;

(2)热量能从高温物体传到低温物体,但不能从低温物体传到高温物体.

习题

15-1   物质的量为 $\dfrac{m}{M}$ 的某种理想气体,状态按 $V = a/\sqrt{p}$ 的规律变化(式中 a 为正常量),当气体体积从 V_1 膨胀到 V_2 时,试求气体所做的功 W 及气体温度的变化 $T_1 - T_2$ 各为多少?

15-2   某气体遵循范德瓦耳斯方程:$\left(p + \dfrac{a^2 \nu}{V^2}\right)(V - b\nu) = \nu RT$($\nu$ 为气体的物质的量,a、b 均为常量,当 $a = b = 0$ 时,即理想气体情况). 若该气体经历一等温压缩过程,体积从 V_1 变为 V_2,推导出此过程中系统做功的表达式.

15-3   如图所示,在绝热刚性容器中有一可无摩擦移动且不漏气的极薄导热板,将容器分为 A、B 两部分. A、B 中分别有 1 mol 的氦气(He)和 1 mol 的氮气(N_2),它们可被视为刚性分子理想气体. 已知初态氦气和氮气的温度分别为 $T_A = 300$ K、$T_B = 400$ K,压强均为 1 atm. 忽略导热板的质量并不计其体积的变化,求整个系统达到平衡时两种气体的温度和压强.

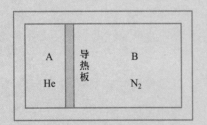

习题 15-3 图

15-4   1 mol 单原子理想气体从 300 K 加热至 350 K,若(1)容积保持不变,(2)压强保持不变,则问在这两个过程中各吸收了多少热量?增加了多少内能?对外做了多少功?

15-5   压强为 1.0×10^5 Pa,体积为 0.008 2 m^3 的氮气,从初始温度 300 K 加热到 400 K,如加热时:(1)体积不变;(2)压强不变,则问各需热量多少?哪一个过程所需热量大?为什么?

15-6   2 mol 氮气,在温度为 300 K、压强为 1.0×10^5 Pa 时,等温地压缩到 2.0×10^5 Pa. 求氮气放出的热量.

15-7   质量为 1 kg 的氧气,其温度由 300 K 升高到 350 K. 若温度升高是在下列 3 种不同情况下发生的:(1)体积不变;(2)压强不变;(3)绝热,则问其内能改变各为多少?

15-8   将 500 J 的热量传给标准状况下 2 mol 的氢气.

(1)若体积不变,则问这热量转化为什么?氢气的温度变为多少?

(2)若温度不变,则问这热量转化为什么?氢气的压强及体积各变为多少?

(3)若压强不变,则问这热量转化为什么?氢气的温度及体积各变为多少?

15-9   1 mol 氢气,在压强为 1.0×10^5 Pa,温度为 20 ℃ 时,其体积为 V_0. 今使它经历以下两个过程达到同一状态:

（1）先保持体积不变，加热使其温度升高到 80 ℃，然后令它作等温膨胀，体积变为原来的 2 倍；

（2）先使它作等温膨胀至原体积的 2 倍，然后保持体积不变，加热到 80 ℃.

试分别计算以上两种过程中吸收的热量，气体对外做的功和内能的增量；并作出 p–V 图.

15–10 证明迈耶公式 $C_{p,m} = C_{V,m} + R$.

15–11 一气缸内储有 10 mol 的单原子理想气体，在压缩过程中，外力做功 209 J，气体升温 1 ℃. 求：

（1）气体内能的增量；

（2）气体在此过程中吸收的热量；

（3）在此过程中气体的摩尔热容.

15–12 理想气体作绝热膨胀，由初态(p_0, V_0)至末态(p, V)

（1）试证明在此过程中气体所做的功为

$$A = \frac{p_0 V_0 - pV}{\gamma - 1}$$

（2）设 $p_0 = 1.0 \times 10^6$ Pa，$V_0 = 0.001$ m³，$p = 2.0 \times 10^5$ Pa，$V = 0.003\ 16$ m³，气体的 $\gamma = 1.4$，试计算气体所做的功为多少？

15–13 试用比较曲线斜率的方法证明，在 p–V 图上相交于任一点的理想气体的绝热线比等温线陡. 并用气体动理论的观点说明绝热线比等温线陡的原因.

15–14 气缸内有单原子理想气体，若绝热压缩使其容积减半，问气体分子的平均速率变为原来速率的几倍？若为双原子理想气体，则为几倍？

15–15 一容器的体积为 $2V_0$，绝热板 C 将其隔为体积相等的 A、B 两个部分，A 内储有 1 mol 单原子理想气体，B 内储有 2 mol 双原子理想气体，A、B 两部分的压强均为 p_0.

（1）求 A、B 两部分气体各自的内能；

（2）现抽出绝热板 C，求两种气体混合后达到平衡态时的压强和温度.

15–16 一个可以自由滑动的绝热活塞（不漏气）把体积为 $2V_0$ 的绝热容器分成相等的两部分 Ⅰ 和 Ⅱ. Ⅰ、Ⅱ 中各盛有物质的量为 ν 的刚性分子理想气体（分子的自由度为 i），温度均为 T_0. 今用一外力作用于活塞杆上，缓慢地将 Ⅰ 中气体的体积压缩为原体积的一半. 忽略摩擦以及活塞和杆的体积，求外力 F 做的功.

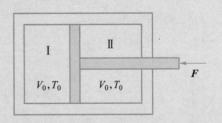

习题 15–16 图

15–17 如图所示，一个四周用绝热材料制成的气缸，中间有一用导热材料制成的固定隔板 C 把气缸分成 A、B 两部分，D 是一绝热的活塞. A 中盛有 1 mol 氦气，B 中盛有 1 mol 氮气（均视为刚性分子的理想气体）. 今外界缓慢地移动活塞

D,压缩 A 部分的气体,对气体做功为 W,试求在此过程中 B 部分气体内能的变化.

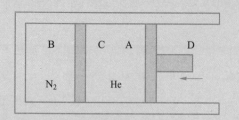

习题 15-17 图

15-18 如图所示,用绝热壁做成一圆柱形的容器.在容器中间放置一无摩擦的、绝热的可动活塞.活塞两侧各有物质的量为 ν 的同种理想气体,初始状态均为 p_0、V_0、T_0.设气体摩尔定容热容 $C_{V,m}$ 为常量,摩尔热容比为 $\gamma = 1.5$. 将一通电线圈放到活塞左侧气体中,对气体缓慢加热,左侧气体膨胀的同时通过活塞压缩右侧气体,最后使右侧气体压强增为 $27p_0/8$.求:

(1) 活塞对右侧气体做的功;

(2) 右侧气体的末态温度;

(3) 左侧气体的末态温度;

(4) 左侧气体吸收的热量.

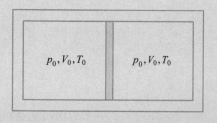

习题 15-18 图

15-19 如图所示,总容积为 40 L 的绝热容器,中间用一绝热隔板隔开,隔板重量忽略,可以无摩擦地自由升降.A、B 两部分各装有 1 mol 的氮气,它们最初的压强都是 1.013×10^5 Pa,隔板停在中间.现在使微小电流通过 B 中的电阻而缓缓加热,直到 A 中气体体积缩小到一半为止,求在这一过程中:

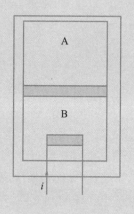

习题 15-19 图

(1) B 中气体的过程方程,以其体积和温度的关系表示;

(2) 两部分气体各自最后的温度;

(3) B 中气体吸收的热量.

15-20 如图所示,C 是固定绝热壁,D 是可动活塞,C、D 将容器分成 A、B 两部分,开始时 A、B 各装入同种类的理想气体,它们的温度、体积、压强均相同,并与大气压强相平衡,现对 A、B 两部分缓慢加热,当对 A、B 传递相等的热量后,A 中气体的温度升高的度数与 B 中气体的温度升高的度数比为 7:5.

(1) 求该气体的 C_V、C_p;

(2) 问 B 中气体吸收的热量有百分之多少用于对外做功.

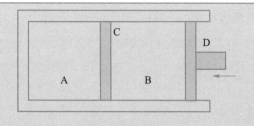

习题 15-20 图

15-21 室温 27 ℃下一定量理想气体氧气的体积为 $2.3 \times 10^{-3} \, \text{m}^3$,压强为 $1.0 \times 10^5 \, \text{Pa}$,经过一多方过程后,体积变为 $4.1 \times 10^{-3} \, \text{m}^3$,压强为 $0.5 \times 10^5 \, \text{Pa}$. 求:

(1) 多方指数 n;

(2) 内能的改变;

(3) 吸收的热量;

(4) 氧气膨胀时对外做的功. 已知氧气的 $C_{V,\text{m}} = \dfrac{5}{2} R$.

15-22 1 mol 理想气体在 400 K 与 300 K 之间完成一卡诺循环,在 400 K 的等温线上,初始体积为 $0.001 \, \text{m}^3$,最后体积为 $0.005 \, \text{m}^3$,试计算气体在此循环中所做的功,以及从高温热源吸收的热量和传给低温热源的热量.

15-23 一热机从温度为 727 ℃的高温热源吸热,向温度为 527 ℃的低温热源放热. 若热机在最大效率下工作,且每一循环吸热 2 000 J,求此热机每一循环所做的功.

15-24 一个卡诺热机,其工作物质为 1 mol 单原子理想气体,已知循环过程中等温膨胀开始时的温度为 $2T_0$,体积为 V_0;等温压缩过

程开始时温度为 T_0、体积为 $16 V_0$. 循环一次对外做功为 W. 现有另一个同样的热机,但以 2 mol 双原子理想气体为工作物质,其他条件与前相同,此时热机循环一次对外做功 W'. 在 p-V 图中画出两个循环的过程曲线,并求出 W' 与 W 的关系.

15-25 一定量单原子分子理想气体,经如图所示循环,求该循环的效率.

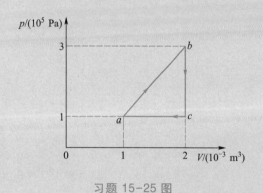

习题 15-25 图

15-26 设以氮气(视为刚性分子理想气体)为工作物质进行卡诺循环,在绝热膨胀过程中气体的体积增大到原来的 2 倍,求循环的效率.

15-27 气缸内有 36 g 水蒸气(视为刚性分子的理想气体),经 $abcda$ 循环过程,如图所示. 其中 a-b,c-d 为等体过程,b-c 为等温过程,d-a 为等压过程. 试求:

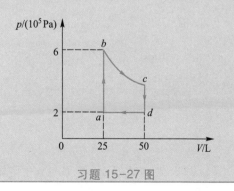

习题 15-27 图

（1）W_{da}；

（2）ΔE_{ab}；

（3）循环过程中，水蒸气做的净功 W；

（4）循环效率 η.

15-28 如图所示，abcda 为 1 mol 单原子分子理想气体的循环过程，求：

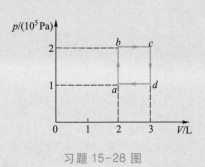

习题 15-28 图

（1）气体循环一次，在吸热过程中从外界共吸收的热量；

（2）气体循环一次对外做的净功；

（3）证明 $T_a T_c = T_b T_d$.

15-29 1 mol 单原子分子理想气体，经历如图所示的可逆循环，连接 A、C 两点的曲线 Ⅲ 的方程为 $p = \dfrac{p_0 V^2}{V_0^2}$，$A$ 点的温度为 T_0.

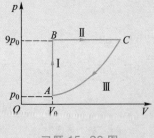

习题 15-29 图

（1）试以 T_0，R 表示 Ⅰ，Ⅱ，Ⅲ 过程中气体吸

收的热量；

（2）求此循环效率.

15-30 1 mol 单原子分子理想气体的循环过程如 T-V 图所示，其中 c 点的温度为 $T_c = 600$ K. 试求：

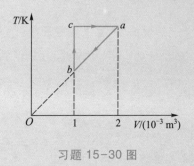

习题 15-30 图

（1）ab、bc、ca 各个过程系统吸收的热量；

（2）经一循环系统所做的净功；

（3）循环的效率.

15-31 如图所示为一理想气体的循环过程，AEB 为绝热过程，BC、DA 为等温过程，CED 为等体过程. BC、DA 过程分别向外界放热 30 J、50 J，图中 $EBCE$ 所围成的面积为 110 J，$EDAE$ 所围成的面积为 20 J. 求：

（1）经历一次循环，系统对外所做的净功；

（2）在 CED 过程中，系统内能的增量.

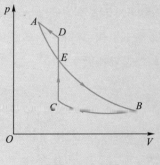

习题 15-31 图

15-32 如图所示,绝热容器中间被一隔板等分为两部分,其中左边储有 1 mol 某种理想气体,另一边为真空,现把隔板拉开,求气体膨胀后的熵变.

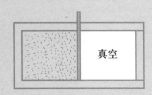

真空

习题 15-32 图

15-33 有 2 mol 的理想气体,经过可逆的等压过程,体积从 V_0 膨胀到 $3V_0$. 求在这一过程中的熵变. 提示:设想气体从初态到末态是先沿等温曲线,然后沿绝热曲线(在这个过程中熵没有变化)进行的.

15-34 1 mol 双原子分子理想气体的状态变化如图所示,其中 $1\rightarrow3$ 为等温过程,$1\rightarrow4$ 为绝热过程. 试分别由下列三种过程计算气体的熵的变化 $\Delta S = S_3 - S_1$:

(1) $1\rightarrow2\rightarrow3$;

(2) $1\rightarrow3$;

(3) $1\rightarrow4\rightarrow3$.

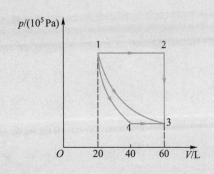

习题 15-34 图

第十六章　波　动　光　学

光是我们最熟悉的自然现象之一. 光学(optics)和天文学、几何学、力学一样,是物理学中发展最早的学科之一. 然而,在漫长的岁月中,人们的光学知识仅局限在对一些与视觉有关的自然现象和简单成像规律的了解上. 随着天文学和解剖学的发展,在研究、制造光学仪器的过程中,17 世纪上半叶,逐步形成了以光线为基础,用几何学的方法来研究光在透明介质中传播规律的几何光学(geometrical optics). 但是,几何光学未触及"光是什么"这个至今仍然充满魅力的问题. 17 世纪,以牛顿为代表的一些学者认为光是微粒,而以惠更斯(C. Huygens)为代表的另一些学者则认为光是机械振动,它在一种称为"以太"的特殊介质中的波动. 这两种观点在解释光的折射现象时发生了严重的对立:"微粒说"认为光在水中的传播速度大于空气中的传播速度,而"波动说"则持截然相反的观点. 然而占据主流地位的是"微粒说". 从 19 世纪初开始,光的波动说逐步得以确立:1801 年,托马斯·杨(T. Young)用干涉原理,解释了阳光下薄膜的颜色,设计实验并首次测定了光的波长. 以后又经过马吕斯(E. L. Malus)、菲涅耳(A. J. Fresnel)、阿拉戈(D. Arago)、泊松(S. D. Poisson)、傅科(L. Foucault)等人前后近 50 年的研究,肯定了光的机械波动说. 1860 年前后,麦克斯韦(J. C. Maxwell)的电磁波动方程预言了光是一种电磁横波,并由 1888 年赫兹(H. R. Hertz)的实验所证实,由此确立了光的电磁理论,形成波动光学(wave optics).

波动光学以麦克斯韦电磁场理论为基础,完美地描述了光在干涉、衍射、偏振、双折射等现象中所遵循的规律,向人们揭示了光具有波动性的一面.

19 世纪末 20 世纪初,人们发现光的电磁波动理论解释不了黑体辐射(blackbody radiation)、光电效应(photoelectric effect)和原子光谱等问题. 1900 年,普朗克(M. Planck)提出物质体系在与电磁场交换能量过程中的量子化假设,导出了黑体辐射定律. 1905 年,爱因斯坦(A. Einstein)进一步提出光在本质上是由光量子(光子,photon)组成的假设,进而成功地解释了光电效应和康普顿效应等问题. 这些深入研究和大胆探索的成果,极大地深化了人们对光本性的认识:一方面,在与光的传播特性有关的一系列现象中,光表现出波动的本性;另一方面,在光与物质相互作用并产生能量和动量交换的过程中,又充分表现出分立的量子化(粒子性)特征. 这就是说,光具有波粒二象性. 现代自然科学已证明,自然界本质上是量子的,光也不例外. 从某种意义上说,支配着所有光学现象的理论是量子理论(quantum theory).

诞生于 20 世纪 60 年代的激光(laser)是量子理论产物,它的出现使光学领域发生了翻天覆地的变化. 不断涌现的物理新现象、新效应使人们对光的量子特性有了更深刻的认识,量子光学(quantum optics)因而获得异常迅速的发展. 与此同时,诸如激光生物、激光化学、激光医学等交叉学科也应运而生. 历史悠久的光学学科由此掀开了新的更加绚丽的一页.

本章仅讨论波动光学中的一些基本现象及规律,主要包括光的干涉、光的衍射及光的偏振等内容.

16-1 光的相干性

一、光的电磁理论

19 世纪 60 年代,麦克斯韦电磁场理论证实了光是一种电磁波. 能引起人眼视觉的电磁波称为可见光(visible light). 实验表明,对人的视觉和光化学效应等起作用的主要是电场强度 E,我们把 E 称为光矢量. 一般认为可见光的波长在 400~760 nm,光振动频率的数量级为 10^{14} Hz. 不同波长的可见光引起的色觉不同,大致说来,波长与颜色的对应关系如表 16.1.1 所示.

表 16.1.1 可见光的波长　　(单位为 nm)

760	630	600	570	500	450	430	400
红	橙	黄	绿	青	蓝	紫

波长在 760 nm 到几毫米的电磁波叫红外线(infrared ray),在 400 nm 到几纳米的电磁波叫紫外线(ultraviolet ray). 从紫外线到红外线范围内的电磁波都是光学的研究对象,统称为光波(light wave). 只包含单一波长的光,称为单色光(monochromatic light),是一种理想化的光波.

电磁波是变化的电磁场在空间的传播,沿着 z 轴方向传播的单色平面电磁波可以表示为

$$E_x = E_0 \cos\left[\omega\left(t - \frac{z}{u}\right) + \varphi\right]$$

$$H_y = H_0 \cos\left[\omega\left(t - \frac{z}{u}\right) + \varphi\right]$$

式中 ω 是单色光波的角频率,u 是单色光波的相位在介质中的传播速率,

$$u = \frac{1}{\sqrt{\varepsilon\mu}} = \frac{c}{\sqrt{\varepsilon_r\mu_r}} \qquad (16.1.1)$$

式中 $c = \dfrac{1}{\sqrt{\varepsilon_0\mu_0}}$，是单色光波在真空中的传播速率，代入 $\varepsilon_0 = 8.854\ 2\times10^{-12}$ F·m^{-1} 和 $\mu_0 = 4\pi\times10^{-7}$ N·A^{-2} 后，即可得到，$c = 2.997\ 92\times10^8$ m·s^{-1}，通常取 $c = 3.0\times10^8$ m·s^{-1}.

对大多数介质而言，当光波不是很强时，近似有 $\mu_r \approx 1$，$\varepsilon_r > 1$，因而 $u \approx \dfrac{c}{\sqrt{\varepsilon_r}}$，折射率 n 可表示为

$$n = \frac{c}{u} \approx \sqrt{\varepsilon_r} \qquad (16.1.2)$$

折射率 n 与介质的电磁性质密切相关. 对均匀、各向同性介质，ε_r 是一确定的常量，因而 n 的数值也是一定的. 真空的折射率 $n = 1$，单色光波在介质中的波长 $\lambda_n = \dfrac{u}{\nu} = \dfrac{c}{n\nu} = \dfrac{\lambda}{n}$，$\lambda_n$ 小于在真空中的波长 λ.

二、光程

光波的相位在真空中以速度 c 传播，在折射率为 n 的介质中以速度 u 传播. 在相同的时间 Δt 内，光波在真空中和介质中经历的相位变化是相同的，但传播路程的长度是不同的. 为方便以后的讨论，有必要引进光程的概念.

由波动知识可知，一频率为 ν、真空中波长为 λ 的光波，在折射率为 n 的介质中传播路程为 s 时，其相位变化为 $\Delta\varphi = \dfrac{2\pi}{\lambda_n}s$. 由于 $\lambda_n = \dfrac{\lambda}{n}$，这个相位变化也可表示为

$$\Delta\varphi = \frac{2\pi}{\lambda}ns = \frac{2\pi}{\lambda}l$$

式中

$$l = ns \qquad (16.1.3)$$

我们把 l 称为光程(optical path),即光在介质中经历的几何路程 s 与介质折射率 n 的乘积.

为了理解光程的物理意义,可以把(16.1.3)式化为

$$l = c \frac{s}{u} = c\Delta t$$

显然,光在介质中传播的光程等于同一时间内光在真空中经历路程的长度.

三、光的相干性

干涉现象是一切波动所具有的共同特性. 光波也不例外,在光强不是很大时,叠加原理成立. 两束或两束以上这样的光波在空间相遇时,如果满足光的相干条件,在重叠区域会引起光强的重新分布,形成稳定的、明暗相间的条纹或者出现彩色. 这称为光的干涉现象,光波的这种叠加称为相干叠加. 肥皂泡和水面上的油膜,镀膜眼镜片和照相机镜头等在白光照射下呈现的色彩都是常见的光的干涉现象. 光的相干条件(interference condition)是:(1)频率相同;(2)存在平行的光振动分量;(3)在叠加点的相位差恒定. 满足相干条件的光波称为相干光波. 如果参与叠加的这两束光波不满足相干条件,在重叠区域就不会产生干涉现象,这称为非相干叠加. 比如普通光源发出的光波,通常很难产生干涉现象.

下面我们从两个光矢量的叠加来讨论光的相干叠加和非相干叠加的区别. 如图 16.1.1 所示,设在 S_1、S_2 处有相同相位的两束同频率的单色光波,传播到空间 P 点,引起的两个光振动矢量分别为 $\boldsymbol{E}_1$ 和 $\boldsymbol{E}_2$,其量值分别为

$$E_1 = E_{10}\cos(\omega t + \varphi_1)$$
$$E_2 = E_{20}\cos(\omega t + \varphi_2)$$

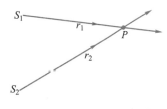

图 16.1.1　光的相干叠加

根据光矢量的叠加原理,在任意瞬时都有

$$E = E_1 + E_2$$

如果 E_1、E_2 的振动方向相同,或者,它们的振动方向虽不同,但有平行的分量 E_1 和 E_2,那么在此平行方向上,P 点光振动的合成仍然是简谐振动,可表示为

$$E = E_1 + E_2 = E_0 \cos(\omega t + \varphi)$$

式中

$$E_0 = \sqrt{E_{10}^2 + E_{20}^2 + 2E_{10}E_{20}\cos(\varphi_2 - \varphi_1)}$$

由于人眼或光探测仪器所能感光的时间 τ 都远大于光振动周期 T,实际可被观察或被接收到的是在时间 τ 内的平均光强 I(以后简称光强). 因此有

$$I \propto \overline{E_0^2} = \frac{1}{\tau}\int_0^\tau E_0^2 \mathrm{d}t$$

$$= E_{10}^2 + E_{20}^2 + 2E_{10}E_{20}\frac{1}{\tau}\int_0^\tau \cos(\varphi_2 - \varphi_1)\mathrm{d}t$$

即

$$I = I_1 + I_2 + 2\sqrt{I_1 I_2}\frac{1}{\tau}\int_0^\tau \cos\Delta\varphi \mathrm{d}t \qquad (16.1.4)$$

式中 $I_1 \propto E_{10}^2$,$I_2 \propto E_{20}^2$ 分别是两列光波单独在 P 点处的强度. $\Delta\varphi = \varphi_2 - \varphi_1$,是两列光波在 P 点处光振动的相位差.

显然,P 点处的光强不是两个光强的简单相加,第三项

$$\frac{1}{\tau}\int_0^\tau \cos\Delta\varphi \mathrm{d}t = \overline{\cos\Delta\varphi}$$

起着决定的作用,称为干涉项.

1. 相干叠加

如果 P 点处的 $\Delta\varphi$ 恒定,不随 t 变化,那么这两列光波满足相干条件,称为相干光波. 干涉项为

$$\overline{\cos\Delta\varphi} = \cos\Delta\varphi$$

则(16.1.4)式为

$$I = I_1 + I_2 + 2\sqrt{I_1 I_2}\cos\Delta\varphi \qquad (16.1.5)$$

在两列光波相遇区域内的光强,有稳定的非均匀分布,产生光的干涉现象,空间各点处的明暗情况决定于两相干光波在各点的相位差 $\Delta\varphi$.

当 $I_1 = I_2$ 时,(16.1.5)式为

$$I = 4I_1 \cos^2 \frac{\Delta\varphi}{2}$$

在满足 $\Delta\varphi = \pm 2k\pi$(其中:$k = 0,1,2,\cdots$)的那些点,有

$$I = 4I_1 \propto (2E_{10})^2 \tag{16.1.6}$$

在这些点的光强特别强,为单个光波的光强的 4 倍,是干涉加强处.

在满足 $\Delta\varphi = \pm(2k+1)\pi$(其中:$k = 0,1,2,\cdots$)的那些点上,显然有光强 $I = 0$,这些点是干涉减弱处.

2. 非相干叠加

如果 $\Delta\varphi$ 在时间 τ 内等概率地分布在$(0,2\pi)$之间,那么干涉项

$$\overline{\cos \Delta\varphi} = 0$$

我们称这两列光波为非相干叠加.由(16.1.4)式可知,两列光波在相遇区域内非相干叠加时的光强

$$I = I_1 + I_2 \tag{16.1.7}$$

是每列光波的光强 I_1 和 I_2 的代数和,在相遇区域内光强均匀分布,不出现光的干涉现象.

在 $I_1 = I_2$ 时,(16.1.7)式也可表示为

$$I = 2I_1 \propto 2E_{10}^2 \tag{16.1.8}$$

所以,对于光波来说,能否产生干涉,除了必须满足条件:频率相同和存在平行的光振动分量外,最需要着重关注的是:在叠加点的相位差 $\Delta\varphi$ 的稳定性,它涉及两个问题:普通光源的发光机制和光探测器的响应时间 τ.

四、普通光源发光微观机制的特点

　　光波的振源是原子或分子等微观客体. 按照量子理论, 微观客体的发光过程有两种机制: 自发辐射和受激辐射. 普通光源(非激光光源)以自发辐射(spontaneous radiation)为主, 即: 处在较高激发态的微观客体自发地向低能态或基态跃迁, 同时产生光辐射, 即发射一个光波列. 由于微观客体在高能态(非亚稳态)的平均逗留时间(寿命)很短, 小于 10^{-8} s, 又由于自发辐射是一个不受外界因素影响的随机过程, 因此, 普通光源发光具有以下两个显著特点:

　　1. 间歇性

　　处于激发态的原子何时发生跃迁是完全随机的, 每次跃迁发光所持续时间 Δt 的数量级不会大于 10^{-8} s. 因此, 就每个原子而言, 其辐射的光波列是断断续续的, 此谓间歇性. 每次辐射的光波列的长度 $L = c\Delta t$ 很短.

　　2. 随机性

　　每个原子或分子先后发射的不同光波列, 以及不同原子或分子发射的各个光波列, 彼此之间在振动方向和初相位上没有任何联系, 此谓随机性.

　　根据普通光源发光的特点, 为了对干涉项有进一步了解, 我们可作个估算: 将人眼作为光探测器的话, 响应时间 τ 约为 10^{-1} s, 在这段时间内, 一个原子可发出约 10^7 个光波列. 假定它们都是同频率、同方向振动的, 而我们观测任意两个光源(或同光源的两个不同部分)的光波在叠加点 P 的相位差 $\Delta\varphi$, 其变化完全无规则, 等概率地分布在 $(0, 2\pi)$, $\cos\Delta\varphi$ 的数值在 $[-1,1]$ 之间迅速变化着, 不可能有固定值. 人眼或仪器所记录到的在 τ 内的平均值 $\overline{\cos\Delta\varphi}$ 只能为零, 即 $\overline{\cos\Delta\varphi} = 0$. 所以说, 这两个光波是不相干的. 当然, 如果光源发出的光波列较长, 而光探测器的响应时间又相对较短, 那么也可以记录到这两个独立光波的干涉图样, 比如激光.

　　所以,在研究光的干涉现象中,要产生光波的相干叠加,其条件较之机械波或无线电波要苛刻得多,必须设法使光波之间有稳定的相位差. 为此,人们设计了各种光的干涉装置,主要的方法是将同一光源发出的光束分成两支(或多支),然后使这些光束经过不同的光程后再相遇产生干涉. 从同一个光束分离出几个光束的方法一般有**分波面干涉法**(interference by division of wavefront)和**分振幅**干涉法(interference by division of amplitude)两种.

16-2　双缝干涉

一、杨氏双缝实验

　　1801 年,英国物理学家托马斯·杨(T. Young)用波的干涉原理,设计了光的干涉实验并首次成功地测定了光的波长. 这个实验理论意义重大,同时实验的设计既巧妙又简单.

 阅读材料　托马斯·杨

　　在图 16.2.1 的实验装置示意图中,单色平行光入射在垂直于纸面的狭缝 S 上,在与 S 平行的对称位置上,放置双狭缝 S_1 和 S_2,并在距离双狭缝为 D 处放置观察屏 E. 双狭缝 S_1 和 S_2 中心的间隔 d 很小,通常在毫米数量级以下,而 D 很大,为米的数量级,即 $D \gg d$. 由于 S_1 和 S_2 总是处在从 S 发出的同一个光波的波面上,因此 S_1 和 S_2 成为两个具有同初相位的单色线光源. 它们满足相干光的条件,发出的光波在空间叠加,形成光的干涉(interference)现象. 在观察屏 E 上可以观察到与狭缝平行的明暗相间的干涉条纹(interference fringe). 这就是杨氏双缝实验,它是通过分波面法来获得相干光的.

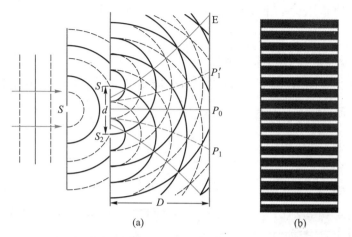

(a)   (b)

图 16.2.1 杨氏双缝实验

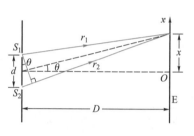

▤▸ 动画 杨氏双缝干涉

现在,我们分析在波长为 λ 的单色光垂直入射于双缝实验装置时,观察屏上明暗干涉条纹位置的分布. 设实验装置置于空气中,如图 16.2.2 所示,在观察屏上取坐标 x 轴向上为正方向,坐标原点 O 位于 S_1 和 S_2 的对称中心,P 为屏上距 O 点为 x 的任意一点. 由于 S_1 和 S_2 同相位,从它们发出光波的初相相同,不妨设为零. 两光波中到达 P 点的光线的光程分别为 r_1 和 r_2,光程差为

$$\delta = r_2 - r_1 \approx d\sin\theta \qquad (16.2.1)$$

图 16.2.2 双缝干涉原理图

由于 $d \ll D$,因此 θ 很小,所以

$$\sin\theta \approx \tan\theta = \frac{x}{D}$$

故有

$$\delta = r_2 - r_1 \approx \frac{xd}{D} \qquad (16.2.2)$$

根据波动理论,当光程差为波长的整数倍,即 $\delta = \dfrac{xd}{D} = \pm k\lambda$ 时,两光波在 P 点的合振动加强,屏上 P 点处出现干涉明条纹. 该明条纹的位置为

$$x = \pm k\frac{D}{d}\lambda, \quad k = 0, 1, 2, \cdots \qquad (16.2.3)$$

式中 k 称为**条纹的级次**. $k = 0$ 的明条纹称为零级明条纹或中央明条纹,对应的光程差为零,位于 $x = 0$ 处. 在其两侧对

称地依次分布有 $k=1,k=2,k=3,\cdots$ 各级明条纹.

当光程差为半波长的奇数倍,即 $\delta\approx\dfrac{xd}{D}=\pm(2k+1)\dfrac{\lambda}{2}$ 时,两光波在 P 点的合振动减弱,屏上 P 点处为干涉暗条纹. 该暗条纹的位置为

$$x=\pm(2k+1)\frac{D}{2d}\lambda, \quad k=0,1,2,\cdots$$

显然,在相邻两个明条纹之间分布有一个暗条纹.

相邻两明条纹(或暗条纹)的级次差 $\Delta k=1$,在屏上的间距都是

$$\Delta x=\frac{D}{d}\lambda \qquad (16.2.4)$$

可见,屏上相邻两明条纹(或暗条纹)是等间隔分布的.

当白光(复色光)垂直入射于双缝实验装置时,在屏上的对称中心 $x=0$ 处,各波长光波的光程差都为零,是各自的中央明条纹的中心. 该处不同波长的光强之间,因非相干叠加仍为白色. 在其两侧,由于相邻明条纹的间隔正比于波长而对称地按波长排列成光谱.

例 16.2.1

一束单色光照射到相距为 0.2 mm 的双缝上,双缝与屏幕的垂直距离为 0.8 m.
(1) 从第一级明条纹到同侧第四级明条纹间的距离为 7.5 mm,求该单色光的波长;
(2) 若入射光的波长为 600 nm,求相邻两明条纹间的距离.

解 (1) 根据双缝干涉明条纹的条件

$$x=\pm k\frac{D}{d}\lambda$$

取同一侧的第一级和第四级明条纹,即 $k=1$ 和 $k=4$ 代入上式,得

$$\Delta x_{4,1}=x_4-x_1=(4-1)\frac{D}{d}\lambda$$

$$\lambda=\frac{\Delta x_{4,1}d}{3D}=\frac{7.5\times10^{-3}\times0.2\times10^{-3}}{3\times0.8}\text{ m}$$

$$=6.25\times10^{-7}\text{ m}=625\text{ nm}$$

(2) 当 $\lambda=600$ nm 时,相邻两明条纹间的距离为

$$\Delta x=\frac{D}{d}\lambda=\frac{0.8\times600\times10^{-9}}{0.2\times10^{-3}}\text{ m}=2.4\times10^{-3}\text{ m}$$

例 16.2.2

在杨氏双缝实验中,当用白光(400~760 nm)垂直入射时,在屏上会形成彩色光谱,试问哪几级彩色光谱不会发生重叠?

解 由白光的波长范围可知,这是可见光. 设 $\lambda_1 = 400$ nm, $\lambda_2 = 760$ nm.

在杨氏双缝实验中,观察屏上明条纹的位置满足

$$x = \pm k \frac{D}{d} \lambda, \quad k = 0, 1, 2, \cdots$$

$x = 0$,对应各波长 $k = 0$ 的中央明条纹中心,为白色. 在其两侧对称地排列有从紫色到红色的各级可见光光谱.

在屏上中央明条纹的一侧,如果从 O 点到第 $(k+1)$ 级最短波长 λ_1 的明条纹的距离,恰大于第 k 级最长波长($\lambda_2 = \lambda_1 + \Delta\lambda$)的明条纹距离时,第 k 级光谱是独立的. 所以,不发生光谱重叠的级次 k 应满足的光程差是

$$\delta = (k+1)\lambda_1 \geqslant k\lambda_2 = k(\lambda_1 + \Delta\lambda)$$

即

$$k \leqslant \frac{\lambda_1}{\Delta\lambda} = \frac{400}{760 - 400} \approx 1.1$$

所以,可见光入射于杨氏双缝时,只有第一级光谱是独立的,第二级光谱与第三级光谱发生重叠.

设第二级光谱中与第三级的最短波长 λ_1(紫光)发生重叠的波长为 λ',则屏上开始发生光谱重叠的 P 点处应满足的光程差是

$$\delta = 2\lambda' = 3\lambda_1$$

得

$$\lambda' = \frac{3 \times 400}{2} \text{ nm} = 600 \text{ nm}$$

二、劳埃德镜

如图 16.2.3 所示,一狭缝光源 S 和一块下表面涂黑的平板玻璃 MN,构成了著名的劳埃德镜实验(interference experiment of Lloyd's mirror)装置. 狭缝光源 S_1 距平板玻璃的 M 端很远但又很接近玻璃板平面. S_1 发出的光线,一部分直接入射到屏幕 E 上,另一部分则以接近 90° 的角度掠射到平板玻璃 MN 表面,并被反射到屏幕 E 上. 反射光实际来自狭缝光源 S_1,却好像是从 S_2 发出的,它是 S_1 的虚像. 所

以，入射于屏幕上的这两部分光始终来自同一光源的同一波面，是由分波面法得到的相干光.因此在屏幕上这两束光的重叠区域内会出现明暗相间的干涉条纹.

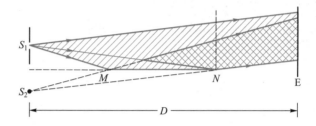

图 16.2.3　劳埃德镜

劳埃德镜实验揭示了光在介质（玻璃）表面反射时的一个重要特征.S_1 和 S_2 相对反射面 MN 对称分布，若取它们的间隔为 d，到观察屏幕的距离为 D，则由图可见，劳埃德镜实验装置的光路与杨氏双缝实验的完全相同，在屏幕上两光束的重叠区域内干涉条纹的分布也应该相同.当把屏幕 E 平移到紧靠镜面的 N 点时，接触点处似乎应该是光程差为零的中央明条纹中心.然而，实验事实与此相反，是一个暗条纹，其他条纹的明暗情况也都与杨氏双缝实验的相反.这表明两相干光波在 N 点处的光振动反相叠加，相位差为π，在其他条纹处两光振动的相位差也都附加了π.分析这一变化的原因，必然是在反射过程中发生的，严格的理论作出了与实验结果相符的解释：光作为电磁波，以接近 90°或 0°的入射角从光疏介质入射于光密介质表面（掠射或垂直入射）并反射时，在界面上反射波的振动相位相对入射波会发生π 的相位突变，相当于光波多走（或少走）了半个波长的距离.这称为半波损失（half wave loss）现象.根据（16.2.2）式，屏上 P 点的光程差应附加这一项，我们约定因"半波损失"而附加的这一额外光程差用 $+\dfrac{\lambda}{2}$ 表示，所以

$$\delta = r_2 - r_1 + \frac{\lambda}{2} \approx \frac{xd}{D} + \frac{\lambda}{2}$$

劳埃德镜实验的干涉条纹分布，除与杨氏双缝实验的

明暗相反外,另一区别是它只分布于 N 的一侧,而杨氏双缝实验的条纹则对称地分布在 O 的两侧.

例 16.2.3

如图 16.2.4 所示,一射电望远镜的天线设在湖岸上,距湖面高度为 h. 对岸地平线上方有一颗恒星正在升起,发出波长为 λ 的电磁波. 当天线第一次接收到电磁波的一个极大强度时,恒星的方位与湖面所成的角度 θ 为多大?

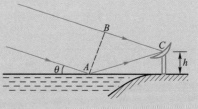

图 16.2.4 例 16.2.3 图

解 天线接收到的电磁波一部分直接来自恒星,另一部分经湖面反射,这两部分电磁波满足相干条件,天线接收到的极大强度是它们干涉的结果. 所以,我们可以用类似劳埃德镜的方法进行分析.

设电磁波在湖面上 A 点反射,由图可知,$AB \perp BC$. 这两束相干电磁波的光程差为

$$\delta = AC - BC + \frac{\lambda}{2}$$

$$= AC(1-\cos 2\theta) + \frac{\lambda}{2}$$

式中 $\frac{\lambda}{2}$ 是湖面反射时附加的额外光程差. 干涉极大时,光程差为波长的整数倍 即

$$AC(1-\cos 2\theta) + \frac{\lambda}{2} = k\lambda$$

上式可改写为

$$2AC\sin^2\theta = (2k-1)\frac{\lambda}{2}$$

利用几何关系

$$AC\sin\theta = h$$

取 $k=1$,可得

$$\theta = \arcsin\left(\frac{\lambda}{4h}\right)$$

16-3 薄膜干涉

一、薄膜干涉

在日光照射下肥皂泡所闪现的斑斓色彩、水面上油膜所

呈现的彩色条纹,都是薄膜在光照下产生的干涉现象,称为薄膜干涉(thin-film interference).各种薄膜的表面形状不同,光照方式也各不相同,因此,薄膜干涉的现象丰富多样.

我们先从图 16.3.1 分析薄膜干涉现象的规律.设折射率为 n_2,上下表面平行,厚度为 e 的薄膜处在折射率为 n_1 的均匀介质中,并设 $n_2>n_1$. 一束单色光以入射角 i 投射到薄膜上,其光能的一部分被反射,成为反射光线 1,另一部分折射入薄膜内,在膜的下表面反射,再经上表面折射回介质 n_1 中,成为反射光线 2.当薄膜的厚度 e 很小时,反射光线 1 和 2 都可认为是来自同一个入射光波列,因而满足相干条件,它们相遇时即可产生干涉现象.由于反射光的能量来自入射光,而能流正比于光振动振幅的平方,所以在薄膜干涉中,相干光的获得方法属分振幅法,也称分振幅干涉.

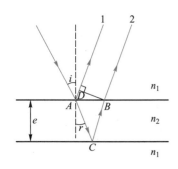

图 16.3.1 薄膜干涉

薄膜的两表面平行时,光线 1 和 2 也相互平行,利用透镜可使它们在透镜的焦平面会聚而相干.根据图 16.3.1 可以得出它们的光程差.因为 $DB \perp AD$,光线 1 和 2 自 DB 面以后至无限远的光程相等,所以光程差的计算应从入射光束在 A 点"一分为二"开始,到 DB 面为止.光线 2 在薄膜中的光程为 $n_2(AC+CB)$,光线 1 在路径 AD 上的光程为 n_1AD,记这部分光程差为 δ_0,有

$$\delta_0 = n_2(AC+CB) - n_1AD \qquad (16.3.1)$$

在 $n_2>n_1$ 的情况下,光线 1 是由光疏介质 n_1 向光密介质 n_2 入射而被反射的,在接近垂直入射或掠射时的反射光会发生半波损失,而光线 2 则是在薄膜的下表面,由光密介质 n_2 向光疏介质 n_1 入射而被反射回 n_2 的,在反射时不发生半波损失.因此在这两条光线的光程差中需添加一项因反射产生半波损失而引起的额外光程差,记为 δ',在图 16.3.1 的情况下

$$\delta' = \frac{\lambda}{2}$$

所以,光线 1 和 2 自 A 点分开到无限远相遇处的光程差为

$$\delta = \delta_0 + \delta' \qquad (16.3.2)$$

根据图 16.3.1 所示的几何关系,可有

$$AC = CB = \frac{e}{\cos r}, \qquad AD = AB\sin i = 2e\tan r\sin i$$

代入(16.3.1)式,并利用折射定律 $n_1 \sin i = n_2 \sin r$ 可得

$$\delta_0 = \frac{2n_2 e}{\cos r} - 2en_1 \tan r\sin i$$

$$= \frac{2n_2 e}{\cos r}(1 - \sin^2 r)$$

$$= 2n_2 e\cos r = 2e\sqrt{n_2^2 - n_1^2 \sin^2 i}$$

所以,光线 1 和 2 的光程差为

$$\delta = 2e\sqrt{n_2^2 - n_1^2 \sin^2 i} + \frac{\lambda}{2} \qquad (16.3.3)$$

(16.3.3)式是我们讨论薄膜干涉光程差的重要关系式.

当光程差 δ 是波长 λ 的整数倍,即

$$\delta = 2e\sqrt{n_2^2 - n_1^2 \sin^2 i} + \frac{\lambda}{2} = k\lambda, \quad k = 1,2,3,\cdots \quad (16.3.4)$$

时,反射光干涉加强,k 为干涉加强的级次.

当光程差 δ 是半波长 $\frac{\lambda}{2}$ 的奇数倍,即

$$\delta = 2e\sqrt{n_2^2 - n_1^2 \sin^2 i} + \frac{\lambda}{2} = (2k+1)\frac{\lambda}{2}, \quad k = 0,1,2,\cdots$$
$$(16.3.5)$$

时,反射光干涉减弱,k 为干涉减弱的级次.

同样的分析也适用于透射光的干涉情况. 如图 16.3.2 所示,透射光束在 A' 点被"一分为二",形成相干的透射光束 $1', 2', 3', \cdots$. 光线 $1'$ 和 $2'$ 间的光程差为

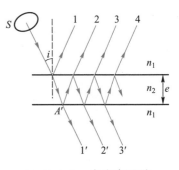

图 16.3.2 多光束干涉

$$\delta = 2e\sqrt{n_2^2 - n_1^2 \sin^2 i}$$

式中不出现额外光程差 $\frac{\lambda}{2}$,或者说 $\delta' = 0$,是由于光线 $1'$ 未经反射过程,而光线 $2'$ 在下、上界面的两次反射都由光密介

质向光疏介质入射而被反射,最后透射而成,在反射过程中不发生相位 π 突变的缘故. 当透射光的光程差 δ 是波长 λ 的整数倍时,透射光干涉加强;而当透射光的光程差 δ 是半波长的奇数倍时,透射光干涉减弱. 对照(16.3.4)式和(16.3.5)式可知,透射光的干涉和反射光的干涉是互补的. 这就是说,一束光入射于薄膜时,若在反射光中是干涉减弱的,则必然在透射光中因干涉而加强,反之亦然. 这是能量守恒定律在光的干涉现象中的必然表现.

严格地说,一个入射光束在薄膜内可以相继多次发生反射和折射,如图 16.3.2 中所表示的那样,应当考虑多束反射光或折(透)射光间的干涉. 但在上述讨论中我们仅考虑了两个光束间的干涉,这是为什么呢? 理论和实验表明:当两种介质的折射率之差 $\Delta n = (n_2 - n_1)$ 越大时,在其界面的反射光就越强,反之则越小. 比如钻石的折射率为 $n_2 = 2.40$,在空气中看起来闪闪发光($\Delta n = 1.40$),而普通玻璃的折射率为 $n_2 = 1.50$,看起来较钻石逊色得多($\Delta n = 0.50$),水中($n_1 = 1.33$)的普通玻璃则更难看得清($\Delta n = 0.17$). 对于空气中的单层膜,以图 16.3.2 为例,设 $n_2 = 1.50$、$n_1 = 1.00$,在单色平行光垂直入射时,反射光线 1 的光能流约占入射光能流的 4%,光线 2 约占 3.7%,而光线 3 经过了二次折射和三次反射,仅占 0.006% 左右,以后的光线 4,5,… 则更小. 所以,在通常情况下,薄膜干涉主要考虑 1 和 2 两束光的干涉,并且近似认为它们的光强相等. 当然,如果采取适当措施,增大薄膜上下表面的反射能力,就必须考虑强度彼此近似相等的多光束间的干涉.

二、等厚干涉

1. 劈形膜

现在考察一个厚度不均匀,折射率为 n_2 的薄膜,置于

折射率为 n_1 的均匀介质中时的情况. 设薄膜的两个表面是光学平面,两平面间的夹角 θ 非常小,如图 16.3.3 所示,这样的薄膜称劈形膜(简称劈尖). 在如图 16.3.4 所示的装置中,当单色平行光束垂直向下入射于劈形膜时,在膜的上下表面的反射光可以满足相干条件. 由于 θ 很小,两反射光束在劈形膜的上表面附近相遇,可以用助视仪比如显微镜来观察所形成干涉条纹. 用 e 表示上下两反射点处劈形膜的平均厚度,由(16.3.3)式可知,在 λ 一定,$i \approx 0$ 时,两束相干的反射光在相遇处的光程差只决定于该外薄膜的厚度 e,为

$$\delta = 2en_2 + \frac{\lambda}{2} \qquad (16.3.6)$$

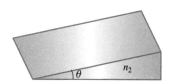

图 16.3.3 劈形膜

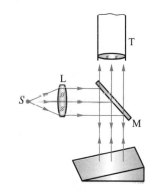

图 16.3.4 劈形膜干涉

式中的 $\frac{\lambda}{2}$ 是两反射光线之一在反射时因产生半波损失而附加的额外光程差.

当反射光的光程差 δ 是波长 λ 的整数倍,即

$$\delta = 2en_2 + \frac{\lambda}{2} = k\lambda, \quad k = 1,2,\cdots \qquad (16.3.7)$$

时,形成第 k 级干涉明条纹.

当反射光的光程差 δ 是半波长 $\frac{\lambda}{2}$ 的奇数倍,即

$$\delta = 2en_2 + \frac{\lambda}{2} = (2k+1)\frac{\lambda}{2}, \quad k = 0,1,2,\cdots \qquad (16.3.8)$$

时,形成第 k 级干涉暗条纹.

显然,每一级次的明(暗)条纹都与劈形膜在该条纹处的厚度 e 相联系,在劈形膜的相同厚度处有相同的光程差,它们的轨迹对应同一个干涉条纹,这种条纹称为等厚干涉(equal thickness interference)条纹.

劈形膜两个表面相交的直线称为棱边,形成于劈形膜表面附近的等厚干涉条纹是一些与棱边平行的明暗相间的直条纹,如图 16.3.5 所示. 棱边处 $e = 0$,其光程差为 $\frac{\lambda}{2}$,满足

动画 劈尖干涉

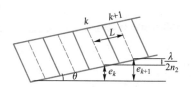

图 16.3.5 劈形膜干涉条纹

（16.3.8）式. 可见，半波损失使棱边处成为零级暗条纹. 随着 e 增加依次排列有一级明条纹、一级暗条纹、二级明条纹、二级暗条纹……

相邻两个明条纹（或暗条纹）的级次差 $\Delta k = 1$，由（16.3.7）式或（16.3.8）式很容易得到相邻两个明条纹（或暗条纹）所对应的膜的厚度差为

$$\Delta e = e_{k+1} - e_k = \frac{\lambda}{2n_2} \qquad (16.3.9)$$

由于劈尖夹角 θ 很小，由图 16.3.5 可得到相邻两个明条纹（或暗条纹）的间距 L 为

$$L = \frac{\lambda}{2n_2 \sin \theta} \approx \frac{\lambda}{2n_2 \theta} \qquad (16.3.10)$$

从上式可知，对于一定波长的入射光，条纹间距与 θ 成反比. θ 越小，条纹分布越疏；θ 越大，则条纹分布越密.

θ 一定时，条纹间距与波长 λ 成正比. 在平行白光入射情况下，由于各波长相邻明条纹的间距不同，因此将呈现彩色的等厚条纹.

如图 16.3.6 所示，两块玻璃平板，使其一端叠合，另一端夹一纸片所形成的间隙相当于厚度不均匀的空气薄膜称空气劈尖，同样可以形成等厚干涉条纹，膜的折射率 $n_2 = 1$. 应该注意，光在一块玻璃板的两个表面虽然也都有反射，然而却不能观察到它们的干涉现象，这是由于光程差已超过了普通光源发射光波列长度的缘故. 所以，在普通窗玻璃上通常是不会出现干涉现象的.

利用等厚干涉原理可以检测加工件表面的平整程度. 比如在凹凸不平的玻璃板上放一块光学平板玻璃块，根据所显示的等厚干涉条纹的分布和间距，能够判断出加工件的表面形状以及表面凹凸缺陷.

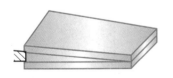

图 16.3.6 空气劈尖

例 16.3.1

一折射率 $n = 1.50$ 的玻璃劈尖,夹角 $\theta = 10^{-4}$ rad,放在空气中,当用单色平行光垂直照射时,测得相邻两明条纹间距为 0.20 cm,

(1)求此单色光的波长;

(2)设此劈尖长 4.00 cm,则求总共出现几条明条纹.

解 (1)设入射光的波长为 λ. 由玻璃劈尖上相邻两级明条纹的间距 L 和它所对应玻璃层的高度差 Δe 的几何关系

$$\Delta e = L\sin\theta = \frac{\lambda}{2n_2}$$

得

$$\begin{aligned}
\lambda &= 2n_2 L\sin\theta \\
&= 2 \times 1.50 \times 0.20 \times 10^{-2} \times 10^{-4} \text{ m} \\
&= 6.00 \times 10^{-7} \text{ m} \\
&= 600 \text{ nm}
\end{aligned}$$

(2)由于玻璃劈尖处在空气中,在棱边处出现的是暗条纹. 设劈尖最高端的厚度为 h,则最高端处条纹的光程差为

$$\delta = 2n_2 h + \frac{\lambda}{2} = 2n_2 L\sin\theta + \frac{\lambda}{2}$$

假定该处为一暗条纹,则应满足

$$\delta = (2k+1)\frac{\lambda}{2}$$

得

$$\begin{aligned}
k &= \frac{2n_2 L\sin\theta}{\lambda} \\
&= \frac{2 \times 1.50 \times 4.00 \times 10^{-2} \times 10^{-4}}{600 \times 10^{-9}} \\
&= 20
\end{aligned}$$

级次 k 恰为 20 表明,在劈尖的最高端是一 $k = 20$ 的暗条纹中心. 因此在劈尖上共出现 20 个明条纹.

2. 牛顿环

图 16.3.7 表示由曲率半径为 R 的一个平凸透镜,放在一个光学平板玻璃上,两者之间形成厚度不均匀的空气薄膜. 当单色平行光垂直地射向平凸透镜时,可以形成一组等厚干涉条纹. 这些条纹都是以接触点为圆心的一系列的间距不等的同心圆环,称为**牛顿环**(Newton's ring).

在牛顿环装置中,空气薄膜的上表面是一曲面,但由于空气膜的厚度 $e \ll R$,我们仍可用(16.3.3)式来表示单色平行光垂直入射时反射光的光程差.

将 $n_2 = 1$,$i = 0$ 代入(16.3.3)式,当

$$\delta = 2e + \frac{\lambda}{2} = k\lambda, \quad k = 1, 2, \cdots \tag{16.3.11}$$

动画 牛顿环

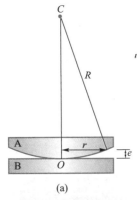

(a)

(b)

图 16.3.7 牛顿环

时出现明条纹;当

$$\delta = 2e + \frac{\lambda}{2} = (2k+1)\frac{\lambda}{2}, \quad k = 0,1,2,\cdots \quad (16.3.12)$$

时出现暗条纹.

由于在平凸透镜和平板玻璃的接触处 O 的空气膜厚为零,其光程差产生于下表面反射光的半波损失,所以在反射光中,牛顿环中心是一个暗斑. 由中心往边缘,膜厚的增加越来越快,因而牛顿环的分布也就越来越密.

利用图 16.3.7(a)可计算出牛顿环的半径 r. 由几何关系可知,

$$r^2 = R^2 - (R-e)^2 = 2Re - e^2$$

由于 $R \gg e$,略去 e^2,所以

$$e \approx \frac{r^2}{2R}$$

将上式代入明暗纹条件(16.3.11)式和(16.3.12)式中,化简后得到在反射光中,牛顿环的明环和暗环的半径分别为

明环: $$r = \sqrt{\frac{(2k-1)R\lambda}{2}}, \quad k = 1,2,\cdots \quad (16.3.13)$$

暗环: $$r = \sqrt{kR\lambda}, \quad k = 0,1,2,\cdots \quad (16.3.14)$$

由于暗环较明环易于辨认,在实验中常利用暗环来测量透镜的曲率半径 R,但由于牛顿环中心是一个暗斑而非一个点,因此又难以准确测定某一级暗环的半径. 解决的方法是先测出某一级暗环的直径,记为 $d_k = 2r_k$,然后再测出由它往外数的第 m 级暗环的直径 $d_{k+m} = 2r_{k+m}$,便可由暗环表达式(16.3.14)得出 R 为

$$R = \frac{d_{k+m}^2 - d_k^2}{4m\lambda}$$

这样,只需测出两环的直径和它们的级次之差即可求出透镜的曲率半径,而不必知道某一级暗环的级次.

对确定的 R 和 λ,根据(16.3.14)式可知,暗环的级

次 k（自然数）正比于暗环半径 r_k 的平方，即 $k \propto r_k^2$. 在 $r-k$ 坐标系中这是一条抛物线，如图 16.3.8 所示. 因为相邻两条纹的级次差 $\Delta k = 1$，由曲线可判断牛顿环条纹的分布特征是：内疏外密的同心圆环条纹，内低外高的级次分布.

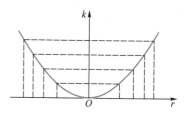

图 16.3.8 牛顿环的条纹位置

三、增反膜和增透膜

光学仪器通常含有多个折、反射面，比如照相机镜头一般有三个透镜构成，若不采取措施，6 个界面反射损失的光能流可占入射光能流的 30%. 因此在光学元件的表面往往镀有一层或多层透明薄膜，可消除反射以增强透射，这样的薄膜称增透膜（antireflecting film），或称减反射膜. 用来提高反射强度的一层或多层透明薄膜则被称为增反射膜或减透膜.

在实际应用中，通常要求近轴的入射光线，即近似以入射角 $i = 0$ 入射于薄膜. 当波长为 λ 的单色平行光垂直入射于厚度均匀的薄膜上时，反射光的光程差只决定于薄膜的厚度 e. 即

$$\delta = 2en_2 + \delta' \qquad (16.3.15)$$

式中的 δ' 需根据光在薄膜上下表面的反射情况而定.

1. 增反射膜

当反射光的光程差 δ 是波长 λ 的整数倍时，波长为 λ 的光反射加强，也即该波长的光透射减弱. 这样的均匀薄膜为增反射膜.

2. 增透膜

当反射光的光程差 δ 是半波长 $\dfrac{\lambda}{2}$ 的奇数倍时，波长为 λ 的光反射减弱，也即该波长的光透射加强. 这样的均匀薄膜为增透膜.

应该注意,厚度一定的增反射(透)膜并非对所有波长的光都能满足对反射光干涉加强或减弱条件的(16.3.4)式或(16.3.5)式;增反射(透)膜所表现的光的干涉现象并不表现为干涉条纹,而是随膜厚的变化,满足各级次的加强或减弱的 k 发生相应的变化,薄膜表面周期性地呈现出均匀变亮或变暗的现象.

例 16.3.2

照相机的透镜表面通常镀一层类似 MgF_2($n_2 = 1.38$)的透明介质薄膜,如图 16.3.9 所示,目的是利用光的干涉来降低玻璃表面的反射. 试问:为了使透镜在可见光中对人眼和感光物质最敏感的黄绿光(波长为 550 nm)产生极大的透射,薄膜应该镀多厚? 在可见光中哪些波长的光反射干涉加强?

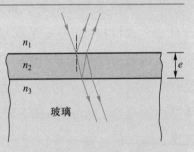

图 16.3.9 增反射(透)膜

解 设可见光正入射于 MgF_2 薄膜. 由于薄膜的折射率介于空气折射率与玻璃折射率之间,所以光在薄膜的上、下表面反射时都存在着半波损失,因此额外光程差 $\delta' = 0$.

反射光干涉减弱(即透射加强)

$$\delta = 2en_2 = (2k+1)\frac{\lambda}{2}, \quad k = 0, 1, 2, \cdots$$

取 $k = 0$,有

$$e_0 = \frac{\lambda}{4n_2} = \frac{550 \times 10^{-9}}{4 \times 1.38} \text{ m} \approx 99.6 \text{ nm}$$

取 $k = 1$,有

$$e_1 = \frac{3\lambda}{4n_2} = \frac{3 \times 550 \times 10^{-9}}{4 \times 1.38} \text{ m} \approx 298.9 \text{ nm}$$

取 $k = 2$,有

$$e_2 = \frac{5\lambda}{4n_2} = \frac{5 \times 550 \times 10^{-9}}{4 \times 1.38} \text{ m} \approx 498.2 \text{ nm}$$

……

可见,在反射光中使波长为 550 nm 的光干涉减弱的薄膜的最小厚度为 $\frac{\lambda}{4n_2}$,在膜厚为 $\frac{\lambda}{4n_2}$ 的奇数倍时也呈现干涉减弱现象,即随着薄膜厚度的增大,会周期性地在透射光中观察到黄绿光加强的现象.

对一定的膜厚,在反射光中干涉加强时应满足光程差条件

$$\delta = 2en_2 = k\lambda$$

可见光的波长范围为 $400 \sim 760$ nm,由

$$\lambda = \frac{1}{k}2en_2$$

可知:

$e_0 = 99.6$ nm 时,$2e_0n_2 = 274.90$ nm,反射加强的光波长在紫外线区域.

$e_1 = 298.9$ nm 时,$2e_1n_2 = 824.96$ nm,$k = 2$

时,$\lambda = 412.48$ nm(可见光区域,蓝紫光)

$e_2 = 498.2$ nm 时,$2e_2n_2 = 1\ 375.03$ nm,$k = 2$ 时,$\lambda = 687.52$ nm(可见光区域,橙红光)

$k = 3$ 时,$\lambda = 458.34$ nm(可见光区域,青蓝光)……

在反射光中加强的这些波长的光,与我们对着镜头所能看到的颜色大致是相符合的.

四、等倾干涉

📹 动画 薄膜的等倾干涉

当波长为 λ 的单色光以不同的角度入射于厚度均匀的薄膜时,从薄膜上下表面反射光的光程差,由(16.3.3)式可知,为

$$\delta = 2e\sqrt{n_2^2 - n_1^2 \sin^2 i} + \delta'$$

随入射角 i 而变化. 在这种情况下,凡入射的倾角相同的相干光线在相遇时的光程差都相同,对应同一个干涉结果,即对应同一个级次的干涉条纹,我们称这种干涉为 等倾干涉 (equal inclination interference).

在图 16.3.10 所示的等倾干涉实验装置中,从面光源上某一发光点,比如 S_1 发出的同心光束,透过与透镜主轴成 $45°$ 角设置的半透半反镜后,入射于薄膜上. 这些分布在同一锥面上的光线,在薄膜上有相同的入射角 i,入射点的轨迹是个圆. 它们从薄膜上下表面反射的光线成为相干光,再经半透半反镜反射后会聚于透镜像方焦平面. 这些相干光线与透镜主轴的夹角都是 i,到透镜焦平面上各会聚点的光程差都相同,所有会聚点在透镜焦平面上形成一个干涉圆条纹. 从 S_1 发出的以倾角为 i' 入射于薄膜的光线,则形成

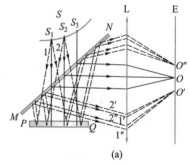

(a)

(b)

图 16.3.10 等倾干涉

另一个同心的干涉圆条纹,入射角与干涉条纹一一对应.所以,从 S_1 发出的同心光束在透镜焦平面上形成一套属于 S_1 的同心圆条纹,面光源上的其他发光点如 S_2、S_3、…在透镜焦平面上都形成各自的一套同心干涉圆条纹.各套干涉条纹之间虽然互不相干,但它们的位置完全重合.可见,在等倾干涉装置中用面光源可使干涉条纹更加清晰.

由图 16.3.10(b)可见,等倾干涉圆条纹是一组呈内疏外密分布的同心圆环.由(16.3.3)式可知,当薄膜厚度 e 和入射光波长一定时,在干涉圆条纹近中心处的入射角 i 小,对应的光程差大,其条纹的 k 值也大.所以,等倾干涉条纹级次分布的特点是内高外低.

以上讨论的是单色光的干涉情况,若是复色光照射,则干涉图样是彩色的.

五、 迈克耳孙干涉仪

阅读材料 迈克耳孙

迈克耳孙干涉仪(Michelson interferometer)是根据分振幅原理制成的精密测量仪器,由美国物理学家迈克耳孙于 1881 年研制成功,他在 1907 年因此而获得诺贝尔物理学奖.

迈克耳孙干涉仪的结构如图 16.3.11 所示.平面反射镜 M_1 和 M_2 安置在相互垂直的两臂上,M_1 固定不动,M_2 可沿臂轴方向用螺旋控制作微小移动.与一臂成 45°角安置有两块完全相同的平行平板玻璃 G_1 和 G_2.G_1 背面涂有半透半反膜,使入射光分成强度相等的透射光 1 和反射光 2,称为分束器(beam splitter).G_2 起补偿光程的作用,称补偿板.透射光束 1 被 M_1 反射后又被分束器反射,成为光线 1′,进入观察系统 E(人眼或其他观测仪器).M_1' 是 M_1 对 G_1 反射膜所成的虚像,光线 1′犹如反射自 M_1'.反射光 2 则被 M_2 反射后又经分束器透射,成为光线 2′,进入观察系统 E.所以,

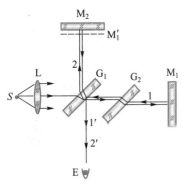

图 16.3.11 迈克耳孙干涉仪

1′和 2′是相干光,它们相遇时可以形成干涉现象.

补偿板 G_2 使分束后的光线 1 与光线 2 同样地前后两次通过平行平板玻璃,从而使光线 1′和 2′会聚时的光程差与 G_1 的厚度无关.

当 M_1 和 M_2 相互严格垂直时,M_1' 和 M_2 之间形成厚度均匀的空气膜,这时可以观察到等倾干涉现象;当 M_1 和 M_2 不严格垂直时,M_1' 和 M_2 之间形成空气劈尖,则可以观察到等厚干涉现象.

利用等厚干涉原理,用迈克耳孙干涉仪可精确测定微小位移量.当 M_2 的位置发生微小变化时,M_1' 和 M_2 之间的空气劈尖膜保持夹角不变,而厚度发生变化.在 E 处观测的视场中,可观察到等厚条纹的平移.当 M_2 的位置发生 $\dfrac{\lambda}{2}$ 的变化时,视场中某一刻度处移过一个明条纹(或一个暗条纹).当连续移过 N 个干涉条纹时,M_2 移动的距离为

$$d = N\frac{\lambda}{2} \tag{16.3.16}$$

由于光波的波长数量级是 10^{-7} m,因此用迈克耳孙干涉仪测定的长度,具有很高的精度.

迈克耳孙为检验"以太"是否存在而设计的干涉仪,是近代干涉仪的原型.现代干涉计量中所采用的光路,在原理上也常常采用迈克耳孙干涉仪的原理.

16-4 单缝衍射

一、惠更斯-菲涅耳原理

1. 光的衍射现象

衍射现象是一切波动的普遍特性,光波也不例外.当光

通过小孔、狭缝等障碍物的边缘时会出现偏离直线传播的现象,称为光的衍射(diffraction of light).

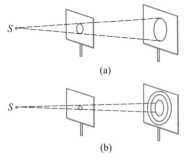

图 16.4.1 圆孔衍射

在图 16.4.1 中,使单色光照射到开有圆孔的障碍屏上,当圆孔的直径远大于光波波长时,在观察屏上呈现一个均匀的圆形光斑,缩小圆孔,光斑也相应缩小,如图 16.4.1(a)所示,此时光的直线传播规律成立. 但是,若把圆孔直径进一步缩小,直到可与光波波长相比拟时,将发现光斑不再缩小,反而变大,在其周围还出现一圈圈明暗相间的衍射条纹,如图 16.4.1(b)所示. 这说明,发生衍射现象时光的直线传播规律不再成立,因此几何光学的这一直线传播规律是在障碍物的尺度远大于光波波长时的一种近似.

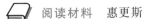

阅读材料 惠更斯

阅读材料 菲涅耳

在光学的发展史上,正是衍射问题使光的波动说开始挑战微粒说. 在法国科学院于 1818 年举办的关于光的衍射现象的有奖征答辩论中,年仅 30 岁的菲涅耳用创新了的惠更斯原理,圆满地解释了光在圆孔、狭缝等物体边缘的衍射现象,赢得了辩论的胜利,从而使光的波动说获得了认可.

2. 惠更斯-菲涅耳原理

菲涅耳吸取惠更斯的次波(子波)概念,根据叠加原理进一步发展了惠更斯原理,他认为:波阵面上每一个次波的振幅与传播方向有关,下一时刻空间某点的振动由各次波在该点引起振动的相干叠加所决定. 菲涅耳提出的次波相干叠加观点,不但对衍射问题给出了与实验相符的定量描述方法,更揭示了衍射现象的本质,被后人称为惠更斯-菲涅耳原理(Huygens-Fresnel principle).

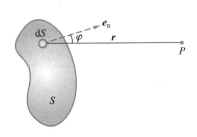

图 16.4.2 惠更斯-菲涅耳原理

如图 16.4.2 所示,S 是光波被障碍物阻挡后对空间 P 点"露出"的波前,菲涅耳认为:P 点的光振动 E,决定于 S 上所有次波在 P 点引起的光振动之间相互干涉的结果. 用 dE 表示 S 上面积元 dS 的次波在 P 点引起的光振动. 因 dS 很小,它的次波近似以球面波的形式传播. 设 dS 到 P 点的距离为 r,其法线方向 e_n 与 r 间的夹角为 φ,则 dE 的大小应

正比于 $\dfrac{\mathrm{d}S}{r}$,并与夹角 φ 有关,相位则取决于光程 nr(在空气中时 $n=1$). 所以,面积元 $\mathrm{d}S$ 在 P 点引起的光振动可以表示为

$$\mathrm{d}E = CK(\varphi)\frac{\mathrm{d}S}{r}\cos\left(\omega t - \frac{2\pi r}{\lambda}\right)$$

式中 C 为比例常量. $K(\varphi)$ 是为了说明次波不向后方传播而引入的与倾角 φ 有关的函数项,称**倾斜因子**. 菲涅耳认为, $K(\varphi)$ 应随倾角 φ 的增大而缓慢减小. $\varphi = 0$ 时, $K(\varphi) = 1$;当 $\varphi \geqslant \dfrac{\pi}{2}$ 时, $K(\varphi) = 0$,因而 $\mathrm{d}E = 0$.

动画 惠更斯原理

P 点的光振动 E 为 S 上所有次波在 P 点光振动的叠加,所以

$$E = \int_S \mathrm{d}E = C\int_S \frac{K(\varphi)}{r}\cos\left(\omega t - \frac{2\pi r}{\lambda}\right)\mathrm{d}S$$

阅读材料 夫琅禾费

上式称为**菲涅耳衍射积分公式**,这是菲涅耳赋予惠更斯原理的一个精确而普适的数学表达式. 对于具有对称性的障碍物,如圆孔、狭缝等,菲涅耳设计了一种巧妙而简单的求上述积分的**波带法**,可方便地得到与实验基本相符的结果. 我们将着重讨论波带法.

3. 菲涅耳衍射与夫琅禾费衍射

光的衍射问题通常可归纳为两种类型:其一,光源、光屏 E(观察屏)与衍射孔(障碍物)三者间的距离皆为有限远,或其中之一为有限远,这种类型的衍射称为**菲涅耳衍射**(Fresnel diffraction),如图 16.4.3(a)所示. 其二,光源、光屏 E 与衍射孔三者间的距离皆为无限远,或相当于无限远的衍射,这种类型的衍射称为**夫琅禾费衍射**(Fraunhofer diffraction),如图 16.4.3(b)所示. 夫琅禾费衍射装置可利用两个会聚透镜来实现,如图 16.4.3(c)所示. 本质上,这是个考虑平行光入射时,平行的衍射光之间的干涉问题. 我们的讨论将限于夫琅禾费衍射.

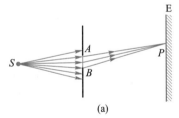

(a)

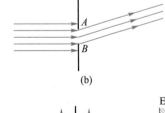

(b)

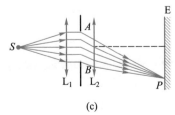

(c)

图 16.4.3 光的衍射的类型

二、夫琅禾费单缝衍射

如图 16.4.4 所示为夫琅禾费单缝衍射示意图. 单色光源 S 置于透镜 L_1 的物方焦点, 经透镜 L_1 成为平行光, 并垂直照射在宽度为 a 的单狭缝 AB 上. 通过狭缝后, 将发生衍射现象. 衍射光偏离缝面法线的倾角 φ 就是衍射角. 对观察屏 E 而言, 入射光被单缝屏阻挡后"露出"的波面是一宽度为 a 的"波带"AB. 根据惠更斯原理, 波带 AB 上的所有次波波源都向各个方向发射次波, 这就是衍射光波. 所有衍射角 φ 相同的衍射光线按理应在无限远处相遇, 但经透镜 L_2 后, 将会聚在置于其焦平面处的观察屏 E 上. 根据菲涅耳的思想, 波带 AB 上的所有次波波源都是相干波源, 且初相位相同(不妨设为零), 它们在 L_2 的焦平面上某处相遇时, 将发生干涉. 由于在相遇处所经历的光程各不相同, 因此在观察屏 E 上会形成平行于单缝的明暗相间的干涉条纹, 即衍射条纹.

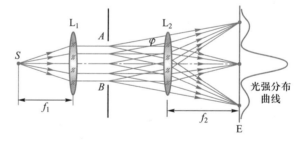

图 16.4.4　夫琅禾费单缝衍射

显然, 观察屏上 P 点的光振动决定于所有次波到达 P 点时的光程差. 如图 16.4.5 所示, 我们遵循菲涅耳的思路, 将波带 AB 分割成 N 条平行的窄波带, 每一窄波带的面积为 ΔS, 宽度为 $\dfrac{a}{N}$. 可见, 分割的窄波带数 N 越多, 则 ΔS 越小, 每一窄波带对 P 点光振动的贡献也就越小. 由于衍射现象总发生在缝宽 a 很小的情况下, 故衍射总光能较弱, 而其中的近 90% 集中在 L_2 的近轴区域. 为此, 我们考虑近轴的衍射光波,可设倾斜因子 $K(\varphi)=1$,即近似认为每个窄波带次波对 P 点的光振动贡献相同.

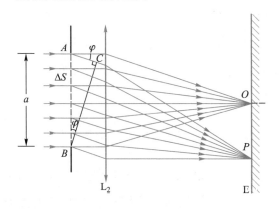

图 16.4.5 光程差

由于透镜 L_2 不产生附加的光程差,所有次波在 φ 方向上的衍射光线会聚在 P 点所对应的最大光程差是 AC. 由图 16.4.5 可知

$$\delta = AC = a\sin\varphi \qquad (16.4.1)$$

每一窄波带的边缘次波在 φ 方向衍射光线的光程差为

$$\frac{1}{N}a\sin\varphi$$

当这个光程差等于半波长,即当

$$\frac{1}{N}a\sin\varphi = \frac{\lambda}{2} \qquad (16.4.2)$$

时,每一个窄波带称为半波带(half-wave zone). 图 16.4.6 表示半波带数 $N=3$ 的情况.

显然,相邻两个半波带上的所有相对应位置上的次波,在 P 点的光程差都是 $\frac{\lambda}{2}$,相位差都为 π,比如图 16.4.6 中的 A 和 A_1,A_1 和 A_2 等,它们对 P 点的光振动合振幅为零.

当 AB 上所有次波在 φ 方向的最大光程差 δ 恰为半波长 $\frac{\lambda}{2}$ 的偶数倍时,单缝"露出"的波面 AB 被分成偶数个半波带,它们在观察屏上 P 点的光振动——干涉相消,总光强为零. 所以,当

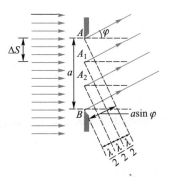

图 16.4.6 半波带

$$\delta = a\sin\varphi = \pm 2k\frac{\lambda}{2}, \quad k = 1,2,3,\cdots \quad (16.4.3)$$

时,观察屏上 P 点为单缝衍射光强的暗条纹中心. $k=1$,为第一级暗条纹,对应衍射角为 φ_1 时的波面 AB 可被分成 2 个半波带;$k=2$,为第二级暗条纹,对应衍射角为 φ_2 时的波面 AB 可被分成 4 个半波带……

当 φ 方向的最大光程差 δ 恰为半波长 $\frac{\lambda}{2}$ 的奇数倍时,AB 可被分成奇数个半波带,其中偶数个半波带对屏上 P 点的光振动——干涉相消,而剩下一个半波带的光振动形成了 P 点的明条纹. 所以,当

$$\delta = a\sin\varphi = \pm(2k+1)\frac{\lambda}{2}, \quad k = 1,2,3,\cdots \quad (16.4.4)$$

时,观察屏上 P 点为单缝衍射光强的明条纹中心,它是由那未被抵消的一个半波带上,连续分布的次波在 P 点的光振动所贡献的. $k=1$,为第一级明条纹,波面 AB 可被分成 3 个半波带;$k=2$,为第二级明条纹,波面 AB 对应有 5 个半波带……

可见,随着明条纹级次的增高,波面 AB 可被分成的半波带数随之增多,明条纹的光强将随着级次的增高、半波带面积的减小而减弱. 此外,随着级次的增高,衍射角 φ 也随之增大,而倾斜因子 $K(\varphi)$ 则变小,这更促使明条纹光强随级次增高而急剧地减弱.

当 $\varphi=0$,即 AB 上所有次波的衍射光线都平行于 L_2 的主轴传播,在 L_2 的焦平面上形成最大光强,对应中央明条纹的中心. 中央明条纹两侧,两个第一级暗条纹中心的间隔给出了中央明条纹的宽度范围,这里集中了近 90% 的衍射光能. 中央明条纹范围满足的光程差条件是

$$-\lambda < a\sin\varphi < \lambda \quad (16.4.5)$$

在近轴条件下,φ 很小

$$\sin\varphi \approx \varphi$$

第一级暗条纹的衍射角为

$$\varphi_{\pm 1} = \pm \frac{\lambda}{2}$$

中央明条纹的角宽度为

$$\Delta\varphi_0 = \varphi_1 - \varphi_{-1} = 2\frac{\lambda}{a} \qquad (16.4.6)$$

在观察屏上,中央明条纹的线宽度为

$$l_0 \approx f\Delta\varphi_0 = 2f\frac{\lambda}{a} \qquad (16.4.7)$$

式中 f 是 L_2 的像方焦距.

相邻两暗条纹中心(或明条纹中心)的角宽度为

$$\Delta\varphi = \varphi_{k+1} - \varphi_k = \frac{\lambda}{a} \qquad (16.4.8)$$

可见,中央明条纹的宽度是其他各级明条纹宽度的两倍.

对于观察屏上某一光强介于最大和最小之间的 P 点,由以上分析可知,它所对应的最大光程差 δ 显然不是半波长的整数倍.

单缝衍射光强的分布如图 16.4.7 所示,其特征是:中央明条纹最宽、最亮,两侧其他明条纹的光强迅速减弱.

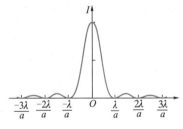

图 16.4.7　单缝衍射光强的分布

由(16.4.7)式可知,入射光波长 λ 一定时,单缝宽度 a 越小,中央明条纹越宽,衍射越显著. 反之,随着 a 的扩大,各级条纹将逐渐向中央明条纹靠近,当 $a \gg \lambda$ 时,密集得将无法分辨,只呈现中央明条纹,这就是被照亮的单缝通过透镜所成的几何像. 因此可以说,几何光学是波动光学在 $\frac{\lambda}{a} \rightarrow$ 0 时的极限.

当单缝宽度 a 一定而用白光入射时,衍射角 φ 正比于光波长,除中央明条纹中心因各色光非相干地重叠在一起仍为白色外,各级明条纹都以由紫到红的顺序向两侧对称排列,形成衍射光谱.

例 16.4.1

有一单缝,宽 $a = 0.10$ mm,在缝后放一焦距为 50 cm 的会聚透镜,用平行绿光($\lambda = 546.0$ nm)垂直照射单缝,求位于透镜焦面处的屏幕上的中央明条纹及第二级明条纹的宽度.

解　观察屏上明条纹的线宽度由相邻两级暗条纹中心的距离决定. 在观察屏上取坐标轴 Ox 向上为正,坐标原点在透镜焦点处. 设屏上第 k 级暗条纹的位置为 x.

由单缝夫琅禾费衍射暗条纹条件

$$a\sin\varphi = \pm k\lambda$$

因 φ 很小,

$$\sin\varphi \approx \tan\varphi = \frac{x}{f}$$

即

$$x_k = k\frac{f}{a}\lambda$$

$k = \pm 1$,得中央明条纹的宽度

$$\Delta x_0 = x_1 - x_{-1} = 2\frac{f}{a}\lambda = 5.46 \text{ mm}$$

类似可得屏上第 k 级明条纹的位置

$$x_k = \left(k+\frac{1}{2}\right)\frac{f}{a}\lambda$$

第 k 级明条纹宽度

$$\Delta x_k = x_{k+1} - x_k = \left[(k+1)+\frac{1}{2}\right]\frac{f}{a}\lambda - \left(k+\frac{1}{2}\right)\frac{f}{a}\lambda$$

$$= \frac{f}{a}\lambda$$

各级明条纹宽度 Δx_k 相等,与级次 k 无关.

所以,第二级明条纹宽度

$$\Delta x_2 = \frac{f}{a}\lambda = 2.73 \text{ mm}$$

中央明条纹的宽度是其他各级明条纹宽度的两倍,即 $\Delta x_0 = 2\Delta x_k$.

三、圆孔衍射和光学仪器的分辨本领

1. 夫琅禾费圆孔衍射

在夫琅禾费衍射装置中,如果用小圆孔替代单狭缝,在屏上将显示夫琅禾费圆孔衍射图样. 这是一组明暗相间的同心圆环、围绕着中央一个明亮的亮斑,如图 16.4.8 所示. 当圆孔直径 $d \gg \lambda$ 时,整个衍射图样向中心靠拢,缩成一个亮点,成为几何光学的像点. 圆孔衍射现象普遍存在于所有光学仪器中,比如照相机、望远镜、显微镜乃至人眼的瞳孔.

图 16.4.8　艾里斑

所有对光束波面有限制的孔径,都会产生衍射现象,必然影响光学仪器分辨物体细节的能力.

夫琅禾费圆孔衍射的中央亮斑,称为艾里斑(Airy disk).计算表明,艾里斑集中了全部衍射光能的84%,第一级亮环只占7%,其他亮环则更小.艾里斑的半角宽由第一暗环的衍射角给出,为

动画 圆孔的夫琅禾费衍射图样和光强分布曲线

$$\theta_0 = 1.22\frac{\lambda}{d} = 0.61\frac{\lambda}{r} \qquad (16.4.9)$$

式中 r 为小圆孔的半径.

艾里斑的半角宽 θ_0 与入射光波长 λ 成正比而与圆孔的直径 d 成反比.这表明,波长一定时,圆孔越小,则屏上的艾里斑越大;d 很大,则 $\theta_0 \to 0$,光线沿直线传播;孔径一定时,波长越短,则艾里斑越小.这也是衍射现象的普遍规律.

2. 光学仪器的分辨本领

来自远处两个物点的平行光线通过透镜时,透镜的边框相当于透光小圆孔边缘.由于衍射,在透镜的焦平面上会形成两个衍射斑,而不是两个清晰的像点.当两束平行光线通过人眼的瞳孔时,在视网膜上也同样会形成两个"亮团"即两个艾里斑.这两束衍射光即使频率相同也不相干,在它们重叠区域的合光强应遵循非相干叠加的规律,即由(16.1.7)式给出的 $I = I_1 + I_2$.

如图16.4.9(a)所示,当两个艾里斑中心对透镜光心张角 $\theta > \theta_0$ 时,它们在屏上合光强的极大和极小相差悬殊,很容易辨认出这是两个艾里斑;而当 $\theta < \theta_0$,在屏上的间距很小时,两个艾里斑合光强"合二为一"变得无法分辨,如图16.4.9(c)所示.在人眼的视网膜上,当合光强的两个极大处在相邻的两个视锥细胞上时,人眼可以分辨远处的两个物点;而当它们落在同一个视锥细胞上时,则只能认为是一个亮点.在明视距离(25 cm)处,两个相距0.1 mm的物点,在正常人眼视网膜上形成的两个艾里斑,其中心的间距约为5 μm,恰

好落在两个视锥细胞上,这时恰好为正常人眼所分辨.

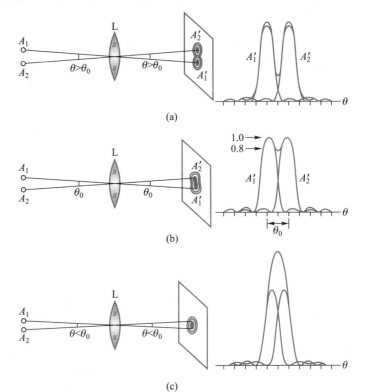

图 16.4.9 最小分辨角

动画 瑞利判据

两个离得很近的艾里斑恰能分辨的判据是由德国物理学家瑞利(Rayleigh)提出的:两个强度分布相同的艾里斑重叠后,如果一个艾里斑的中心刚好与另一个艾里斑边缘第一暗环的中心相重合,恰能分辨,这称为瑞利判据. 如图 16.4.9(b)所示,恰能分辨时合光强的极小(凹处)约为极大的 80%,大多数正常人眼刚能够分辨光强的这种差别. 恰能分辨时,两个不相干物点对透镜光心的张角 $\theta = \theta_0$,称最小分辨角(angle of minimum resolution),用 $\delta\theta$ 表示. 显然,

$$\delta\theta = 1.22 \frac{\lambda}{d} \qquad (16.4.10)$$

光学仪器分辨两个邻近不相干物点的能力,称光学仪器的分辨本领(resolving power)或分辨率. 用最小分辨角的倒数表示,

$$R \equiv \frac{1}{\delta\theta} = \frac{d}{1.22\lambda} \qquad (16.4.11)$$

上式表明,提高光学仪器分辨本领的有效途径是增大透镜的直径或采用较短的光波波长.

在天文观测中,为了减小望远镜的最小分辨角,即提高望远镜的分辨本领,必须加大其物镜的直径 D,这就是为什么天文望远镜的物镜直径设计得越来越大的原因. 由于大直径透镜制造困难,通常都采用反射式物镜.

显微镜用来观察放在物镜焦点附近的物体,它的分辨本领是以刚好可分辨的两个物点间的最小距离 δy 来衡量的. 按照瑞利判据,可以得出显微镜的最小分辨距离为

$$\delta y = \frac{0.61\lambda}{n\sin u} \qquad (16.4.12)$$

式中 n 是被观察物所在介质的折射率,u 是显微镜物镜半径对物点的张角.

可见,$n\sin u$ 越大,则 δy 越小,显微镜的分辨本领就越高. 通常把 $n\sin u$ 称为物镜的 **数值孔径**(numerical aperture),用 N.A. 表示,其数值标在显微镜的镜头上. 对于浸在油液里的物镜,其 $\frac{0.61}{\text{N.A.}}$ 值可小到 0.5,亦即可分辨的最小物距约为半个波长,比人眼直接观察明视距离处的两物点的分辨本领大 $10^2 \sim 10^3$ 倍.

由(16.4.12)式还可以看出,所利用的光的波长 λ 越短,则 δy 越小,显微镜的分辨本领也越高. 因此,利用波长只有 10^{-3} nm 的电子束,可以制成最小分辨距离 δy 达 10^{-1} nm的电子显微镜,它的放大倍数可达几万乃至几百万,而光学显微镜的放大率最高也只有 1 000 倍左右.

例 16.4.2

人眼瞳孔直径约为 3 mm. 在人眼最敏感的黄绿光 $\lambda = 550$ nm 照射下,人眼能分辨物体细节的最小分辨角是多大?教室的最后一排座位离黑板的距离为 15 m,坐在最后一排的人能看清黑板上间隔为 4.0 mm 的黄绿色的"等号"吗?

解　由(16.4.11)式可知,人眼可分辨两不相干物点的最小分辨角为

$$\delta\theta = 1.22\frac{\lambda}{d}$$

$$= 1.22\times\frac{550\times10^{-9}}{3.0\times10^{-3}}\ \mathrm{rad} \approx 2.24\times10^{-4}\ \mathrm{rad}$$

设黑板上等号的两条平行线间的距离为 L,对人眼瞳孔的张角为

$$\delta\varphi = \frac{L}{S} = \frac{4\times10^{-3}}{15}\ \mathrm{rad} \approx 2.67\times10^{-4}\ \mathrm{rad}$$

由于 $\delta\varphi > \delta\theta$,因此最后一排观察者能看清(分辨)黑板上的这个等号.

16-5　光栅衍射

一、衍射光栅

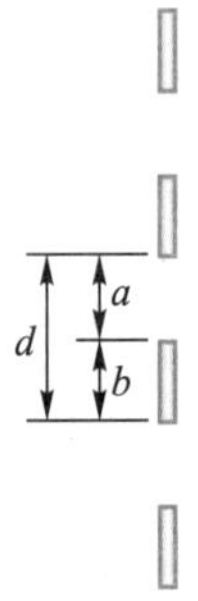

图 16.5.1　衍射光栅

图 16.5.2　光栅衍射条纹

在夫琅禾费衍射装置中,用如图 16.5.1 所示的 N 条等宽等间距的平行狭缝代替单狭缝或小圆孔,在屏上将显示如图 16.5.2 所示的衍射光强分布. 这个由 N 条平行狭缝构成的元件称衍射光栅(diffraction grating)或多缝. 取透光缝的宽度为 a,遮光部分宽度为 b,则衍射光栅的周期为 $d=a+b$,称为光栅常量. 普通光栅在 1 cm 长度范围内可有几百乃至上万条透光缝,光栅常量为 $d=\dfrac{1}{N}$ cm.

多缝衍射的光强分布有着明显的不同于单缝衍射的特征:

(1) 明条纹很细很亮,称作主极大,在主极大间较宽的范围内,分布有称作次极大的较弱明条纹;

(2) 主极大的位置与缝数 N 无关,但它们的宽度随 N 增大而变细;

(3) 相邻主极大间有 $(N-1)$ 个暗条纹和 $(N-2)$ 个次极大,形成一片较宽的暗背景;

（4）光强分布保留了单缝衍射的痕迹,如图 16.5.2 中的虚线包络所示,它的形状与单缝衍射的相同.

当入射光中包含有几种不同的波长成分时,每一波长都会形成各自的光强分布,形成光栅光谱,并且每一谱线都因很细很亮而易于分辨. 因此,衍射光栅是重要的分光元件,在实验中常利用它对光波波长和其他微小的量作精确测量.

光栅衍射光强的这些特征是由单缝衍射和缝间干涉的综合效应决定的. 如图 16.5.3 所示,单色平行光垂直入射了光栅后,每个缝的单缝衍射图样在形状上完全相同,在位置上也完全重合;而由光的相干性可知,各狭缝的衍射光都是相干光.

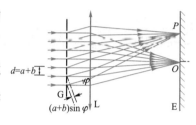

图 16.5.3　光栅衍射原理图

二、光栅方程

1. 主极大

当相邻两束 φ 方向的衍射光线,在屏上相遇处 P 的光程差为波长的整数倍,即当

$$\delta=(a+b)\sin \varphi=\pm k\lambda, \quad k=0,1,2,\cdots \quad (16.5.1)$$

时,在 P 处引起光振动的相位差为

$$\alpha=\frac{2\pi}{\lambda}\delta=\frac{2\pi}{\lambda}(a+b)\sin \varphi=\pm 2k\pi, \quad k=0,1,2,\cdots$$

$$(16.5.2)$$

这时,两个光振动干涉加强. 用矢量图来表示的话,这两个光振动矢量的方向一致. 由光栅的周期性可知,在这方向上,N 束衍射光在 P 处的光振动矢量方向也是相同的,它们的矢量和即 P 处光振动的合振幅,是每一光振动振幅 A_φ 的 N 倍,如图 16.5.4 所示. φ 方向上的光强 $I_\varphi \propto (NA_\varphi)^2$,形成第 k 级主极大. 所以,(16.5.1)式决定了缝间干涉形成主极大的位置,称为光栅方程.

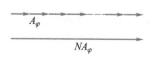

图 16.5.4　光栅衍射的主极大

满足光栅方程的主极大也称光谱线，k 是主极大的级数. $k=0$，为中央明条纹即零级主极大，$k=1,2,3,\cdots$ 分别为第一级主极大、第二级主极大、第三级主极大……

2. 暗纹条件

当相邻两束 φ 方向的衍射光线，在屏上 P 处两光振动间的相位差 α 满足

$$N\alpha = \pm 2m\pi, \quad m=1,2,3,\cdots (m\neq kN) \quad (16.5.3)$$

时，N 个光振动矢量叠加构成了闭合的等边多边形，矢量和为零，这时 P 处为暗条纹. 在第 k 和第 $(k+1)$ 级主极大之间，存在着 $(N-1)$ 个这样的机会. 为便于理解，我们以 $N=3$ 为例予以说明：$\alpha=0$ 对应 $\varphi=0$，这是 $k=0$ 的零级主极大；随着衍射角 φ 的增大，相位差 α 也随之增大，当 $\alpha=\dfrac{2\pi}{3}$ 时出现第一级暗条纹，如图 16.5.5(a) 所示，当 $\alpha=\dfrac{4\pi}{3}$ 时出现第二级暗条纹，如图 16.5.5(b) 所示；当 $\alpha=\dfrac{6\pi}{3}=2\pi$ 时是 $k=1$ 的主极大. 可见，在零级和一级主极大间有 2 个极小和 1 个次级大. 所以，对 N 条缝的光栅，暗条纹所能满足的光程差条件可写为

$$\delta = (a+b)\sin\varphi = \pm\frac{m}{N}\lambda, \quad m=1,2,3,\cdots (m\neq kN)$$

$$(16.5.4)$$

在上式中，$m=kN+1, kN+2, \cdots, [(k+1)N-1]$ 时，对应 k 和 $(k+1)$ 两个主极大之间的 $(N-1)$ 个暗条纹.

显然，N 越大，在相邻两主极大间的暗纹越多，就会连成一片暗区，主极大（明条纹）变得很细，其光强因 $I_\varphi \propto (NA_\varphi)^2$ 而变得很亮. 若将杨氏双缝视为 $N=2$ 的多缝，相邻两个极大之间自然只有一个极小.

每一狭缝在 φ 方向的光振动振幅 A_φ 是由单缝衍射在该方向的光强决定的，它随衍射角 φ 的增大而迅速衰减，因

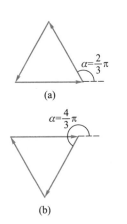

图 16.5.5 光栅衍射的暗条纹

🎞 动画 多缝干涉/衍射

此,光栅衍射主极大光强的包络线形状由单缝衍射的光强分布决定. 单缝衍射对缝间干涉的这种影响,也称为"调制"作用. 图 16.5.6 给出了单缝衍射、缝间干涉以及两者的综合效果.

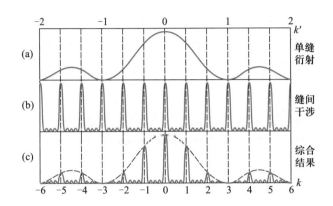

图 16.5.6 光栅衍射的缺级

3. 光栅的缺级

在图 16.5.6(c)中,我们注意到缺失了一些主极大,比如 $k = \pm 3, \pm 6$ 等. 在这些方向上,衍射角 φ 同时满足(16.5.1)式和(16.4.3)式,即

$$(a+b)\sin\varphi = \pm k\lambda, \quad k = 0, 1, 2, \cdots$$

和

$$a\sin\varphi = \pm k'\lambda, \quad k' = 1, 2, \cdots$$

按照缝间干涉,这个方向上应该出现 N 个相干光干涉的第 k 级主极大,但由于每个相干光的光强为零而消失了,这称为谱线的缺级(missing order). 由上两式可得缺级条件

$$k = \pm\frac{a+b}{a}k', \quad k' = 1, 2, \cdots \tag{16.5.5}$$

可见,图 16.5.6(c)是由 $\frac{a+b}{a} = 3, N = 5$ 的夫琅禾费多缝衍射得到的图样,在可观察范围内,级次为 3 的整数倍的主极大都不出现,即 $k = \pm 3, \pm 6, \cdots$ 为缺级,由缺级的信息还可判断:这个多缝的 $b = 2a$,遮光部分的宽度是透光缝宽的 2 倍.

三、光栅光谱和色分辨率

1. 光栅光谱

当平行白光垂直入射于光栅时,由光栅方程可知,在光栅常量 d 和主极大级次 k 一定的情况下,衍射角 φ 随波长的增大而增大,零级主极大与波长无关. 所以,零级主极大为白色,其两侧对称地分布着由紫到红的各级光谱.

在低级次光谱中,$\sin \varphi \approx \varphi$,各波长的主极大近似均匀排列,称为匀排光谱. 当 $(k+1)$ 级光谱中 λ 的衍射角与 k 级光谱中 $\lambda+\Delta\lambda$ 的衍射角相等时,光谱便发生重叠. 可见光入射时,$\lambda = 400$ nm,$\lambda+\Delta\lambda = 760$ nm,由 $(k+1)\lambda = k(\lambda+\Delta\lambda)$ 可知,只有第一级光谱是独立的.

2. 色分辨率

光栅分辨波长差 $\Delta\lambda$ 很小的两谱线的能力称为光栅的色分辨率. 其定义为

$$R = \frac{\lambda}{\Delta\lambda}$$

根据瑞利判据,当波长为 $(\lambda+\Delta\lambda)$ 的第 k 级主极大与同级光谱中,在其一侧波长为 λ 的第一个极小的角位置重合时,这两个谱线恰可分辨. 有

$$k(\lambda+\Delta\lambda) = \frac{kN+1}{N}\lambda$$

可得光栅的色分辨率为

$$R = \frac{\lambda}{\Delta\lambda} = kN \qquad (16.5.6)$$

由上式可知,光栅的色分辨率 R 决定于光谱的级次 k 和光栅受光照缝数 N 的乘积. 对一定的光栅,可通过斜入射和扩束的方法来提高它的色分辨率.

例 16.5.1

有一平面光栅,每厘米有 6 000 条刻痕,一平行白光垂直照射到光栅平面上. 求:

(1) 在第一级光谱中,对应于衍射角为 20° 的光谱线的波长;

(2) 此波长的第二级谱线的衍射角.

解 (1) 该光栅的光栅常量

$$d = \frac{1 \text{ cm}}{6\ 000} \approx 1.667 \times 10^{-4} \text{ cm} = 1.667 \times 10^{-6} \text{ m}$$

由光栅方程 $d \sin \varphi = k\lambda$

对第 级光谱 $k = 1$

第一级光谱中衍射角为 20° 的光谱线的波长

$$\lambda = d \sin \varphi = 1.667 \times 10^{-6} \times \sin 20° \text{ m}$$

$$\approx 5.701 \times 10^{-7} \text{ m} = 570.1 \text{ nm}$$

(2) 此波长的第二级谱线的衍射角为 φ,满足

$$d \sin \varphi = 2\lambda$$

$$\sin \varphi = \frac{2\lambda}{d} = \frac{2 \times 5.701 \times 10^{-7}}{1.667 \times 10^{-6}} \approx 0.684$$

$$\varphi = 43°9'$$

例 16.5.2

一束波长 600 nm 的单色光垂直入射在一光栅上,相邻的两条明条纹分别出现在 $\sin \varphi = 0.20$ 与 $\sin \varphi = 0.30$ 处,第四级缺级. 试问:

(1) 光栅上相邻两缝的间距有多大?

(2) 光栅上透光缝的宽度有多大?

(3) 在所有衍射方向上,这个光栅可能呈现的全部级数.

解 (1) 设 $\sin \varphi_k = 0.20, \sin \varphi_{k+1} = 0.30$. 根据光栅方程,得

$$\begin{cases} d \sin \varphi_k = d \times 0.20 = k\lambda \\ d \sin \varphi_{k+1} = d \times 0.30 = (k+1)\lambda \end{cases}$$

解得 $k = 2$

$$d = \frac{2\lambda}{\sin \varphi_k} = \frac{2 \times 600 \times 10^{-9}}{0.20} \text{ m} = 6 \times 10^{-6} \text{ m}$$

此光栅的光栅常量为 6×10^{-6} m.

(2) 由光栅的缺级条件

$$k = \frac{d}{a} k'$$

根据题意,第一次缺级发生在 $k' = 1, k = 4$,所以

$$d = 4a$$

$$a = \frac{d}{4} = 1.5 \times 10^{-6} \text{ m}$$

光栅上狭缝的宽度为 1.5×10^{-6} m.

(3) 光栅衍射的光强分布在 $-\frac{\pi}{2} < \varphi < +\frac{\pi}{2}$ 范围,在 $\varphi = \pm\frac{\pi}{2}$ 的极限方向上,由倾斜因子可知,实际已无光强.

将 $\varphi = \dfrac{\pi}{2}$ 代入光栅方程

$$d\sin \varphi = k\lambda$$

得最高级次

$$k_m = \frac{d}{\lambda} = \frac{6\times 10^{-6}}{600\times 10^{-9}} = 10$$

$k_m = 10$ 的主极大事实上不能观察到.

由缺级条件

$$k = \frac{d}{a}k'$$

可知,缺级发生 $\pm 4, \pm 8, \pm 12, \cdots$ 处.

这样,可能观察到的主极大数为:

$k = 0, \pm 1, \pm 2, \pm 3, \pm 5, \pm 6, \pm 7, \pm 9$,共 15 个.

16-6 X 射线的衍射

阅读材料 伦琴

阅读材料 劳厄

阅读材料 W.H.布拉格

阅读材料 W.L.布拉格

1895 年,伦琴(W.K.Röntgen)发现了 X 射线. 研究表明,这是在高速电子撞击某些固体时产生的一种波长很短、穿透力很强的电磁波,它不为人眼所感觉,但可使感光乳胶感光. 然而,正是由于 X 射线的波长很短(在 $10^{-3} \sim 1$ nm),用普通的光学光栅观察不到它的衍射现象.

1912 年,劳厄(M.von Laue)利用一片薄晶体作为衍射光栅,直接观察到了 X 射线的衍射图样. 图 16.6.1 是 X 射线通过 NaCl 晶体后,在照相底片上形成的衍射图样. 研究表明,这些具有某种对称性的斑点是由晶体衍射线的主极大形成的,称为劳厄斑.

晶体具有周期性结构,可以抽象成由许多周期排列的格点组成的晶格. X 射线的衍射图样证明了它作为电磁波的波长与格点的间隔差不多是同数量级的.

布拉格父子(W.H.Bragg;W.L.Bragg)对 X 射线在晶体上的衍射现象,提出了一种简明而有效的解释方法. 事实上,当 X 射线照射到晶体上时,组成晶格的每个格点都可看作是次波波源,它们吸收入射波并立即向各个方向发出相干的衍射(散射)波. 如图 16.6.2 所示,布拉格把晶格看作是由许多平行的晶面(crystal plane)堆积而成的,这组平行晶面称晶面族,每一个晶面都是格点平面. 当一束平行的 X 射线,以掠射角 φ 入射于图示晶面时,在每个周期排列的格点上将产生衍射,对每一晶面而言,在镜面反射方向上具有最强的衍射;但就所有相互平行的晶面而言,在镜面反射方向上总的衍射强度取决于各晶面反射波相干涉的结果.

图 16.6.1 劳厄斑

如图 16.6.2 所示,对相邻晶面间距为 d 的这组晶面,反射线之间的光程差为

$$\delta = AC + CB = 2d\sin\varphi$$

当满足

$$2d\sin\varphi = k\lambda , \quad k = 1,2,3,\cdots \quad (16.6.1)$$

时,所有这组平行晶面反射的 X 射线之间都干涉加强. 由于是很多晶面的很多反射光束间的相干加强,因此在反射方向上出现的衍射斑点清晰而明锐. (16.6.1)式是分析晶体 X 射线衍射形成干涉极大所必须满足的条件,称为布拉格条件(Bragg condition).

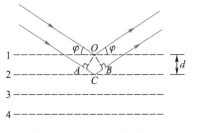

图 16.6.2 布拉格条件

一个晶格可以有许多不同取向的晶面族. 在如图 16.6.3所示的 NaCl 晶格平面图面内,aa、bb 和 cc 等分别表示不同取向的晶面族,它们的晶面间距各不相同. 对一束入射 X 射线,不同的晶面族有不同的掠射角,只有满足(16.6.1)式布拉格条件的晶面族才能形成劳厄斑.

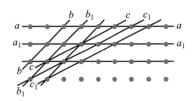

图 16.6.3 NaCl 晶格平面图

在实验中,若已知晶体的结构,比如晶格常量或某晶面间距,可利用 X 射线衍射法测出 X 射线的波长. 反之,若已知 X 射线波长,则可得到关于晶体结构的各种信息,比如晶格常量、对称性、晶轴取向等. X 射线衍射法是进行晶体结构分析和 X 射线谱研究的重要手段,已经发展成为物理学的一个专门分支——X 射线结构分析,在结晶学和工程技术中都有很广泛的应用.

16-7 光的偏振现象

光的干涉和衍射现象揭示了光的波动特性,光的偏振现象从实验上清楚地显示出光的横波性,进一步证实了光的电磁波本性.

一、光的偏振态

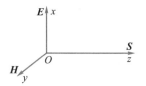

图 16.7.1 光是横波

麦克斯韦理论指出,光波是横波,在光的传播过程中,光振动矢量 E、磁场强度 H 和光线方向 S(坡印廷矢量方向)三者正交,构成右手螺旋关系,如图 16.7.1 所示. 光振动矢量 E 和光线方向 S 所组成的平面称振动面,即图中的 Oxz 平面. 光的偏振态(state of polarization)是指在垂直于光线方向(沿 z 轴)的二维平面(Oxy 平面)上,光振动矢量 E 的运动状态. 按光的偏振态,可以将光分为偏振光(polarized light)和自然光(natural light)两大类.

1. 线偏振光

在光的传播过程中,如果光振动矢量 E 始终保持在一个确定的平面内(比如 Oxz 平面),这样的光称为平面偏振光(plane polarized light),这个平面称为偏振面(plane of polarization). 在 Oxy 平面内,平面偏振光的偏振面表现为一直线,因此也称为线偏振光(linear polarized light)或完全偏振光(complete polarized light). 图 16.7.2 表示振动面分别在纸面内和垂直于纸面的线偏振光.

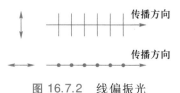

图 16.7.2 线偏振光

图中用短线和点分别表示在纸面内和垂直于纸面的光矢量的振动方向.

2. 圆偏振光和椭圆偏振光

在 Oxy 平面内迎着光线,如果光矢量的端点不断地旋

🎞️ 动画 光的各种偏振状态

转(左旋或右旋),光矢量端点的轨迹是一个圆,这种光称为圆偏振光(circularly polarized light);如果光矢量端点的轨迹是一个椭圆,则为椭圆偏振光(elliptical polarized light),如图 16.7.3(a)和(b)所示.

由两个频率相同、振动方向互相垂直的简谐振动合成可知,圆偏振光和椭圆偏振光都可看作是由两个振动面相互垂直,存在确定相位差的线偏振光的叠加而成的,线偏振光、圆偏振光都是椭圆偏振光在一定条件下的特例.

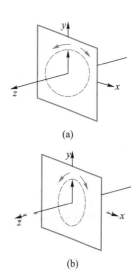

图 16.7.3　圆偏振光

3. 自然光

由本章第三节的讨论已知,在普通光源(自发辐射为主的光源)的大量发光原子中,各原子的每次辐射所发出光波列的振动方向和发光时间都具有随机性.迎着光线方向看,光振动矢量以相等的振幅均匀地分布在 Oxy 平面内,这些振动或者同时存在,或者迅速而无规则地替代着,它们的取向是随机的,统计地说,相对光线是对称的.这种由普通光源发出的,光振动矢量相对 z 轴呈对称分布的光称为自然光,如图 16.7.4 所示.可见,偏振光不具备这种对称性.

因为每一个光振动矢量都可以在两个互相垂直的方向上分解,因此自然光可以用两个振动方向互相垂直,没有恒定相位关系的两个独立光振动代替,它们的振幅 A_x、A_y 相等,光强各占自然光总光强的二分之一.简而言之,自然光可看作是两个振动方向正交的、没有恒定相位关系的、等振幅的线偏振光的混合.

自然光的表示如图 16.7.5 所示.

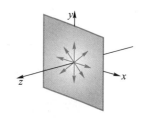

图 16.7.4　自然光

4. 部分偏振光

偏振光(线偏振光、圆偏振光、椭圆偏振光)和自然光的混合光称部分偏振光(partial polarized light).图 16.7.6(a)所示为在图面内的光振动较强的部分偏振

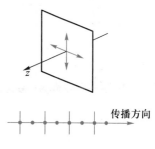

图 16.7.5　自然光的图示

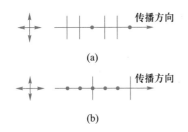

图 16.7.6 部分偏振光

阅读材料 马吕斯

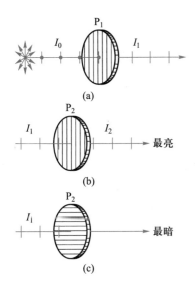

图 16.7.7 偏振片

光,图 16.7.6(b)所示为垂直于图面的光振动较强的部分偏振光.

二、偏振片 马吕斯定律

通过多种途径,我们可从自然光获得偏振光. 例如利用晶体或人造物质对光振动的各向异性获得偏振光,利用自然光在介质界面上的反射和折射来获得偏振光等.

1. 偏振片

在某些天然或人造材料内部存在着一个特定的方向:当光振动方向与之相垂直时,被强烈地吸收而不能通过;而当光振动方向与之相平行时,则因吸收很小而得以通过. 这种对光振动的方向具有选择性吸收的性质称为物质的二向色性(dichroism). 当自然光入射于用这种材料制成的光学元件时,由于某方向的光振动被吸收而消失,就得到了与吸收方向垂直的光振动的线偏振光. 这个元件称为偏振片(polaroid sheet),能透过的光振动方向称为偏振化方向,偏振片上都标有这个方向. 理想的偏振片对与偏振化方向一致的光振动全部透射,而对与偏振化方向垂直的光振动则全部吸收,我们的讨论限于理想偏振片情况.

从自然光获得偏振光的过程称为起偏,相应的光学元件称为起偏器(polarizer).

如图 16.7.7(a)所示,光强为 I_0 的自然光垂直入射到偏振片 P_1 后,透射光是振动方向与 P_1 的偏振化方向平行的线偏振光,P_1 成为起偏器. 以光线为轴转动 P_1 时,线偏振光的偏振面将随之转动,但光强不发生变化,始终为 $I_1 = \frac{1}{2}I_0$.

如图 16.7.7(b)所示,以光强为 I_1 的线偏振光垂直入射到偏振片 P_2,在以光线为轴转动 P_2 的过程中,透射光仍为线偏振光,但光强将发生变化. 当 P_2 的偏振化方向平行于

I_1 的光振动方向时,透射光 I_2 最强,$I_2 = I_1$;当 P_2 的偏振化方向垂直于 I_1 的光振动方向时,透射光为零,这称为消光现象,如图 16.7.7(c)所示.

当垂直入射到偏振片 P 的为部分偏振光时,在以光线为轴转动 P 的过程中,透射光仍为线偏振光,其光强虽也发生变化,但不存在光强为零的消光现象.

综上所述,旋转一个偏振片,可以通过透射光的光强变化来确定入射光的偏振态. 这个过程称为检偏,有检偏作用的光学元件称为检偏器(polarization analyzer),比如上文中提到的 P_2 和 P 都是检偏器,它们和起偏器 P_1 可以是两块构造完全相同的偏振片.

2. 马吕斯定律

如图 16.7.8 所示,两偏振化方向成 α 角的偏振片 P_1 和 P_2 共轴地平行放置,光强为 I_0 的自然光垂直入射于该系统,

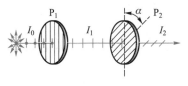

得到线偏振光 I_1 和 I_2. 已知 $I_1 = \dfrac{1}{2} I_0$,光振动方向与 P_1 的偏振化方向一致,其振幅 $A_1 \propto \sqrt{I_1}$. 按检偏器 P_2 的偏振化方向可将 A_1 分解为平行和垂直两分量,由图可知,平行分量 A_2 为

$$A_2 = A_1 \cos \alpha$$

这是可通过 P_2 的光振动振幅. 因光强正比于振幅的平方,所以有

$$I_2 = I_1 \cos^2 \alpha \qquad (16.7.1)$$

上式称为马吕斯定律(Malus' law).

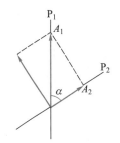

图 16.7.8 马吕斯定律

根据马吕斯定律,$\alpha = k\pi$,$k = 0, 1, 2, \cdots$ 时,$I_2 = I_1$;$\alpha = (2k+1)\dfrac{\pi}{2}$,$k = 0, 1, 2, \cdots$ 时,$I_2 = 0$. α 为其他值时,I_2 介于 0 和 I_1 之间,这与实验事实是相符合的.

例 16.7.1

一束光由自然光和线偏振光混合而成. 当它垂直通过一偏振片时,透射光的强度随偏振片的转动而变化,其最大光强是最小光强的 5 倍. 求入射光中自然光和线偏振光的强度各占入射光强度的比例.

解 设自然光和偏振光的强度分别为 I_{10} 和 I_{20},则入射光的强度为

$$I_0 = I_{10} + I_{20} \tag{1}$$

设通过偏振片后,由自然光产生的偏振光强度为 I_1,入射的偏振光产生的偏振光强度为 I_2,则透射偏振光的总强度 I 为

$$I = I_1 + I_2 = \frac{1}{2}I_{10} + I_{20}\cos^2\alpha \tag{2}$$

式中 α 为入射偏振光的振动方向与偏振片的偏振化方向间的夹角.

由(2)式,可得

$$I_{max} = \frac{1}{2}I_{10} + I_{20}, \quad I_{min} = \frac{1}{2}I_{10}$$

按题意,有 $I_{max} = 5I_{min}$

即

$$\frac{1}{2}I_{10} + I_{20} = 5 \times \frac{1}{2}I_{10} \tag{3}$$

由(1)式和(3)式可得

$$\frac{I_{10}}{I_0} = \frac{1}{3}, \quad \frac{I_{20}}{I_0} = \frac{2}{3}$$

16-8 反射和折射时的偏振现象

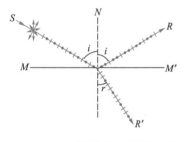

图 16.8.1 反射光和折射光的偏振性

1808 年,马吕斯偶然从窗玻璃反射的太阳光中发现了光的偏振现象. 进一步的电磁理论和实验研究表明,自然光在两种各向同性介质的界面上发生反射和折射时,反射光和折射光一般都是部分偏振光,反射光中垂直于入射面的光振动占优势,而折射光中平行于入射面的光振动占优势,如图 16.8.1 所示.

改变入射角时,反射光和折射光的偏振化程度会相应地发生变化,当入射角为某一特定角度时,反射光成为线偏振光,即完全偏振光. 1811 年,布儒斯特(D.Brewster)从实验现象中归纳出一个规律:当光以某一特定入射角 i_B 从折射率为 n_1 的介质射向折射率为 n_2 的介质时,反射光是光振动垂直于入射面的线偏振光,并且反射光线和折射光线相互垂直. 这个特定的入射角称为起偏振角(polarizing angle)或布儒斯特角.

如图 16.8.2 所示,当自然光以布儒斯特角 i_B 入射时,设折射角为 r,有

$$i_B + r = \frac{\pi}{2}$$

由折射定律可知

$$n_1 \sin i_B = n_2 \sin r = n_2 \cos i_B$$

所以

$$\tan i_B = \frac{n_2}{n_1} \qquad (16.8.1)$$

(16.8.1)式称为布儒斯特定律(Brewster's law).

设普通玻璃的折射率为 1.50,空气的折射率近似为 1,由(16.8.1)式可以得出,当自然光从空气射向玻璃的起偏振角约为 56°,而由玻璃射向空气的起偏振角约为 34°.

应该注意,在自然光以布儒斯特角入射于两种各向同性介质界面的情况下,反射光是完全偏振光,但折射光仍然是部分偏振光;入射光能量的绝大部分被折射,反射的线偏振光的强度很小. 在自然光以布儒斯特角从空气射向玻璃时,入射光中平行于入射面的光振动能量 100% 被折射,垂直于入射面的光振动能量被反射的约占 15%,其余的仍被折射入玻璃内.

利用如图 16.8.3 所示的玻璃片堆,可以提高反射偏振光的强度和折射光的偏振化程度. 将自然光以布儒斯特角入射到这些平行放置的玻璃片时,光在各玻璃片上下表面的入射角都是起偏振角,经多次反射,反射光中的垂直振动成分越来越强,而折射光中的垂直振动成分越来越弱,最后透射出的几乎全部为平行于入射面的光振动.

在外腔式气体激光器中,谐振腔两端的透明窗都安置成使入射光的入射角成为布儒斯特角. 在这种情况下,入射光中垂直于入射面的振动因每次反射损失 15%,不能建立起稳定振荡,而平行于入射面的振动则因不存在反射损失,可以在腔内形成稳定振荡,最终使激光器输出线偏振光.

 阅读材料 布儒斯特

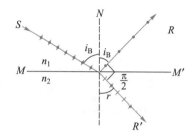

图 16.8.2 反射起偏

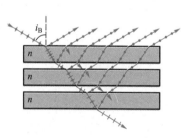

图 16.8.3 折射起偏

16-9 双折射现象

一、晶体双折射现象的基本规律

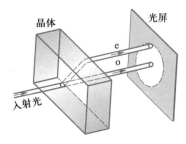

晶体

光屏

e

o

入射光

图 16.9.1 双折射现象

人们很早就发现,一束光射到一些透明晶体如方解石（CaCO$_3$）上时,会产生两束传播方向略有差异的折射光,离开晶体后成为两束光,称为晶体的双折射（birefringence）现象. 如图 16.9.1 所示,如果通过方解石晶体去看一物点,比如纸上的一个黑点时,就可以看到两个像点.

对方解石等透明晶体双折射现象的进一步研究,还发现了以下规律:

1. 寻常光和非寻常光

双折射产生的两束折射光中,有一束折射光满足通常的折射定律,这束折射光称为寻常光（ordinary light）,简称 o 光. 所谓满足通常的折射定律,就是指:折射光线一定在入射面内,而且当入射角增大时折射角也必随之增大,两者正弦之比

$$\frac{\sin i}{\sin r_o} = n_o$$

其中 n_o 为常数,称为晶体对 o 光的折射率,式中 r_o 是晶体内 o 光的折射角.

另一束折射光不遵守通常的折射定律,称为非寻常光（extraordinary light）,简称 e 光. 对 e 光而言,当入射角 i 变化时,对应的折射角 r_e 虽然也随之改变,但两者的正弦之比 $\frac{\sin i}{\sin r_e}$ 不是一个常数,并且这条折射光线一般不在入射面内.

由（16.1.2）式给出的介质折射率 $n = \frac{c}{u} \approx \sqrt{\varepsilon_r}$ 可知,晶体内 o 光在所有方向上的相位传播速度相同,它对介质的

极化与方向无关. 所以,晶体对 o 光在光学上各向同性,对 e
光则是各向异性的.

2. 光轴

改变入射角的方向,我们发现在晶体内部有一个特殊
方向,当光沿此方向传播时不发生双折射现象,这个特殊方
向称为晶体的 **光轴**(optic axis). 应该注意,光轴不是一条线
而是一个方向,晶体内所有平行于此方向的直线都是光轴.
在光轴方向上 o 光和 e 光的折射率相等,传播速度也相同.
方解石、石英、红宝石、冰等晶体只有一个这样的方向,称为
单轴晶体(uniaxial crystal);而如云母、硫黄和蓝宝石等有两
个这样的方向,称为 **双轴晶体**(biaxial crystal). 我们以方解
石为例着重讨论单轴晶体情况.

如图 16.9.2 所示,方解石晶体是个斜八面体,每个面都
是平行四边形,有八个顶点. 各面的锐角均为 78°8′(近似为
78°),钝角均为 101°52′(近似为 102°),相交于两个特殊顶
点 A 和 B 的三个面中的角度都是钝角. 从顶点 A 或 B 作一
条直线,使它与过此顶点的三条棱边成相等的角度,这条直
线方向就是方解石晶体的光轴.

3. o 光和 e 光都是完全偏振光

在晶体内部,由光轴和任一折射光线组成的平面称为该
光线的 **主平面**(principal plane). 用检偏器观察 o 光和 e 光的
偏振状态时可以发现:它们都是线偏振光即完全偏振光;o 光
的振动方向垂直于 o 光的主平面,因而也总垂直于光轴;e 光
的振动方向总是在自己的主平面内,即平行于 e 光主平面,
而与光轴可以有不同的夹角. 通常情况下,o 光和 e 光的主平
面不重合,它们的光振动方向也不相互垂直. 在实际中,常有
意选择入射光的方向,使入射面包含晶体的光轴,这时,晶体
内 o 光和 e 光的主平面重合,o 光和 e 光的振动方向也相互
垂直. 应该指出,在晶体内部 o 光和 e 光具有不同的传播特
性,必须加以区分,但一旦从晶体透出,进入各向同性介质后

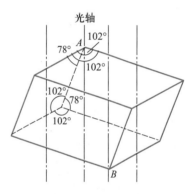

图 16.9.2 方解石晶体

就成为普通的线偏振光,无所谓 o 光和 e 光了.

二、惠更斯对双折射现象的解释

光的电磁理论可以对光在晶体中的双折射现象作出严格的解释,但理论计算比较复杂. 早在 1690 年,惠更斯应用次波概念对双折射现象就已作出了初步解释,其结论与电磁理论和实验相符,而惠更斯作图法则利用次波波面,简单而直观地确定了光在晶体内的传播方向.

1. 单轴晶体中光波的波面

根据惠更斯的次波概念,光在各向同性介质中传播时,由于沿各个方向的传播速度相同,波面上每个次波波源发出的都是球面波. 在波动学的讨论中,用作图法已经证明了通常的折射定律.

对于单轴晶体中的双折射现象,惠更斯认为晶体中任一点发出的次波应该有两个,相应有两个波面:o 光遵从通常的折射定律,沿各个方向的传播速度 u_o 应该相同,因而 o 光的次波面是球面;e 光的次波面显然不是球面,他假定为对光轴对称的旋转椭球面,因而 e 光在晶体中沿各个方向的传播速度不同;由于在光轴方向上不发生双折射现象,o 光和 e 光并不分开,因而它们沿光轴方向的传播速度应该相同,所以 o 光的球面和 e 光的椭球次波面在光轴方向上相切.

2. 主折射率

图 16.9.3 画出了两类单轴晶体内次波波面的情况. 由图可见,在垂直于光轴的方向上,o 光和 e 光的传播速度相差最大. 以 u_o 表示寻常光的速度,n_o 为它的折射率,有 $n_o = \dfrac{c}{u_o}$,为一常数;以 u_e 表示 e 光在垂直于光轴方向上的速度,这个方向上的比值 $n_e = \dfrac{c}{u_e}$ 称为晶体对 e 光的主折射率

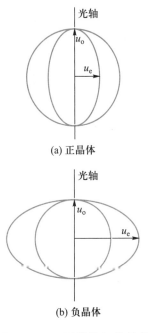

(a) 正晶体

(b) 负晶体

图 16.9.3　正晶体与负晶体

(principal refractive index). 在其他方向上，e 光的折射率介于 n_o 和 n_e 之间. 在图 16.9.3（a）中，$u_o > u_e$，即 $n_o < n_e$，这类晶体称为正晶体（positive crystal），如石英、冰等；在图 16.9.3（b）中，$u_o < u_e$，即 $n_o > n_e$，方解石、电气石等属于这类晶体，称为负晶体（negative crystal）.

方解石和石英作为典型的负晶体和正晶体，它们对钠黄光（波长为 589.3 nm）的 n_o 和 n_e 如表 16.9.1 所示.

表 16.9.1			
方解石		石英	
n_o	n_e	n_o	n_e
1.658 4	1.486 4	1.544 3	1.553 4

3. 惠更斯作图法

根据单轴晶体内 o 光的球面次波和 e 光的旋转椭球面次波，应用惠更斯作图法，可以确定单轴晶体内寻常光和非寻常光的传播方向.

按惠更斯原理作图的基本步骤是：当平行光入射到晶体表面时，在晶体内激发出相应的 o 光球面次波和 e 光椭球面次波，它们在光轴方向上相切；作出某时刻 t，晶体内所有 o 光次波的公切面（包络面），即为 o 光的波阵面，所有 e 光次波的公切面，即为 e 光的波阵面；从次波中心向次波波面与公切面的切点作连线，该连线方向就是晶体中 o 光和 e 光能量的传播方向，即光线传播方向.

在如图 16.9.4 所示情况中，一束平行光以入射角 i 照射到方解石（负晶体）上，用虚线表示的晶体光轴在入射面（图面）内，与晶体表面成一定角度. AB 是入射光在时刻 t_0 的波面. 当 B 点发出的次波在时刻 t 到达晶体表面的 C 点时，从 A 点所发的两个不同次波已在晶体中传播了一段距离. 以 A 为中心作寻常光和非寻常光的次波波面，它们在光

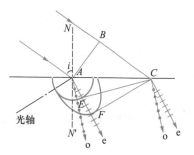

图 16.9.4　寻常光和非寻常光的次波波面

轴方向上相切. 过 C 点作与 o 光的球面相切的公切面 CE，就是寻常光在时刻 t 的波面；作与 e 光的椭球面相切的公切面 CF，就是非寻常光在时刻 t 的波面. 从入射点 A 分别向切点 E 和 F 引连线，得到 o 光和 e 光的光线传播方向. 在本情况中，o 光和 e 光的光线都在入射面内，它们的光振动方向互相垂直. 但是，e 光的光振动方向不垂直于光轴，e 光的光线方向也不垂直于 e 光在时刻 t 的波面 CF，即 e 光的能量传播方向和相位的传播方向是不同的. 这也是晶体光学各向异性的表现.

在对晶体双折射现象的实际应用中，常对晶体进行切割加工，使光轴与晶体表面垂直或者平行. 当平行光垂直入射于这些晶体表面时，晶体内光振动方向互相垂直的 o 光和 e 光的传播方向如图 16.9.5 所示.

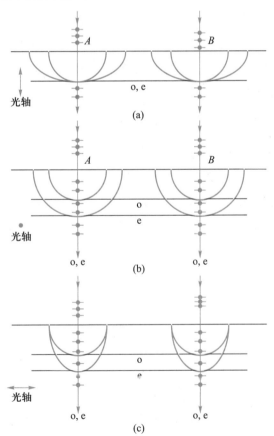

图 16.9.5 光轴与晶面垂直或平行

在图 16.9.5(a)中,光轴垂直于晶体的表面. 平行光沿光轴传播,o 光和 e 光的速度相同,次波面重合在一起,因而两束光并不分开. 这种情况下,晶体内不出现双折射现象.

在图 16.9.5(b)和(c)中,光轴都平行于晶体表面. 平行光进入晶体后,o 光和 e 光都沿原方向传播,但传播速度不同(对应不同的折射率),两者的次波面不重合. 在这两种情况下,晶体内虽然也不出现分开的两个折射光束,但传播一定距离时,o 光和 e 光所经历的光程不同,对物体成像的位置也就不同. 比如,通过双折射晶体垂直观察纸上的一个黑点时,看到的高低两个像点就是双折射所致.

切割晶体,使光轴平行于表面,并适当选择厚度 d,那么图 16.9.5(b)和(c)所示的晶体片就成了称为波片(wave plate)或波晶片的光学元件. 光通过波片时,振动方向互相垂直的 o 光和 e 光间将产生附加的光程差: $\delta = \left| n_o - n_e \right| d$. 对一定的光波长 λ,取不同的晶片厚度 d,可制成 $\delta = \dfrac{\lambda}{4}$ 的四分之一波片,简称 $\dfrac{\lambda}{4}$ 片,和 $\delta = \dfrac{\lambda}{2}$ 的二分之一波片,简称半波片,它们都是研究和应用光的偏振态的重要光学元件.

三、偏振棱镜

利用双折射晶体可以制成适合各种用途的偏振器件,具有起偏效果好、使用方便的特点. 偏振棱镜(polarizing prism)就是其中的一类,其基本原理是设法将晶体中的 o 光和 e 光彼此分开,或将其中之一借助全反射消除掉,从而得到线偏振光. 光学实验中常用尼科耳(Nicol)棱镜、沃拉斯顿(Wollaston)棱镜等从自然光获得纯度很高的线偏振光.

📖 阅读材料 尼科耳

图 16.9.6 尼科耳棱镜

1. 尼科耳棱镜

将两块加工成如图 16.9.6 所示形状的天然方解石晶体,用加拿大树胶黏合起来,组成尼科耳棱镜.

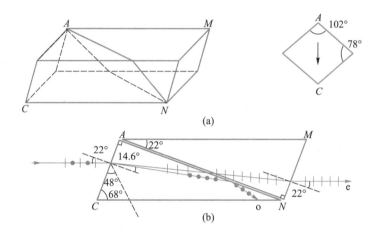

(a)

(b)

如图 16.9.6(b)所示,自然光从左端面射入,被分解为 o 光和 e 光,并以不同的角度入射于左晶体与加拿大树胶的交界面. 选用的加拿大树胶折射率为 1.550,小于 o 光折射率 1.658 而大于 e 光主折射率 1.486. 对 o 光而言,是由光疏介质射向光密介质,棱镜的设计使其在界面的入射角(77°)大于临界角(62.9°)而发生了全反射,结果被涂黑的侧面所吸收. 而 e 光在界面上是由光疏介质射向光密介质,因而能透过树胶层,从右晶体端面射出. 透射光是光振动方向在入射面内的线偏振光. 微调入射角,可以使出射的光线方向平行于棱镜的底边.

尼科耳棱镜的实际作用是一个偏振器.

2. 沃拉斯顿棱镜

📖 阅读材料 沃拉斯顿

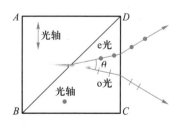

图 16.9.7 沃拉斯顿棱镜

沃拉斯顿棱镜由两块光轴互相垂直的方解石直角棱镜胶合而成,可产生两束分离的且振动方向互相垂直的线偏振光. 如图 16.9.7 所示,自然光垂直入射到 AB 面上,进入第一棱镜后 o 光和 e 光并不分开,但它们具有不同的波速,对应不同的折射率. 进入第二个棱镜后,原来的 o 光变成 e 光,原来的 e 光变成 o 光,并彼此分开. 穿出棱镜后两束线偏振光分得更开. 与沃拉斯顿棱镜原理相同的还有罗雄(Rochon)棱镜,如图 16.9.8 所示. 自然光正入射于罗雄棱镜后,在第一棱镜中不发生双折射,在第二棱镜中,o 光继续沿原方向传播,e 光则发生偏折.

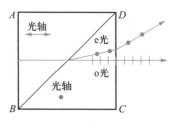

图 16.9.8　罗雄棱镜

沃拉斯顿棱镜和罗雄棱镜的作用相当于两个偏振化方向互相垂直的起偏器,挡掉一束光便是一个偏振器.

提要

1. 光的干涉

（1）光的干涉现象

光的干涉现象是满足一定条件的几束光相遇时,在相遇区中某些点处的光振动始终加强(呈现明条纹),而某些点处的光振动始终减弱(呈现暗条纹)的现象. 这种能产生光的干涉现象的几束光称为相干光. 相干光的条件:频率相同、振动方向相同、相位差恒定.

（2）光程　光程差

光在某介质中前进一段路程的光程定义为光在介质中前进的几何路程(l)与介质的折射率(n)的乘积,即光程 = nl. 光程的物理意义是将光在介质中前进的路程折合成光在真空中前进的路程. 在不同介质中的光程可分段计算

$$光程 = \sum n_i l_i$$

两束光的光程差 δ 为

$$\delta = 光程_2 - 光程_1 + [\lambda/2]$$

说明:(a)$[\lambda/2]$为半波损失引起的附加光程差,合计存在奇数个半波损失时加 $\lambda/2$,合计存在偶数个半波损失时不加 $\lambda/2$;(b)当光从光疏介质射向光密介质界面时,反射光在界面处的相位发生 π 的突变,相当于损失了半个波

长；(c)平行光通过理想透镜不产生附加光程差.两束光的光程差(δ)与相位差($\Delta\varphi$)间的关系为

$$\Delta\varphi = 2\pi\frac{\delta}{\lambda}(\text{设两束光在计算起点处的相位是相同的})$$

（3）光的干涉条件

两束光形成明暗干涉条纹的条件：

明条纹　$\delta = \pm 2k\lambda/2, k = 0,1,2,\cdots$；

暗条纹　$\delta = \pm(2k-1)\lambda/2, k = 1,2,\cdots$ 或 $\delta = \pm(2k+1)\lambda/2$, $k = 0,1,2,\cdots$

（4）双缝干涉（分波阵面法）

设平行光垂直入射在同一种折射率为 n 的介质中的杨氏双缝，如第16章提要图16.1所示，在 d、θ 很小情况下，其光程差和干涉明暗条纹的条件为

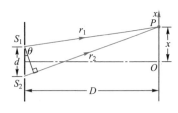

提要图 16.1　双缝干涉

光程差　　　$\delta = nr_2 - nr_1 \approx nd\sin\theta \approx nxd/D$

明条纹坐标　$x = \pm 2k(D/d)\lambda/(2n), k = 0,1,2,\cdots$

暗条纹坐标　$x = \pm(2k-1)(D/d)\lambda/(2n), k = 1,2,\cdots$

条纹宽度　　$\Delta x = (D/d)(\lambda/n)$

（5）薄膜干涉

如第16章提要图16.2所示，设 $n_2 > n_1$，$n_2 > n_3$.

反射光 1、2 的光程差为

$$\delta_r = 2e(n_2^2 - n_1^2\sin^2 i)^{1/2} + \lambda/2$$

垂直入射时：$\delta_r = 2n_2e + \lambda/2$

透射光 3、4 的光程差为

$$\delta_t = 2e(n_2^2 - n_1^2\sin^2 i)^{1/2}$$

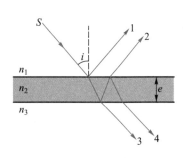

提要图 16.2　薄膜干涉

垂直入射时：$\delta_t = 2n_2e$

反射光和透射光的干涉明暗条纹的条件都为

明条纹　$\delta = \pm 2k\lambda/2, k = 1,2,\cdots$

暗条纹　$\delta = \pm(2k+1)\lambda/2, k = 0,1,2,\cdots$

（6）劈尖

当单色光垂直照射到空气劈尖上时，反射光的光程

差 $\delta = 2e + \lambda/2$,反射光干涉的明暗条纹的条件为明条纹:$\delta = \pm 2k\lambda/2, k = 1, 2, \cdots$;暗条纹:$\delta = \pm(2k+1)\lambda/2, k = 0,$ $1, 2, \cdots$;棱边($e = 0$)处为暗条纹,相邻明(暗)条纹的间距为:$L = \lambda/(2\sin\theta) \approx \lambda/(2\theta)$

(7)牛顿环

由球面平凸透镜与一平玻璃相接触形成一空气薄膜,当单色光垂直照射时,反射光的光程差 $\delta = 2e + \lambda/2$;反射光干涉的明暗条纹的条件为明条纹:$\delta = \pm 2k\lambda/2, k = 1, 2, \cdots$;暗条纹:$\delta = \pm(2k+1)\lambda/2, k = 0, 1, 2, \cdots$;条纹为明暗相间的同心圆环,环中心处($r = 0$)为暗点,明暗环的半径约为明环:$r = [(k-1/2)R\lambda]^{1/2}(k = 1, 2, 3, \cdots)$;暗环:$r = (kR\lambda)^{1/2}$ $(k = 0, 1, 2, 3, \cdots)$

2. 光的衍射

(1)惠更斯-菲涅耳原理

惠更斯-菲涅耳原理 从同一波阵面上各子波源所发出的子波,经传播在空间某点相遇时,也可相互叠加而产生干涉.光的衍射可分为夫琅禾费衍射和菲涅耳衍射两种.本章只讨论夫琅禾费衍射即入射光和衍射光都是平行光,相当于光源和显示衍射图像的屏幕离开障碍物的距离为无限远时的衍射.

(2)单缝衍射

菲涅耳波带法 将单缝处波阵面分成若干个等面积的波带.如第16章提要图16.3所示,波阵面 AB 上各子波源所发出的衍射角为 φ 的子波线中,最大光程差为 BC,将 BC 分成 n 个半波长,即

$$n = \frac{BC}{\dfrac{\lambda}{2}} = \frac{a\sin\varphi}{\dfrac{\lambda}{2}}$$

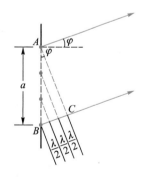

提要图 16.3 单缝衍射

由于相邻两波带发出的子波在屏上相遇出相互抵消,所以屏上明、暗条纹的条件与波带的数目有关.暗条纹(波带数

$n=2k$，n 是偶数）；明条纹（波带数 $n=2k+1$，n 是奇数）.

单缝衍射公式

$a\sin\varphi=\pm k\lambda$，$k=1,2,3,\cdots$暗条纹

$a\sin\varphi=\pm(2k+1)\dfrac{\lambda}{2}$，$k=1,2,3,\cdots$明条纹

$-\lambda<a\sin\varphi<\lambda$ 为中央明条纹区域

中央明条纹的宽度为：$\Delta x_0=2f\dfrac{\lambda}{a}$；

其他各级明、暗条纹的宽度为：$\Delta x=f\dfrac{\lambda}{a}$

（3）圆孔夫琅禾费衍射及光学仪器的分辨率

艾里斑角半径：

$$\theta=0.61\dfrac{\lambda}{r}=1.22\dfrac{\lambda}{d}$$

光学仪器的最小分辨角：

$$\theta_0=0.61\dfrac{\lambda}{r}=1.22\dfrac{\lambda}{d}$$

光学仪器的分辨率：

$$R=\dfrac{1}{\theta_0}$$

（4）光栅衍射

光栅干涉形成的明、暗条纹条件

$d\sin\varphi=\pm k\lambda$，$k=0,1,2,\cdots$明条纹（通常称此公式为光栅方程）

$$d\sin\varphi=\pm\dfrac{k'\lambda}{N}，k'=1,2,3,\cdots,N-1,N+1,\cdots,2N-1,$$

$2N+1,\cdots$暗条纹

光栅条纹的特点　相邻明条纹之间有 $N-1$ 个暗条纹；光栅常量 d 不变，明条纹的位置不变，各级明条纹的光强不相等，有时会出现缺级. 当衍射角 φ 同时满足

$$d\sin\varphi=\pm k\lambda$$

其中 k 为正整数,

和

$$a\sin\varphi = k'\lambda, k' = \pm 1, \pm 2, \pm 3, \cdots 时,$$

第 k 级明条纹将不出现,成为缺级,所缺级次为

$$k = \frac{d}{a}k' = \frac{a+b}{a}k', k' = \pm 1, \pm 2, \pm 3, \cdots$$

(5) 光栅光谱及其分辨率

对复色光而言,除零级明条纹外,每级明条纹形成一套光谱,光栅常量越小、条纹级数越高,光谱线分得越开,可能出现不同级光谱的重叠现象. 光栅光谱的色分辨率 R 与光栅总缝数 N 及条纹级数 k 有关: $R = kN.$

(6) 布拉格公式

当波长为 λ 的 X 射线,以掠射角 φ 射向晶体时,晶体中各平行原子层散射线加强条件为

$$2d\sin\theta = k\lambda, k = 1, 2, 3, \cdots$$

式中 d 为晶体中相邻平行原子层间的距离.

3. 光的偏振

(1) 光的偏振状态:偏振光、自然光、部分偏振光

光是横波,光矢量 $\boldsymbol{E}$ 垂直于光前进的方向,若光矢量只沿一个方向的光称为偏振光,又称线偏振光. 普通光源的光是由大量原子或分子随机发出的众多波列的集合,沿垂直于光前进方向的各方向的光矢量的成分是一样多的,称这种偏振状态的光为非偏振光,自然光是非偏振光. 某一方向上的光矢量强于另一方向的光矢量的光称为部分偏振光.

(2) 获得偏振光的方法

通常可以由如下三种方法产生线偏振光:(a)利用偏振片起偏;(b)利用玻璃片的反射起偏或玻璃堆片的折射起偏;(c)利用晶体的双折射起偏.

(3) 马吕斯定律

强度为 I_0 的偏振光,通过偏振片后,透射光的光强为

$$I = I_0\cos^2\alpha$$

式中 α 为偏振光的光矢量与偏振片的偏振化方向之间的夹角.

（4）布儒斯特定律

设自然光从折射率为 n_1 的介质入射到折射率为 n_2 的介质,当入射角等于布儒斯特角 i_B 时,反射光为垂直入射面振动的线偏振光, $\tan i_B = n_2/n_1$.

满足布儒斯特定律时,反射光与折射光相互垂直,即

$$i_B + r = \frac{\pi}{2}$$

（5）光的双折射现象

光线进入晶体后,分裂成两束光线,它们沿不同方向折射,称为双折射现象. 两束折射光分别称为寻常光（o 光）和非寻常光（e 光）. 寻常光遵守折射定律,在晶体中的折射率（n_o）为一常数,在晶体内各个方向的传播速度相等. 非寻常光不遵守折射定律,在晶体中的折射率（n_e）不是常数,在晶体内各个方向的传播速度不相等.

思考题

16-1 为什么要引入光程的概念? 光程与几何路程有何区别和联系? 光程差与相位差有什么关系?

16-2 在双缝干涉实验中,当发生下列变化时,干涉条纹将如何变化?

（1）屏幕移近;（2）两缝距离变小;（3）两缝的宽度不等.

16-3 在双缝干涉实验中,如果平行光不是垂直入射,而是有一倾角,试写出屏上相遇的两光线的光程差与相位差. 此时,屏上零级明条纹的位置是否改变? 为什么?

16-4 如图所示的劳埃德镜实验中,缝 S 前放一厚度为 e 的透明介质片,其折射率为 n, 写出相遇于 P 点的两束相干光的光程差和干涉明、暗条纹的位置.

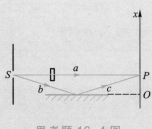

思考题 16-4 图

16-5 在薄膜干涉的两束反射光的光程差中,什么情况下应有附加光程差这一项?

16-6 何谓等厚干涉?等厚干涉条纹的形状由什么决定?

16-7 试述增透膜的原理.

16-8 单色光垂直照射的劈尖,当劈尖夹角逐渐变小时,干涉条纹如何变动?

16-9 如果观察牛顿环的装置由 3 块透明材料组成,它们的折射率不同;如图所示,试问由此得出的干涉图样如何?

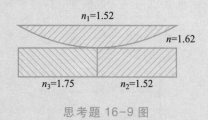

思考题 16-9 图

16-10 一半圆柱形透镜与一平面玻璃接触能否产生干涉?其条纹如何?

16-11 衍射与干涉有何区别和联系?

16-12 用眼睛直接通过一狭缝观察远处与缝平行的线状灯光,看到的衍射图样是菲涅耳衍射,还是夫琅禾费衍射?

16-13 如何用波带法处理单缝衍射?怎样得出单缝衍射公式?

16-14 单缝衍射中,屏上光强分布如图所示,屏上 P、Q 两点所对应的衍射角应满足什么条件?相应单缝处可分成几个波带?

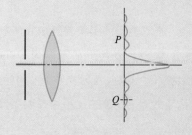

思考题 16-14 图

16-15 在单缝衍射中,当发生下列变化时,衍射图样将如何变化?

(1) 增大入射光波长;

(2) 增大缝宽;

(3) 将缝相对于透镜上下移动.

16-16 光栅衍射和单缝衍射有何区别?为什么光栅衍射的明条纹比单缝衍射的明条纹亮?

16-17 光栅常量和光栅的总缝数对光栅条纹有何影响?

16-18 试述产生光栅光谱线缺级的原因.

16-19 什么是自然光、偏振光和部分偏振光？将自然光变成偏振光有哪几种方法？

16-20 根据布儒斯特定律，如何测定不透明介质（例如珐琅）的折射率？

习题

16-1 有一束波长为 500 nm 的光穿过相距为 0.340 mm 的两个狭缝，在距离两个狭缝中心很远（相比较于两狭缝之间的距离）且与两狭缝中线成 23.0° 的方向上，通过狭缝的两束光之间的相位差是多少？

16-2 把双缝干涉实验装置放在折射率为 n 的介质中，双缝到观察屏的距离为 D，两缝之间的距离为 d ($d \ll D$)，入射光在真空中的波长为 λ，试推导出屏上干涉条纹中相邻明条纹的间距的表达式。

16-3 在双缝干涉实验中，一束波长 $\lambda = 550$ nm 的单色平行光垂直入射到缝间距 $d = 2 \times 10^{-4}$ m 的双缝上，屏到双缝的距离 $D = 2$ m。求：

（1）中央明条纹两侧的两条第 10 级明条纹中心的间距；

（2）若用一厚度 $e = 6.6 \times 10^{-6}$ m、折射率 $n = 1.58$ 的云母片覆盖一缝后，零级明纹将移到原来的第几级明条纹处？

16-4 在双缝干涉实验中，双缝与屏间的距离为 $D = 1.2$ m，双缝间距为 $d = 0.45$ mm，测得屏上干涉条纹的相邻明条纹间距为 1.5 mm，求光源发出的单色光的波长 λ。

16-5 在双缝干涉实验中，用一束波长 $\lambda = 546.1$ nm 的单色光照射，双缝与屏的距离为 $D = 300$ mm，测得中央明条纹两侧的两个第 5 级明条纹的间距为 12.2 mm，求双缝间的距离。

16-6 用很薄的云母片（$n = 1.58$）覆盖在双缝实验中的一条缝上，这时屏幕上的零级明条纹移到原来的第 7 级明条纹的位置上，如果入射光的波长为 550 nm，试问此云母片的厚度为多少？

16-7 如图所示的双缝干涉实验中，若用薄玻璃片（折射率 $n_1 = 1.4$）覆盖缝 S_1，用同样厚度的玻璃片（但折射率 $n_2 = 1.7$）覆盖缝 S_2，将使屏上原来未放玻璃时的中央明条纹所在处 O 变为第 5 级明条纹。设单色光波长 $\lambda = 480$ nm，求玻璃片的厚度 d（可认为光线垂直穿过玻璃片）。

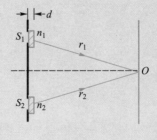

习题 16-7 图

16-8 一射电望远镜的天线设在湖岸上，距湖面高度为 h，对岸地平线上方有一恒星刚在升起，恒星发出波长为 λ 的电磁波。试求当天线测得第一级干涉极大时恒星所在的角位置 θ.

16-9 在棱镜 $(n_1 = 1.52)$ 表面镀一层增透膜 $(n_2 = 1.30)$. 如使此增透膜适用于 550 nm 波长的光,膜的厚度应取何值?

16-10 在玻璃(折射率为 1.60)表面镀一层 MgF_2(折射率为 1.38)薄膜作为增透膜. 为了使波长为 500 nm 的光从空气(折射率为 1.00)正入射时尽可能少反射,MgF_2 薄膜的最小厚度应为多少?

16-11 白光垂直照射到空气中一厚度为 $e = 380$ nm 的肥皂膜上,肥皂膜的折射率 $n = 1.33$,问在可见光的范围(400~760 nm),哪些波长的光在反射中增强?

16-12 用白光垂直照射置于空气中的厚度为 0.50 μm 的玻璃片. 玻璃片的折射率为 1.50. 在可见光范围(400~760 nm),哪些波长的反射光有最大限度的增强?哪些波长的透射光有最大限度的减弱?

16-13 一束平面单色光波垂直照射在厚度均匀的薄油膜上,油膜覆盖在玻璃板上,所用单色光的波长可以连续变化(400~760 nm),仅观察到 500 nm 与 700 nm 这两个波长的光在反射中消失. 油的折射率为 1.30,玻璃的折射率为 1.50,试求油膜的最小厚度.

16-14 两块长度为 10 cm 的平玻璃片,一端互相接触,另一端用厚度为 0.004 mm 的纸片隔开,形成空气劈尖. 以一束波长为 500 nm 的平行光垂直照射,观察反射光的等厚干涉条纹,在全部 10 cm 的长度内呈现多少级明条纹?多少级暗条纹?

16-15 空气中有一劈形透明膜,其劈尖角 $= 1.0 \times 10^{-4}$ rad,在波长为 700 nm 的单色光垂直照射下,测得两相邻干涉明条纹间距 $l = 0.25$ cm,求:

(1) 此透明材料的折射率;

(2) 第 2 级明条纹与第 5 条明条纹所对应的薄膜厚度之差.

16-16 如图所示,在 Si 的平面上镀了一层厚度均匀的 SiO_2 薄膜. 为了测量这层薄膜的厚度,将它的一部分磨成劈形(示意图中的 AB 段). 现用一束波长为 600 nm 的平行光垂直照射,观察反射光形成的等厚干涉条纹. 在图中 AB 段共有 8 级暗条纹,且 B 处恰好是一条暗条纹,求膜的厚度.(Si 的折射率为 3.42,SiO_2 的折射率为 1.50.)

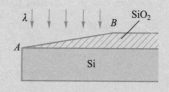

习题 16-16 图

16-17 如图所示,在两块平板玻璃片之间夹一金属细丝,形成空气劈尖,金属丝到棱边的距离为 L. 一束波长为 λ 的平行光垂直照射到劈尖上,测得 30 级明条纹之间的距离为 l,则金属丝直径应为多大?

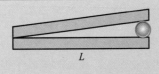

习题 16-17 图

16-18 如图所示,曲率半径为 R 的平凸透镜和平玻璃板之间形成劈形空气薄层,用一束波长为 λ 的单色平行光垂直入射,观察反射光形成的牛顿环. 设凸透镜和平玻璃板在中心点 O 恰好接触,试导出确定第 k 级暗环的半径 r 的公式.(从中心向外数 k 的数目,中心暗斑不算)

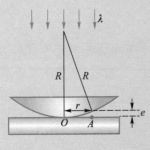

习题 16-18 图

16-19 使用单色光来观察牛顿环,测得某一级明环的直径为 3.00 mm,在它外面第 5 级明环的直径为 4.60 mm,所用平凸透镜的曲率半径为 1.03 m,求此单色光的波长.

16-20 如图所示,牛顿环装置的平凸透镜与平板玻璃间有一小缝隙 e_0. 现用一束波长为 λ 的单色光垂直照射,已知平凸透镜的曲率半径为 R,试证明反射光形成的牛顿环的各级暗坏半径为:$r = \sqrt{R(k\lambda - 2e_0)}$.($k$ 为整数,且 $k > 2e_0/\lambda$.)

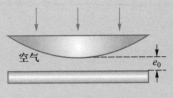

习题 16-20 图

16-21 迈克耳孙干涉仪可用来测量单色光的波长,当 M_2 移动距离 $d = 0.322\,0$ mm 时,测得某单色光的干涉条纹移过 $N = 1\,204$ 条,试求该单色光的波长.

16-22 在迈克耳孙干涉仪的一支光路中,放入一片折射率为 n 的透明介质薄膜后,测出两束光的光程差的改变量为一个波长 λ,则薄膜的厚度应为多少?

16-23 在迈克耳孙干涉仪的可动反射镜平移一微小距离的过程中,观察到干涉条纹恰好移动 1 848 条. 所用单色光的波长为 546.1 nm,由此可知反射镜平移的距离为多大?

16-24 有一单缝,宽 $a = 0.10$ mm,在缝后放一焦距为 50 cm 的会聚透镜,用平行绿光($\lambda = 546.0$ nm)垂直照射单缝,试求位于透镜焦面处的屏幕上的中央明条纹及第 2 级明条纹宽度.

16-25 平行光垂直入射到一宽度 $a = 0.5$ mm 的单缝上. 单缝后面放置一焦距 $f = 0.40$ m 的透镜,使衍射条纹呈现在位于透镜焦平面的屏幕上. 若在距离中央明条纹中心为 $x = 1.20$ mm 处观察,看到的是第 3 级明条纹. 求:

(1) 入射光波长 λ;

（2）从该方向望去,单缝处的波前被分为几个半波带?

16-26 在夫琅禾费单缝衍射试验中,设第一级暗纹的衍射角很小,若钠黄光($\lambda_1 = 589$ nm)中央明纹宽度为 4.0 mm,则 $\lambda_2 = 442$ nm 的蓝紫色光的中央明纹宽度为多大?

16-27 在白色光形成的单缝衍射条纹中,波长为 λ 的光的第 3 级明条纹,和波长为 $\lambda_1 = 630$ nm 的红光的第 2 级明条纹相重合,则该光的波长 λ 为多大?

16-28 在某个单缝衍射实验中,光源发出的光含有两种波长 λ_1 和 λ_2,并垂直入射于单缝上.假如 λ_1 的第一级衍射极小与 λ_2 的第二级衍射极小相重合,试问:

（1）这两种波长之间有何关系?

（2）在这两种波长的光所形成的衍射图样中,是否有其他极小相重合?

16-29 在迎面驶来的汽车上,两盏前灯相距 1.2 m,试问汽车在离人多远的地方,眼睛才可能分辨这两盏前灯?假设夜间人眼瞳孔直径为 5.0 mm,而入射光波长 $\lambda = 550.0$ nm.

16-30 据说间谍卫星上的照相机能清楚识别地面上的汽车牌照号码.试问:

（1）如果需要识别的牌照上字的笔画间的距离为 5 cm,在 160 km 高空的卫星上的照相机的角分辨率应多大?

（2）此照相机的孔径需要多大?光的波长按 500 nm 计.

16-31 月球距地面大约 3.86×10^5 km,假设月光波长可按 $\lambda = 550$ nm 计算,那么在地球上用直径 $D = 500$ cm 的天文望远镜恰好能分辨月球表面相距为多大的两点?

16-32 用波长为 λ 的单色平行光垂直照射在光栅常量 $d = 2.00 \times 10^3$ nm 的光栅上,用焦距 $f = 0.500$ m 的透镜将光会聚在屏上,测得光栅衍射图像的第一级谱线与透镜主焦点的距离 $l = 0.166~7$ m,则该入射光的波长为多大?

16-33 为了测定一光栅的光栅常量,用波长 $\lambda = 632.8$ nm 的 He-Ne 激光器光源垂直照射光栅.已知第 2 级明条纹出现在 30°角的方向上,问:

（1）光栅常量是多大?

（2）此光栅 1 cm 内有多少条缝?

（3）最多能观察到第几级明条纹?共有几级明条纹?

16-34 一束具有两种波长 λ_1 和 λ_2 的平行光垂直照射到一衍射光栅上,测得波长 λ_1 的第 3 级主极大衍射角和 λ_2 的第 4 级主极大衍射角均为 30°.已知 $\lambda_1 = 560$ nm,试问:

（1）光栅常量 $a+b = $?

（2）波长 $\lambda_2 = $?

16-35 设光栅平面和透镜都与屏幕平行，在平面透射光栅上每厘米有 5 000 条刻线，用它来观察钠黄光（$\lambda = 589$ nm）的光谱线．

（1）当光线垂直入射到光栅上时，能看到的光谱线的最高级数 k_m 是多少？

（2）当光线以 30° 的入射角（入射线与光栅平面的法线的夹角）斜入射到光栅上时，能看到的光谱线的最高级数 k'_m 是多少？

16-36 用一束波长 $\lambda = 550$ nm 的单色平行光垂直照射一光栅，已知光栅常量 $d = 4$ μm，每条透光缝宽为 $a = 2$ μm，求：

（1）该光栅每毫米宽度上有多少条缝？

（2）在衍射区域内共可以观测到多少光栅衍射主极大？

（3）在单缝衍射中明条纹宽度内，有多少光栅衍射主极大？

16-37 一双缝的缝间距 $d = 0.10$ mm，缝宽 $a = 0.02$ mm，用波长 $\lambda = 480$ nm 的平行单色光垂直入射该双缝，双缝后放一焦距为 50 cm 的透镜，试求：

（1）透镜焦平面处屏上条纹的间距；

（2）单缝衍射中央明条纹的宽度；

（3）单缝衍射的中央包线内有多少条干涉的主极大．

16-38 一束波长 $\lambda = 600$ nm 的单色光垂直入射到一光栅上，测得第 2 级主极大的衍射角为 30°，且第 3 级是缺级．

（1）问光栅常量 $(a+b)$ 等于多少？

（2）问透光缝 a 可能的最小宽度等于多少？

（3）在选定了上述 $(a+b)$ 和 a 之后，求在屏幕上可能呈现的全部主极大的级次．

16-39 一个平面光栅，当用光垂直照射时，在 30° 角的衍射方向上得到 600 nm 的第 2 级主极大，该栅能分辨 $\Delta\lambda = 0.05$ nm 的两条光谱线，但不能得到 400 nm 的第 3 级主极大，计算此光栅的透光部分的宽度 a、不透光部分的宽度 b 以及最小总缝数 N 的值．

16-40 如图所示，若入射角 $\varphi = 45°$，入射的 X 射线含有从 0.095 nm 到 0.130 nm 这一波带中的各种波长．已知晶格常量 $d = 0.275$ nm，问是否有干涉加强的 X 射线产生？如果有，试计算这种 X 射线的波长？

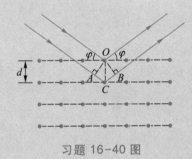

习题 16-40 图

16-41 将两个偏振化方向相交 60° 的偏振片叠放在一起．一束光强为 I_0 的线偏振光垂直入射到偏振片上，其光矢量振动方向与第一个偏振片的偏振化方向成 30° 角．

（1）求透过第二个偏振片后的光束强度；

（2）若将原入射光束换为强度相同的自然光，求透过第二个偏振片后的光束强度．

16-42 三个偏振片叠放在一起,第二个与第三个的偏振化方向分别与第一个的偏振化方向成45°和90°角.

(1)强度为 I_0 的自然光垂直入射到这一堆偏振片上,试确定光经每一个偏振片后的偏振状态和光强.

(2)如果将第二个偏振片抽走,情况又如何?

16-43 自然光和线偏振光的混合光束,通过一偏振片时,随着偏振片以光的传播方向为轴转动,透射光的强度也跟着改变,如最强和最弱的光强之比为 6∶1,那么入射光中自然光和线偏振光的强度之比为多大?

16-44 一束光强为 I_0 的自然光,相继通过三个偏振片 P_1、P_2、P_3 后,出射光的光强为 $I=I_0/8$. 已知 P_1 和 P_3 的偏振化方向相互垂直,若以入射光线为轴,旋转 P_2,要使出射光的光强为零,P_2 最少要转过多大的角度?

16-45 如图所示,有三个偏振片堆叠在一起,第一个与第三个的偏振化方向相互垂直,第二个和第一个的偏振化方向相互平行,然后第二个偏振片以恒定角速度 ω 绕光传播的方向旋转. 设入射自然光的光强为 I_0. 试证明:此自然光通过这一系统后,出射光的光强为 $I=I_0(1-\cos 4\omega t)/16$.

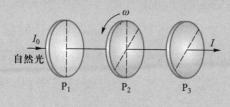

习题 16-45 图

16-46 起偏器和检偏器的偏振化方向之间的夹角为30°,

(1)假定偏振片是理想的,则非偏振光通过起偏器和检偏器后,其出射光强与原来光强之比是多少?

(2)如果起偏器和检偏器分别吸收了10%的可通过光线,则出射光强与原来光强之比是多少?

16-47 一束自然光自空气入射到水(折射率为 1.333)表面上,若反射光是线偏振光,则:

(1)此入射光的入射角为多大?

(2)折射角为多大?

16-48 从一池静水的表面反射出来的太阳光是线偏振光,此时太阳在地平线上多大仰角处?

16-49 应用布儒斯特定律可以测介质的折射率. 令一束光从空气中入射此介质,测得起偏角 $i_B=56°$,则这种介质的折射率为多大?

16-50 如图所示,有一平面玻璃板放在水中,板面与水面夹角为 θ. 设水和玻璃的折射率分别为 1.333 和 1.517,欲使图中水面和玻璃板面的反射光都是完全偏振光,则 θ 角应是多大?

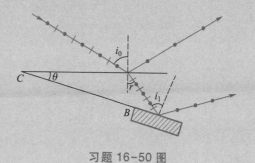

习题 16-50 图

第十七章　狭义相对论

经典力学认为,在所有的惯性参考系中,时间和空间的量度是绝对的,与惯性参考系的运动无关的. 但人们在 19 世纪末通过实验发现,当物体运动速度接近光速时,绝对时空观不再成立. 爱因斯坦建立的相对论从本质上修正了由狭隘经验建立起来的绝对时空观,并且揭示了质量和能量的内在关系,颠覆了牛顿力学的质量和能量互不相关,质量、时空永恒不变的基本观念,被誉为 20 世纪人类思想史上最伟大的成就之一.

17-1　伽利略变换　力学的相对性原理

一、伽利略变换

设两个惯性参考系 $S(Oxyz)$ 和 $S'(O'x'y'z')$, $S'(O'x'y'z')$ 系相对 $S(Oxyz)$ 系以速度 v 沿 x 轴正方向运动,如图 17.1.1 所示. 开始时两惯性参考系重合,这时作为共同的计时起点. 在随后的运动过程中,它们的对应坐标轴始终保持平行. 设空间某点发生的某一客观事件 P,在 $S(Oxyz)$ 系中,该事件对应于一组时空坐标为 (x,y,z,t),在 $S'(O'x'y'z')$ 系中,该

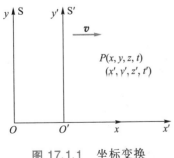

图 17.1.1　坐标变换

事件对应于一组时空坐标为(x',y',z',t'). 所谓坐标变换就是指同一事件在两个惯性系中描述的时空坐标之间的定量关系.

伽利略变换对同一事件在两个惯性系中描述的时空坐标之间的定量关系如下:

$$\begin{cases} x'=x-vt \\ y'=y \\ z'=z \\ t'=t \end{cases} \text{或} \begin{cases} x=x'+vt' \\ y=y' \\ z=z' \\ t=t' \end{cases} \quad (17.1.1)$$

若在空间有一个运动质点,它在$\mathrm{S}(Oxyz)$和$\mathrm{S}'(O'x'y'z')$系中的运动方程分别为$\boldsymbol{r}(t)=x(t)\boldsymbol{i}+y(t)\boldsymbol{j}+z(t)\boldsymbol{k}$和$\boldsymbol{r}'(t')=x'(t')\boldsymbol{i}+y'(t')\boldsymbol{j}+z'(t')\boldsymbol{k}$,运动方程的坐标分量之间关系满足伽利略坐标变换. 由于该运动质点在$\mathrm{S}(Oxyz)$和$\mathrm{S}'(O'x'y'z')$系中的速度分别为$\boldsymbol{u}=\dfrac{\mathrm{d}\boldsymbol{r}}{\mathrm{d}t}=\dfrac{\mathrm{d}x}{\mathrm{d}t}\boldsymbol{i}+\dfrac{\mathrm{d}y}{\mathrm{d}t}\boldsymbol{j}+\dfrac{\mathrm{d}z}{\mathrm{d}t}\boldsymbol{k}$和$\boldsymbol{u}'=\dfrac{\mathrm{d}\boldsymbol{r}'}{\mathrm{d}t'}=\dfrac{\mathrm{d}x'}{\mathrm{d}t'}\boldsymbol{i}+\dfrac{\mathrm{d}y'}{\mathrm{d}t'}\boldsymbol{j}+\dfrac{\mathrm{d}z'}{\mathrm{d}t'}\boldsymbol{k}$,由此可得该运动质点速度分量之间的变换关系为

阅读材料 伽利略

$$\begin{cases} u_x'=u_x-v \\ u_y'=u_y \\ u_z'=u_z \end{cases} \text{或} \begin{cases} u_x=u_x'+v \\ u_y=u_y' \\ u_z=u_z' \end{cases} \quad (17.1.2)$$

若采用矢量的形式,则表示为

$$\boldsymbol{u}'=\boldsymbol{u}-\boldsymbol{v} \text{ 或 } \boldsymbol{u}=\boldsymbol{u}'+\boldsymbol{v} \quad (17.1.3)$$

同样我们也可以得到该运动质点在$\mathrm{S}(Oxyz)$和$\mathrm{S}'(O'x'y'z')$系中的加速度之间的变换关系

$$\begin{cases} a_x'=a_x \\ a_y'=a_y \\ a_z'=a_z \end{cases} \text{或} \quad \boldsymbol{a}'=\boldsymbol{a} \quad (17.1.4)$$

坐标变换不仅是描述运动质点在两个惯性系间的坐标、速度、加速度之间定量的变换关系的,而且还是对具体时空观的定量描写.

二、 伽利略变换反映经典时空观

经典力学认为空间只是物质运动的"场所",它与其中的物质完全无关而独立地存在着.另外,空间的量度(如两点间的距离)应当与惯性系无关,是绝对不变的.经典力学还认为,时间也是与物质的运动无关而在永恒地、均匀地流逝着的,时间的量度应当与惯性系无关,是绝对的,对于不同的惯性系可以用同一的时间来讨论问题.这就是经典时空观,也叫牛顿绝对时空观.

从(17.1.1)式的伽利略变换中可以清楚地显示,时间与参考系的运动状态无关,时间是绝对的.在所有惯性系中任意两事件之间的时间间隔必定都是相同的.若两事件之间的时间间隔为零,则称这两事件是同时发生的,显然同时性是绝对的.另外,从(17.1.1)式的伽利略变换中还可以看到,在任意确定时刻空间两点的长度对于所有惯性系是不变的.或者空间长度与参考系的运动状态无关,空间长度是绝对的.总之在伽利略变换下,时间和空间均与参考系的运动状态无关,时间和空间之间也是没有联系的,时空是绝对的.这正是经典时空观,而这些观念是集中体现在定量的伽利略变换之中的.

三、 力学的相对性原理

力学的相对性原理,又称为伽利略相对性原理.实验事实告诉我们,在一个惯性系的内部所作的任何力学的实验都不能够确定这一惯性系本身是在静止状态,还是在作匀速直线运动.也就是说,一切彼此作匀速直线运动的惯性系,对于描写机械运动的力学规律来说是完全等价的.从定量上看,这要求经典力学的基本方程在所有惯性系中都具有相同的数学形式.由于伽利略变换将所有的惯性系联系了起来,如果力学规律通过伽利略变换其数学形式不变,就说明力学规律在所有惯性系中具有相同的形式,从而说明该力学规律是遵循相对性原理的. 设在惯性参考系 $S(Oxyz)$ 中某物体(可以看成质点)的质量为 m,受到合力为 F,在合力 F 的作用下其加速度为 a;在惯性参考系 $S'(O'x'y'z')$ 中该物体的质量为 m',受到合力为 F',在合力 F' 的作用下其加速度为 a'. 相对性原理要求,若在惯性参考系 $S(Oxyz)$ 中牛顿第二定律的数学表述为 $F=ma$,则在惯性参考系 $S'(O'x'y'z')$ 中牛顿第二定律的数学表述应为 $F'=m'a'$,反之亦然. 经典力学认为力是物体间的相互作用,它与坐标变换无关,即 $F'=F$;经典力学又认为,质量是物体具有的固有属性,它与坐标变换无关,即 $m'=m$. 另外,我们已经得到了伽利略变换下 a' 与 a 之间的关系 $a'=a$. 由此牛顿第二定律的数学表述在伽利略变换下的形式不变,也就是说在伽利略变换下,力学的相对性原理是成立的.

四、经典物理的困难

19 世纪后期,经典力学已发展到非常完美的程度. 而且,随着人们对电磁规律的更加深入的探索,终于导致了麦克斯韦方程组的建立. 麦克斯韦方程组不仅完整地反映了电磁运动的普遍规律,而且还预言了电磁波的存在,揭示了光的电磁本质,从而奠定了经典物理学更加辉煌的成就. 但同时,人们在认识电磁波的物理图像时却碰到了一定的困难,按照麦克斯韦理论,真空中电磁波的速度,也就是光的速度是一个常量,然而若按照经典力学的速度叠加原理,不同惯性系的光速不会相同,这就出现了一个问题——麦克斯韦理论是否只适用于一个特殊的参考系? 当时物理学界机械论占统治地位,认为物理学可以用单一的经典力学图像加以描述,其突出表现就是"以太假说". 这个假说认为,

阅读材料
迈克耳孙-莫雷实验

以太是传递包括光波在内的所有电磁波的弹性介质,它充满整个宇宙.电磁波是以太介质的机械运动状态,带电粒子的振动会引起以太的形变,而这种形变以弹性波形式的传播就是电磁波.当时人们普遍认为,麦克斯韦方程组只在相对于以太静止的参考系中成立,在这个参考系中电磁波沿各个方向的传播速度都等于常量 c,而在相对于以太运动的惯性系中则要满足经典力学的速度叠加原理.著名的迈克耳孙-莫雷实验就是为了探测地球相对于以太的运动而设计的,1887 年,迈克耳孙和莫雷改进了实验装置,预期的条纹移动数目为 0.4,是最小可观测量的 40 倍,但在实验中却一点也未观察到条纹的移动,这就是所谓的迈克耳孙-莫雷实验的"零结果",它无法用经典理论予以解释.

17-2　狭义相对论的两条基本假设　洛伦兹变换

一、狭义相对论的两条基本假设

阅读材料　爱因斯坦

在经典物理学中,经典力学满足伽利略相对性原理,所有惯性系都是等价的;而电磁学不满足伽利略相对性原理.爱因斯坦认为,相对性原理应该具有普遍意义,不仅经典力学规律,而且电磁学规律和其他物理学规律,在所有惯性系中都应该保持不变的数学形式.在伽利略变换下,电磁学规律不可能保持不变的数学形式,就必须寻找或建立新的变换关系以替代伽利略变换.在这种新的变换关系下,麦克斯韦方程组应该保持不变的数学形式,也就是说在所有惯性系中,电磁波在真空中都以光速 c 传播.如果光速确实是与惯性系无关的一个不变量,则迈克耳孙-莫雷实验的"零结

果"就是一个自然而然的结论. 爱因斯坦将上述的创新思想概括为狭义相对论的两条基本原理:

（1）**相对性原理**:基本物理定律在所有惯性系中都保持相同形式的数学表达式,因此一切惯性系都是等价的;

（2）**光速不变原理**:在一切惯性系中,光在真空中的传播速率都等于 c,与光源的运动状态无关.

这两条原理是整个狭义相对论的基础,狭义相对论的具体结论可以在这两条原理的基础上演绎出来. 因此要理解和接受狭义相对论的所有内容,关键是在于接受狭义相对论的这两条原理. 作为基本原理,最初可能只是一种假设,然而若它及由它得出的所有推论都毫无例外地被实验所证实的话,那么最初的假设就成了自然界的基本事实.

二、洛伦兹变换

设两个惯性参考系 S($Oxyz$) 和 S′($O'x'y'z'$),S′($O'x'y'z'$) 系相对 S($Oxyz$) 系以速度 v 沿 x 轴正方向运动. 开始时两惯性参考系重合,这时作为共同的计时起点. 在随后的运动过程中,它们的对应坐标轴始终保持平行. 设某一客观事件,在坐标系 S($Oxyz$) 中的时空坐标为 (x, y, z, t),在坐标系 S′($O'x'y'z'$) 中的时空坐标为 (x', y', z', t'),如图 17.1.1 所示. 下面我们就在这两个惯性系之间推导能满足狭义相对论的两条基本原理的新变换关系.

 阅读材料 洛伦兹

首先我们要考虑如下事实,当运动速度远小于真空光速时,新变换应该过渡到伽利略变换,因为在低速情况下伽利略变换被实践检验是正确的. 其次,新变换应该是线性的,因为只有这样才能保证当物体在一个参考系中作匀速直线运动时,在另一个参考系中也能观察到它作匀速直线运动. 再考虑到我们对两参考系及计时起点的具体设定,应

该将同一事件在两惯性系中坐标变换的普遍形式写为

$$\begin{cases} x'=k(x-vt) \\ y'=y \\ z'=z \\ t'=At+Bx \end{cases} \tag{17.2.1}$$

为了得到满足光速不变原理的新坐标变换关系,我们在共同的计时起点($t=t'=0$)即两坐标系重合时,在坐标原点沿任一方向发出一光信号,光信号经过时间 t 传到空间 P 点.

此时 $r'=ct'$ 及 $r=ct$ 亦即

$$x'^2+y'^2+z'^2=(ct')^2 \text{ 及 } x^2+y^2+z^2=(ct)^2$$

由此可得

$$x'^2+y'^2+z'^2-c^2t'^2=x^2+y^2+z^2-c^2t^2 \tag{17.2.2}$$

以上等式是在光速不变原理的要求下对所有惯性系普遍成立的等式. 将坐标变换的普遍形式,即(17.2.1)式代入得

$$k^2(x-vt)^2-[c(At+Bx)]^2=x^2-c^2t^2$$

即 $(k^2-c^2B^2)x^2+(k^2v^2-c^2A^2)t^2-2(k^2v+c^2AB)xt=x^2-c^2t^2$,得方程组

$$\begin{cases} k^2-c^2B^2=1 \\ k^2v^2-c^2A^2=-c^2 \\ k^2v+c^2AB=0 \end{cases} \tag{17.2.3}$$

解得

$$\begin{cases} k=A=\dfrac{1}{\sqrt{1-\dfrac{v^2}{c^2}}} \\ \\ B=\dfrac{v/c^2}{\sqrt{1-\dfrac{v^2}{c^2}}} \end{cases} \tag{17.2.4}$$

将上式代入(17.2.1)式即得到新坐标变换为

$$\begin{cases} x' = \dfrac{x-vt}{\sqrt{1-v^2/c^2}} \\[2em] y' = y \\[1em] z' = z \\[1em] t' = \dfrac{t-vx/c^2}{\sqrt{1-v^2/c^2}} \end{cases} \qquad (17.2.5)$$

这种新的变换称为**洛伦兹**（H. A. Lorentz, 1853—1928）**变换**，在洛伦兹变换中，时间、空间与参考系的运动状态是密切相关的. 显然，在 $v \ll c$ 的情况下，洛伦兹变换就过渡到伽利略变换.

将（17.2.5）式中带撇的量与不带撇的量互换，并将 v 换成 $-v$，就得到洛伦兹变换的逆变换

$$\begin{cases} x = \dfrac{x'+vt'}{\sqrt{1-v^2/c^2}} \\[2em] y = y' \\[1em] z = z' \\[1em] t = \dfrac{t'+vx'/c^2}{\sqrt{1-v^2/c^2}} \end{cases} \qquad (17.2.6)$$

由于 x 和 t 都是实数，从洛伦兹变换中可以看到速率 v 必须满足

$$v < c \qquad (17.2.7)$$

于是得到物体的运动速度都不能超过真空中的光速 c，或者说真空中的光速 c 是物体运动的极限速度.

我们通常令 $\beta = \dfrac{v}{c}$，$\gamma = \dfrac{1}{\sqrt{1-\beta^2}}$，从而可以使洛伦兹变换的形式写得较为简洁.

例 17.2.1

若在参考系 S 中测得一次爆炸发生的坐标为

$$(x, y, z, t) = (6 \text{ m}, 0, 0, 2 \times 10^{-8} \text{ s})$$

设参考系 S′ 沿着 x 轴正方向以相对速度 $0.8c$ 运动（在 $t = t' = 0$ 时，两参考系的原点重合），试求参考系 S′ 中观测者测得该事件的坐标.

解 利用洛伦兹变换，当两参考系相对速度为 $0.8c$ 时，

$$\beta = \frac{v}{c} = 0.8$$

$$\gamma = \frac{1}{\sqrt{1-\beta^2}} = \frac{1}{\sqrt{1-0.8^2}} = \frac{5}{3}$$

因此

$$x' = \gamma(x - vt) = \frac{5}{3} \times (6 - 4.8) \text{ m} = 2 \text{ m}$$

$$t' = \gamma\left(t - \frac{vx}{c^2}\right) = \frac{5}{3} \times \left(2 \times 10^{-8} - 0.8 \times \frac{6}{3 \times 10^8}\right) \text{ s}$$

$$\approx 0.67 \times 10^{-8} \text{ s}$$

另外 $y' = y = 0$ 和 $z' = z = 0$.

所以求得 S′ 系中该事件的坐标为

$$(2 \text{ m}, 0, 0, 0.67 \times 10^{-8} \text{ s})$$

三、相对论的速度变换

在两个惯性参考系 S($Oxyz$) 和 S′($O'x'y'z'$) 中，对同一个运动质点观测到两个速度，相对论的速度变换式就是指这两个速度之间的定量关系. 为简单起见，我们只讨论质点沿 x 轴方向作一维直线运动的情况. 设质点在这惯性系 S($Oxyz$) 和 S′($O'x'y'z'$) 中的速度分别为 $u = \dfrac{\mathrm{d}x}{\mathrm{d}t}$ 和 $u' = \dfrac{\mathrm{d}x'}{\mathrm{d}t'}$.

根据洛伦兹变换，由 (17.2.5) 式有

$$\mathrm{d}x' = \frac{\mathrm{d}x - v\mathrm{d}t}{\sqrt{1 - v^2/c^2}} \qquad (17.2.8\text{a})$$

$$\mathrm{d}t' = \frac{\mathrm{d}t - v\mathrm{d}x/c^2}{\sqrt{1 - v^2/c^2}} \qquad (17.2.8\text{b})$$

将上式中的第一式除以第二式并考虑到 $u = \dfrac{\mathrm{d}x}{\mathrm{d}t}$，可以得到速度变换公式为

$$u' = \frac{u-v}{1-\dfrac{uv}{c^2}} \qquad (17.2.9)$$

将(17.2.9)式中将带撇的量与不带撇的量互换,并将 v 换成$-v$,就可以得到速度变换公式的逆变换

$$u = \frac{u'+v}{1+\dfrac{u'v}{c^2}} \qquad (17.2.10)$$

显然,在 $v \ll c$ 的情况下,$u = \dfrac{u'+v}{1+\dfrac{u'v}{c^2}} \approx u'+v$,即在低速近

似下,相对论的速度变换公式会过渡到经典情况. 在 $v \approx c$ 的情况下,$u \approx \dfrac{u'+c}{1+\dfrac{u'c}{c^2}} = c$;或在 $u' \approx c$ 的情况下,$u \approx \dfrac{c+v}{1+\dfrac{cv}{c^2}} \rightarrow c$,

即无论是以坐标系在作接近光速的高速运动还是物体在作接近光速的高速运动,都无法叠加出超光速的情况. 这一点和经典情况截然不同.

例 17.2.2

在地面上测到有两个飞船 a、b 分别以 $+0.9c$ 和 $-0.9c$ 的速度沿相反的方向飞行,如图 17.2.1 所示. 求飞船 a 相对于飞船 b 的速度.

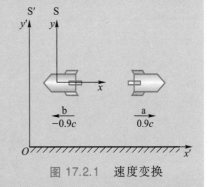

图 17.2.1 速度变换

解 设 $S(Oxy)$ 系被固定在飞船 b 上,则飞船 b 在其中为静止,而地面对此参考系以 $v=0.9c$ 的速度运动. 以地面为参考系 $S'(O'x'y')$,则飞船 a 相对于 $S'(O'x'y')$ 系的速度为 $u'_x = 0.9c$,求得飞船 a 对 $S(Oxy)$ 系的速度,亦即相对于飞船 b 的速度

$$u_x = \frac{u'_x + v}{1 + \dfrac{vu'_x}{c^2}} = \frac{0.9c + 0.9c}{1 + 0.9 \times 0.9} = \frac{1.80c}{1.81} \approx 0.994c$$

如用伽利略速度变换进行计算,结果为:$u_x = u_x' = 0.9c + 0.9c = 1.8c > c$,两者大相径庭. 狭义相对论给出 $u_x < c$,按相对论速度变换,u_x 不可能大于 c.

17-3 狭义相对论的时空观

伽利略变换是经典时空观念的集中体现,时间、空间与参考系的运动状态无关,时空是绝对的. 然而在洛伦兹变换中,时间、空间与参考系的运动状态是密切相关的,所以狭义相对论的时空观必定与经典力学的时空观念有很大的不同.

一、同时的相对性

在经典力学的时空观中,两个客观事件是否是同时发生的,是一个与惯性系无关的绝对的结论. 即在 S($Oxyz$) 系中观测到两个事件是同时发生的($\Delta t = 0$),则在 S′($O'x'y'z'$) 系中也必定是同时发生的($\Delta t' = 0$). 对伽利略变换而言,这显然是确定的结论;但对洛伦兹变换而言,这结论显然不成立. 由洛伦兹变换中的时间变换式可得

$$\Delta t' = (\Delta t - v\Delta x/c^2)/\sqrt{1-v^2/c^2}$$

显然对两个不同的事件($\Delta x \neq 0$),若在 S($Oxyz$) 系中观测到两个事件是同时发生的($\Delta t = 0$),则在 S′($O'x'y'z'$) 系中必定不可能是同时发生的

$$\Delta t' = (-v\Delta x/c^2)/\sqrt{1-v^2/c^2} \neq 0$$

由于运动是相对的,所以这种效应是互逆的,即在 S′($O'x'y'z'$) 系中两个不同地点同时发生的事件,在 S($Oxyz$) 系中看来也不是同时发生的. 在狭义相对论中同时性是与

观察者的运动状态有关的,通常我们将这一结论称为同时的相对性.

同时的相对性是光速不变原理的必然结论,设一个相对于坐标系 $S'(O'x'y'z')$ 静止的物体 $A'B'$,$A'B'$ 与 x' 轴平行放置,M' 是 $A'B'$ 的中点. 如图 17.3.1 所示,在 M' 处发出一个光脉冲信号,在两个端点 A'、B' 处各安放一个光脉冲接收装置. 对于坐标系 $S'(O'x'y'z')$ 中的观测者而言,由于光速不变及光从 M' 处传播到两个端点 A'、B' 的距离是相同的,所以断言两个端点 A'、B' 的光脉冲接收装置必定是同时接收到光脉冲信号的. 但对 $S(Oxyz)$ 系中的观测者而言,由于在两个端点处的光脉冲接收装置是在运动的,光传播到两光脉冲接收装置的距离必定是不相同的,而根据光速不变原理,光在 $S(Oxyz)$ 系中传播速度与光在 $S'(O'x'y'z')$ 系中传播速度又是完全相同的,所以在 $S(Oxyz)$ 系中的观测者必定断言两个光脉冲接收装置接收到光脉冲信号的这两个事件不可能是同时的,A' 处的光脉冲接收装置必定先于 B' 处的光脉冲接收装置接收到光脉冲信号. 因此在狭义相对论中,同时性是相对的,两个观测者对同样两个事件是否是同时的判断可以是完全不同的,但他们的判断都是正确的.

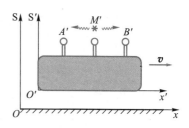

图 17.3.1　光速不变与同时的相对性

例 17.3.1

一列长为 0.5 km(按列车上的观察者测量)的高速火车,以 100 km/h 的速度向右行驶,设有两道闪电击中火车的前后两端. 按火车上观察者测定,这两个闪电是同时击中火车的前后两端的. 按地面上的观察者测定,这两个闪电是否是同时击中火车的前后两端的? 这两个闪电之间的时间间隔是多少?

解　设闪电击中火车的前后两端分别为 B 和 A 两事件,在地面和火车上看来这两事件发生的时刻分别为 t_A,t'_A,t_B,t'_B. 由

洛伦兹变换中的时间变换式可得

$$\Delta t = \frac{\Delta t' + \dfrac{v}{c^2}(x'_B - x'_A)}{\sqrt{1 - v^2/c^2}}$$

代入已知量后得

$$\Delta t = 1.5 \times 10^{-13} \text{ s}$$

即地面上的观测者测定这两道闪电不是

同时击中火车的前后两端的, 前端比后端晚了 1.5×10^{-13} s.

二、长度收缩

在 S($Oxyz$) 系中沿 x 轴静止放置一长杆, 其两端的坐标分别为 x_1 和 x_2, 在 S($Oxyz$) 系中测得它的长度称为静止长度 l_0, 静止长度有时也称为固有长度, $l_0 = x_2 - x_1$. 由于 S'($O'x'y'z'$) 系相对于 S($Oxyz$) 系是运动的, 所以在 S($Oxyz$) 系中静止的长杆在 S'($O'x'y'z'$) 系中必定是运动的. 而要正确测量运动杆的长度, 必须同时测出杆两端的坐标 x_1' 和 x_2', 然后由公式 $l = x_2' - x_1'$ 计算得到运动杆的长度. 下面我们来建立同一杆的运动长度 l 与固有长度 l_0 之间的关系.

设 S'($O'x'y'z'$) 系中有两个观测者同时测得了运动杆两端的坐标 (x_1', t_1') 和 (x_2', t_2'), 其中 $t_1' = t_2'$. 对这两个测量事件, 在 S($Oxyz$) 系中记录的坐标 (x_1, t_1) 和 (x_2, t_2), 根据洛伦兹变换应有

$$x_1 = \frac{x_1' + vt_1'}{\sqrt{1 - \dfrac{v^2}{c^2}}} \quad \text{和} \quad x_2 = \frac{x_2' + vt_2'}{\sqrt{1 - \dfrac{v^2}{c^2}}}$$

所以

$$l_0 = x_2 - x_1 = \frac{1}{\sqrt{1 - \dfrac{v^2}{c^2}}} \left[(x_2' - x_1') + v(t_2' - t_1') \right]$$

由于 $t_1' = t_2'$, $l = x_2' - x_1'$, 即得同一杆的运动长度 l 与固有长度 l_0 之间的关系为

$$l = l_0 \sqrt{1 - v^2/c^2} \tag{17.3.1}$$

上式表示,在 $S'(O'x'y'z')$ 系中观测到运动着的杆的长度比它的固有长度缩短了,这就是狭义相对论的长度收缩效应. 由于运动的相对性,长度收缩效应也是互逆的,静止放置在 $S'(O'x'y'z')$ 系中的杆,在 $S(Oxyz)$ 系中观测同样也会得到收缩的结论.

长度收缩效应是同时的相对性的必然结果. 因为要正确测定运动着的杆的长度,必须同时测出杆两端的位置坐标,但同时是相对性的,在 $S'(O'x'y'z')$ 系中认为是同时的测量,在 $S(Oxyz)$ 系中来看则不是同时测量的. 在 $S(Oxyz)$ 系中的人会说,$S'(O'x'y'z')$ 系中的人没有同时测量运动杆的两端,所以把杆的长度测短了. 同样反过来的结论也是一样,所以在狭义相对论中长度只是一个相对性的概念. 对不同的观测者而言,观测到同一物体的长度是不同的.

例 17.3.2

一米尺沿 x 轴方向放置,有三个观测者 A、B、C 对尺长作了测量:(1) 沿着 y 轴正方向以速度 $v = 0.8c$ 运动的观测者 A;(2) 沿着 x 轴负方向以速度 $v = 0.8c$ 运动的观测者 B;(3) 沿着与 x 轴成 45° 角的方向以速度 $v = 0.8c$ 运动的观测者 C. 对这些观测者而言,他们各自测得的长度是多少?

解 (1) 因为观测者 A 的速度方向垂直于运动的米尺,所以该观测者测得的米尺长度与原长度相同,也就是 $L_A = 1$ m.

(2) 观测者 B 沿着米尺方向运动,所以该观测者测得的收缩长度

$$L_B = L_0\sqrt{1 - v^2/c^2}$$

$$= 1 \text{ m} \times \sqrt{1 - 0.8^2}$$

$$= 0.6 \text{ m}$$

(3) 观测者 C 有平行于米尺的速度分量 $v\cos 45°$,所以该观测者测得的收缩长度

$$L_C = L_0\sqrt{1 - (v\cos 45°)^2/c^2}$$

$$= 1 \text{ m} \times \sqrt{1 - (0.8\cos 45°)^2}$$

$$\approx 0.82 \text{ m}$$

三、时间延缓

在经典力学的时空观中,由伽利略变换可以得到在所有惯性系中这两个事件之间的时间间隔必定都是相同的.然而在狭义相对论的时空观中,由洛伦兹变换可以得到在不同的惯性系中这两个事件之间的时间间隔必定是不相同的.时间是相对的,是与参考系的运动状态密切相关的一个物理量.我们一般定义在相对这个物体静止的参考系中测得的时间为**固有时间** Δt_0;在相对这个物体运动的参考系中测得的时间为**运动时间** Δt,由洛伦兹变换很容易得到运动时间 Δt 与固有时间 Δt_0 之间的关系.

设静止于 S($Oxyz$) 系中 x_0 处的物体先后发生了两个事件,事件发生的时间是 t_1 和 t_2,其时间间隔即固有时间为 $\Delta t_0 = t_2 - t_1$.而在 S'($O'x'y'z'$) 系中观测该物体先后发生了两个事件的时空坐标分别为 (x_1', t_1') 和 (x_2', t_2'),其时间间隔即运动时间为 $\Delta t = t_2' - t_1'$.根据洛伦兹变换(17.2.5)式,可以得到

$$t_1' = \frac{t_1 - \dfrac{v}{c^2}x_1}{\sqrt{1 - \dfrac{v^2}{c^2}}}; \quad t_2' = \frac{t_2 - \dfrac{v}{c^2}x_2}{\sqrt{1 - \dfrac{v^2}{c^2}}}$$

考虑到在 S($Oxyz$) 系中该物体始终是在同一地点 x_0 处的,即 $x_2 = x_1 = x_0$.所以在 S'($O'x'y'z'$) 系中观测到的时间

$$\Delta t = t_2' - t_1' = \frac{t_2 - t_1}{\sqrt{1 - \dfrac{v^2}{c^2}}} = \frac{\Delta t_0}{\sqrt{1 - \dfrac{v^2}{c^2}}}$$

由此我们得到同一物体先后发生的两个事件的运动时间 Δt 与固有时间 Δt_0 之间的关系为

$$\Delta t = \frac{\Delta t_0}{\sqrt{1 - \dfrac{v^2}{c^2}}} \tag{17.3.2}$$

上式表示,运动时间 Δt 总要比固有时间 Δt_0 长. 或者说运动的时钟变慢了,即在 S($Oxyz$) 系中观测相对其静止的时钟的时间间隔 Δt_0 必定小于在 S'($O'x'y'z'$) 系中观测相对其是运动的时钟的时间间隔 Δt,这就是狭义相对论的时间延缓效应. 时间延缓效应是相对的,即在 S'($O'x'y'z'$) 系中观测相对其静止的时钟的时间间隔必定小于在 S($Oxyz$) 系中观测相对其是运动的时钟的时间间隔.

时间延缓也是同时的相对性的必然结果. 因为要正确测定不在同一点的两个时钟的时间间隔,必须先校正好这两个时钟的起点,即两个时钟的起点必须具有同时性的. 但我们知道同时性是相对性的,在 S'($O'x'y'z'$) 系中认为是完全校正好的各处的时钟,在 S($Oxyz$) 系中来看这些时钟都没有校正好,即这些时钟都不是同时的,所以它们把运动物体先后发生两个事件的时间测错了. 同样反过来的结论也是一样,所以在狭义相对论中时间间隔只是一个相对性的概念. 尽管不同的观测者观测到同一个物体发生的两个事件的时间间隔是不同的,但是不同的观测者对这两个事件发生的先后次序的判断都是相同的. 也就是说在狭义相对论中,时间间隔是相对性的,但因果性是绝对的.

例 17.3.3

π^+ 介子是一不稳定粒子,平均寿命是 2.6×10^{-8} s(在它自己参考系中测量).(1) 如果此粒子相对于实验室以 $0.8c$ 的速度运动,那么实验室坐标系中测量的 π^+ 介子寿命为多长?(2) π^+ 介子在衰变前运动了多长距离?

解 在 π^+ 介子自己参考系中平均寿命是"固有时间",即在同一地点粒子产生和衰变两事件的时间间隔,固有时间为 $\tau_0 = \Delta t_0 = 2.6 \times 10^{-8}$ s;在实验室参考系中测量的 π^+ 介子寿命为"运动时间",是在不同地点发生两事件的时间间隔,设运动时间为 $\tau = \Delta t$.

(1) 根据相对论的时间延缓效应,在实验室中观测到 π^+ 介子的寿命为

$$\tau = \frac{\tau_0}{\sqrt{1-\frac{v^2}{c^2}}} = \frac{2.6\times10^{-8}}{\sqrt{1-0.8^2}}\ \text{s} \approx 4.33\times10^{-8}\ \text{s}$$

（2）在实验室参考系中测量到 π^+ 介子的飞行距离为

$$\Delta x = v\tau \approx 10.4\ \text{m}$$

例 17.3.4

远方的一颗星以 $0.8c$ 的速度离开我们,接收到它辐射出来的闪光按 5 昼夜的周期变化,求固定在此星上的参考系测得的闪光周期.

解 以我们所在的参考系为 S 系,该星所在的参考系为 S′系. 在 S′系测得闪光周期是同一地点,先后发生两事件的时间间隔,为"固有时间 τ_0". 在 S 系,这两事件发生在两个不同的地点,两处的钟给出的时间间隔为"运动时间 τ". 根据相对论的时间延缓效应

$$\tau = \frac{\tau_0}{\sqrt{1-\beta^2}}$$

但这只是在 S 系中测到的星在两个不同地点的钟给出的时间间隔,而并非是接收器接收的"闪光周期",因为必须经过一段传播时间后"闪光"才能到达接收器,而在 S 系中,两次闪光发生处与接收器之间的距离是不同的,其距离差为

$$x = v\tau = \frac{v\tau_0}{\sqrt{1-\beta^2}}$$

所以接收器接收到两个闪光的时间间隔是

$$\Delta t = \tau + \frac{x}{c} = \frac{\tau_0}{\sqrt{1-\beta^2}}(1+\beta) = 5\,(\text{昼夜})$$

解得

$$\tau_0 = \frac{\sqrt{1-\beta^2}}{1+\beta}\Delta t = \frac{5}{3}\,(\text{昼夜})$$

即在星上测得的闪光周期为 $\frac{5}{3}$ 昼夜.

17-4 狭义相对论力学

狭义相对论采用了洛伦兹变换后,建立了新的时空观,同时也带来了新的问题,即在洛伦兹变换下经典力学不满

足相对性原理了,而相对性原理是狭义相对论中的一条基本原理. 爱因斯坦认为,不但是力学规律,而且是任何物理规律都应该满足相对性原理. 由此应该对经典力学进行改造或修正,以使它在洛伦兹变换下也满足相对性原理. 经这种改造的力学就是相对论力学.

一、相对论质量和速率的关系

在真空管的两个电极之间施加电压,用以对其中的电子加速. 按照经典力学的观念,速率增大到多么大,原则上是没有上限的. 但实验事实发现,当电子速率越高时加速就越困难,亦即改变电子运动状态越来越难. 并且,无论施加多大的电压都不能使电子运动的速率达到光速. 这一事实说明物体的质量会随速率的增加而增大,在相对论中质量与速率满足如下的函数关系:

$$m = \frac{m_0}{\sqrt{1-u^2/c^2}} \qquad (17.4.1)$$

上式中 m 是物体以速率 u 运动时的相对论性质量,简称质量;m_0 是相对物体静止时所测得的质量,简称为静质量. 静质量是一个坐标变换下不变的常量. 上述结论否定了人们在经典力学中认为的物体的质量永远是一个与其是否运动无关的常量的观念. 理论上我们可以证明,如果质量与速率满足上述的函数关系,就可以使力学规律满足相对性原理.

从(17.4.1)式可以看出,当物体的运动速率无限接近光速时,其相对论性质量将无限增大,其惯性也将无限增大. 这就从另一个角度说明了在相对论中光速是物体运动的极限速度. 在物体运动速率远小于光速的情况下,相对论性质量将过渡到经典力学性质的质量,即这时 $m \approx m_0$.

例 17.4.1

某人测得一静止棒长为 l,质量为 m,于是求得此棒的线密度为 $\rho = \dfrac{m}{l}$. 若另一人测得此棒以速度 v 在棒长方向上运动,则此人测得棒的线密度应为多少?

解 设相对棒运动的观察者测得该棒的质量为 m',长度为 l',则根据相对论的"质速关系"及"长度收缩"效应有

$$m' = \frac{m}{\sqrt{1-\dfrac{v^2}{c^2}}}$$

$$l' = l\sqrt{1-\frac{v^2}{c^2}}$$

线密度为

$$\rho' = \frac{m'}{l'} = \frac{m}{l\left(1-\dfrac{v^2}{c^2}\right)} = \frac{\rho}{1-\dfrac{v^2}{c^2}}$$

二、 相对论动量及相对论动力学方程

设一个静质量为 m_0 的质点在某惯性系中以速度 $\boldsymbol{u}$ 运动,定义该运动质点具有的相对论动量为

$$\boldsymbol{p} = m\boldsymbol{u} = \frac{m_0\boldsymbol{u}}{\sqrt{1-u^2/c^2}} \qquad (17.4.2)$$

在经典力学中,由于质量是一个与运动无关的常量,我们用 m_0 来表示,这时牛顿第二定律可以表述为如下形式

$$\boldsymbol{F} = m_0\boldsymbol{a} = \frac{\mathrm{d}(m_0\boldsymbol{u})}{\mathrm{d}t} = \frac{\mathrm{d}\boldsymbol{p}}{\mathrm{d}t}$$

即质点动量的时间变化率等于作用于质点的合力. 可以证明,将力学规律写成这种形式并将经典力学中的质量修正为相对论性质量时,就能使力学规律在洛伦兹变换下保持数学形式不变,即实现了在洛伦兹变换下经典力学要满足相对性原理的要求. 经这种改造的力学就是相对论力学,其基本的动力学方程为

$$\boldsymbol{F} = \frac{\mathrm{d}\boldsymbol{p}}{\mathrm{d}t} = \frac{\mathrm{d}(m\boldsymbol{u})}{\mathrm{d}t} \qquad (17.4.3)$$

显然,当质点的运动速率 $u \ll c$ 时,上式将回到牛顿第二定律. 可以说,牛顿第二定律是物体在低速运动情况下对相对论动力学方程的近似. 另外从相对论力学的动力学方程可见,动量守恒定律在相对论情况下也是普遍成立的.

17-5 相对论能量

一、相对论动能

质点动能的增量等于合力做的功,为简便起见,设质点沿 x 轴作初速为零的直线运动,在上式中的力和速度都可以表示为标量,即 $F = \dfrac{\mathrm{d}p}{\mathrm{d}t} = \dfrac{\mathrm{d}(mu)}{\mathrm{d}t}$. 于是有

$$\mathrm{d}E_k = F\mathrm{d}s = u\mathrm{d}(mu) = u^2\mathrm{d}m + mu\mathrm{d}u \qquad (17.5.1)$$

对质速关系(17.4.1)式求微分,得

$$(c^2 - u^2)\mathrm{d}m = mu\mathrm{d}u$$

将上式代入(17.5.1)式可得

$$\mathrm{d}E_k = c^2 \mathrm{d}m$$

对上式两边取定积分 $\displaystyle\int_0^{E_k} \mathrm{d}E_k = \int_{m_0}^{m} c^2 \mathrm{d}m$ 得

$$E_k = mc^2 - m_0 c^2 \qquad (17.5.2)$$

这就是相对论中质点动能的表示式. 其中

$$m = m_0 \left(1 - \frac{u^2}{c^2}\right)^{-\frac{1}{2}}$$

显然当 $u \ll c$ 时,取泰勒展开的前两项可得

$$E_k = m_0 c^2 \left(1 - \frac{u^2}{c^2}\right)^{-\frac{1}{2}} - m_0 c^2$$

$$\approx m_0 c^2 \left(1 + \frac{1}{2}\frac{u^2}{c^2}\right) - m_0 c^2$$

$$= \frac{1}{2} m_0 u^2$$

这正是经典力学中动能的表达式.

二、 相对论质能关系

将(17.5.2)式改写为

$$mc^2 = E_k + m_0 c^2 \qquad (17.5.3)$$

爱因斯坦认为上式中的 $m_0 c^2$ 是物体静止时的能量,称为**物体的静能**;而 mc^2 是物体的总能量,它等于静能与动能之和.物体的总能量若用 E 表示,可写为

$$E = mc^2 \qquad (17.5.4)$$

这就是**著名的相对论质能关系**. 在相对论建立以前,人们是将质量守恒定律与能量守恒定律看作是两个互相独立的定律. 质能关系把它们统一起来了,认为质量的变化必定伴随着能量的变化,而能量的变化同样伴随着质量的变化,质量守恒定律和能量守恒定律应统一为包括静能在内的相对论性的能量守恒定律.

在粒子的碰撞、不稳定粒子的衰变以及粒子的湮灭或产生等各种高能物理过程中,都证明了相对论质能关系的正确性. 例如,在重核裂变反应或在轻核聚变反应中,总伴随巨大能量的释放. 实验表明,在这些反应前粒子系统的总质量一定大于反应后粒子系统的总质量,质量的减少量 Δm_0 称为**质量亏损**,反应中释放的能量 ΔE_k 满足下面的关系

$$\Delta E_k = (\Delta m_0) c^2 \qquad (17.5.5)$$

在上述过程中,减少的静能以动能等形式释放出来了.这正是爱因斯坦的相对论质能关系以及质量和能量守恒定律所要求的结论.

例 17.5.1

一个氦核 $^4_2$He 是由两个质子和两个中子组成的,质子和中子的质量分别为 $m_p = 1.007\ 28$ u 和 $m_n = 1.008\ 66$ u, 其中 $u = 1.66 \times 10^{-27}$ kg. 实验测得它的质量为 $m_A = 4.001\ 50$ u, 试计算形成一个氦核时放出的能量及计算氦原子核的结合能.

解　一个氦核是由两个质子和两个中子组成的,组成之前的总质量为

$$m = 2m_p + 2m_n = 4.031\ 88 \text{ u}$$

而从实验测得一个氦核质量 $m_A = 4.001\ 50$ u 小于其质子和中子的总质量 m, 这差额即为原子核的质量亏损. 对于氦核

$$\Delta m = m - m_A = 0.030\ 38 \text{ u}$$

$$= 0.030\ 38 \times 1.660 \times 10^{-27} \text{ kg}$$

根据质能关系式得到的结论:当系统质量改变 Δm 时相应的能量改变为 $\Delta E = \Delta m c^2$, 由此可得形成一个氦原子核时所放出的能量即氦原子核的结合能为

$$\Delta E = 0.030\ 38 \times 1.660 \times 10^{-27} \times (3 \times 10^8)^2 \text{ J}$$

$$\approx 0.453\ 9 \times 10^{-11} \text{ J}$$

例 17.5.2

设有两个静质量都是 m_0 的粒子,以大小相同、方向相反的速度相撞(设两个粒子的运动速率为 v),相撞后合成一个复合粒子. 试求这个复合粒子的速度及其静质量.

解　设两个粒子相撞后合成一个复合粒子的速率为 $v_合$, 质量为 $m_合$, 由动量守恒定律和能量守恒定律得

$$m_0 \frac{v}{\sqrt{1 - \dfrac{v^2}{c^2}}} - m_0 \frac{v}{\sqrt{1 - \dfrac{v^2}{c^2}}} = m_合 v_合 ;$$

$$m_合 c^2 = \frac{2m_0 c^2}{\sqrt{1 - \dfrac{v^2}{c^2}}}$$

解得

$$v_合 = 0$$

$$m_合 = \frac{2m_0}{\sqrt{1 - \dfrac{v^2}{c^2}}}$$

由于 $v_合 = 0$, 所以 $m_合 = \dfrac{m_{合0}}{\sqrt{1 - \dfrac{v_合^2}{c^2}}} = m_{合0}$, 即

$$m_{合0} = \frac{2m_0}{\sqrt{1 - \dfrac{v^2}{c^2}}}$$

这表明复合粒子的静质量 $m_{合0}$ 大于 $2m_0$, 两者的差值为

$$m_{合0} - 2m_0 = \frac{2m_0}{\sqrt{1 - \dfrac{v^2}{c^2}}} - 2m_0 = \frac{2E_k}{c^2}$$

式中 E_k 为粒子碰撞前的动能. 由此可见,与动能对应的这部分质量转化为静质量,从而使碰撞后的复合粒子的静质量增大了.

三、相对论能量和动量关系

将相对论质能关系 $E = mc^2 = m_0 c^2 \left(1 - \dfrac{u^2}{c^2}\right)^{-\frac{1}{2}}$ 两边取平方可得

$$E^2 - c^2 (mu)^2 = m_0^2 c^4$$

将动量 $(p = mu)$ 代入上式，经整理后得到

$$E^2 = p^2 c^2 + m_0^2 c^4 \qquad (17.5.6)$$

这就是相对论能量-动量关系.

对于静质量为零的粒子，如光子，将静质量 $(m_0 = 0)$ 代入上式，得到能量-动量关系式：

$$E = cp \qquad (17.5.7)$$

若再将动量 $(p = mu)$ 和总能量 $(E = mc^2)$ 代入上式，得到

$$u = c \qquad (17.5.8)$$

即静质量为零的粒子总是以光速 c 运动.

为了得到动能和动量的关系，由动能的定义式可得

$$E_k^2 + 2 E_k E_0 + E_0^2 = E^2$$

将能量和动量关系代入上式可得

$$E_k^2 + 2 E_k m_0 c^2 = c^2 p^2 \qquad (17.5.9)$$

这就是相对论下的动能和动量的关系式. 当 $u \ll c$ 时，上式可以近似为

$$E_k = \frac{p^2}{2 m_0}$$

这正是经典力学中动能和动量关系的表达式.

17-6　电磁场的相对性

一、不同参考系之间电磁场的变换

我们在电磁学中知道，相对于电荷静止的观察者会观

察到电荷周围有电场,没有磁场;但相对于该电荷运动的
观察者不仅观察到电荷周围有电场,还观察到磁场的存
在.既然运动电荷可以激发磁场,由于运动的相对性,若
在一个参考系中为静止的电荷,而在另一个参考系中观
察,它可能是运动的,那么在第一个参考系中这个电荷
只激发电场,而在第二个参考系中,这个电荷既激发电
场,也激发磁场,所以电场和磁场之间必定存在着某种
内在联系.这就有必要用相对论的原理去考察电磁学问
题,来讨论得到在两个不同的惯性参考系电磁场之间的
变换关系.

根据相对性原理,电磁规律在所有惯性系中都具有相
同的形式.为简单起见,我们讨论不存在电荷和电流的自由
空间区域,设在 S($Oxyz,t$) 参考系中任一点的场量为
$\boldsymbol{E}(x,y,z,t)$ 和 $\boldsymbol{B}(x,y,z,t)$,满足麦克斯韦方程组

$$\nabla \cdot \boldsymbol{E} = 0, \quad \nabla \times \boldsymbol{E} = -\frac{\partial \boldsymbol{B}}{\partial t}$$

$$\nabla \cdot \boldsymbol{B} = 0, \quad \nabla \times \boldsymbol{B} = \mu_0 \varepsilon_0 \frac{\partial \boldsymbol{E}}{\partial t} \tag{17.6.1}$$

根据相对性原理,在相对于惯性系 S($Oxyz,t$) 沿 x
轴正方向以恒定速度 v 运动的 S$'$($O'x'y'z',t'$) 参考系
中,相应的场量为 $\boldsymbol{E}'(x',y',z',t')$ 和 $\boldsymbol{B}'(x',y',z',t')$ 遵
循的电磁规律具有相同的形式,即其麦克斯韦方程组的
形式为

$$\nabla' \cdot \boldsymbol{E}' = 0, \nabla' \times \boldsymbol{E}' = -\frac{\partial \boldsymbol{B}'}{\partial t'}$$

$$\nabla' \cdot \boldsymbol{B}' = 0, \nabla' \times \boldsymbol{B}' = \mu_0 \varepsilon_0 \frac{\partial \boldsymbol{E}'}{\partial t'} \tag{17.6.2}$$

将上述两套麦克斯韦方程组写成坐标形式并考虑到洛
伦兹变换后,可以得到在两个不同的惯性系下电磁场之间
满足的变换关系:

$$E'_x = E_x, B'_x = B_x$$

$$E'_y = \gamma(E_y - vB_z), B'_y = \gamma\left(\frac{v}{c^2}E_z + B_y\right) \qquad (17.6.3)$$

$$E'_z = \gamma(E_z + vB_y), B'_z = \gamma\left(-\frac{v}{c^2}E_y + B_z\right)$$

其中 $\gamma = \dfrac{1}{\sqrt{1-\dfrac{v^2}{c^2}}}$，将上列各式中的速度 v 反号，并将带撇的

量与不带撇的量交换，可以得到上述变换的逆变换为

$$E_x = E'_x, B_x = B'_x$$

$$E_y = \gamma(E'_y + vB'_z), B_y = \gamma\left(-\frac{v}{c^2}E'_z + B'_y\right) \qquad (17.6.4)$$

$$E_z = \gamma(E'_z - vB'_y), B_z = \gamma\left(\frac{v}{c^2}E'_y + B'_z\right)$$

二、电磁场的相对性

　　从以上的变换关系可以看到，电场和磁场是交织在一起进行变换的，它们既互相联系，又互相转化，在一个惯性系中的电场不仅与另一个惯性系中的电场有关，还与惯性系中的磁场有关，反之亦然. 由此使我们认识到，电场和磁场都不是独立的实体，它们是统一的电磁场两个不同方面. 这样，电场和磁场统一于电磁场这一个客观存在着的物质；而电场量和磁场量只是电磁场在某惯性系中的观测效应，电磁场量与惯性系的选取有关，这就是电磁场的相对性. 下面我们讨论一个具体的例子来说明电场和磁场具有的统一性和相对性.

　　设有一点电荷 q 静止于惯性系 $S'(O'x'y'z',t')$ 的原点处，而 $S'(O'x'y'z',t')$ 系相对于惯性系 $S(Oxyz,t)$ 以速度 v 沿 x 轴方向运动，在 $S'(O'x'y'z',t')$ 系内观察，只有静电场，

并可以测得 t' 时刻在 (x',y',z') 处的电磁场为

$$\boldsymbol{E}' = \frac{q}{4\pi\varepsilon_0 r'^3}\boldsymbol{r}', \quad \boldsymbol{B}' = \boldsymbol{0} \qquad (17.6.5)$$

在 S$(Oxyz,t)$ 系内观察,点电荷 q 以速度 v 沿 x 轴方向运动,除电场外还观察到磁场. 由场量的变换关系 $(17.6.4)$ 式可得 t 时刻在 (x,y,z) 点处的电磁场为

$$E_x = \frac{qx'}{4\pi\varepsilon_0 r'^3}, \quad B_x = 0$$

$$E_y = \gamma\frac{qy'}{4\pi\varepsilon_0 r'^3}, \quad B_y = -\gamma\frac{v}{c^2}\frac{qz'}{4\pi\varepsilon_0 r'^3} \qquad (17.6.6)$$

$$E_z = \gamma\frac{qz'}{4\pi\varepsilon_0 r'^3}, \quad B_z = \gamma\frac{v}{c^2}\frac{qy'}{4\pi\varepsilon_0 r'^3}$$

由洛伦兹变换可得

$$r' = (x'^2 + y'^2 + z'^2)^{\frac{1}{2}} = \left[\gamma^2(x-vt)^2 + y^2 + z^2\right]^{\frac{1}{2}}$$

将上式代入后得到

$$E_x = \frac{\gamma q(x-vt)}{4\pi\varepsilon_0\left[\gamma^2(x-vt)^2 + y^2 + z^2\right]^{3/2}}, \quad B_x = 0$$

$$E_y = \frac{\gamma qy}{4\pi\varepsilon_0\left[\gamma^2(x-vt)^2 + y^2 + z^2\right]^{3/2}}, \quad B_y = -\frac{v}{c^2}E_z$$

$$E_z = \frac{\gamma qz}{4\pi\varepsilon_0\left[\gamma^2(x-vt)^2 + y^2 + z^2\right]^{3/2}}, \quad B_z = \frac{v}{c^2}E_y$$

$$(17.6.7)$$

设电荷 q 经过 S$(Oxyz,t)$ 系原点的时刻为 $t=0$,并且我们讨论电荷的速度远远小于光速的情况,即取 $\gamma \approx 1$ 的情况. 这时,在 S 系内观测空间各点的场强为

$$E_x = \frac{qx}{4\pi\varepsilon_0 \left[x^2+y^2+z^2\right]^{3/2}}, \quad B_x = 0$$

$$E_y = \frac{qy}{4\pi\varepsilon_0 \left[x^2+y^2+z^2\right]^{3/2}}, \quad B_y = -\frac{qvz}{4\pi\varepsilon_0 c^2 \left[x^2+y^2+z^2\right]^{3/2}}$$

$$E_z = \frac{qz}{4\pi\varepsilon_0 \left[x^2+y^2+z^2\right]^{3/2}}, \quad B_z = \frac{qvy}{4\pi\varepsilon_0 c^2 \left[x^2+y^2+z^2\right]^{3/2}}$$

$$(17.6.8)$$

将上述的结论写成矢量形式并考虑到 $c^2 = \dfrac{1}{\varepsilon_0 \mu_0}$,则上述结论为

$$\boldsymbol{E} = \frac{q}{4\pi\varepsilon_0}\,\frac{\boldsymbol{r}}{r^3}, \quad \boldsymbol{B} = \frac{\mu_0}{4\pi}\,\frac{q\boldsymbol{v}\times\boldsymbol{r}}{r^3} \qquad (17.6.9)$$

即我们由相对论的场量变换关系得到了运动电荷会激发磁场的结论,而且其激发磁场的定量公式与我们在电磁学中的定量结论完全一样.

这一结论充分说明,电场和磁场不是各自独立的,它们既互相联系,又互相转化,在一个惯性系中只观测到电场,在另一个惯性系中则不仅仅观测到电场,还观测到了磁场,反之亦然. 由此我们说电场和磁场都不是独立的实体,它们是统一的电磁场两个不同方面;电场量和磁场量只是电磁场在某惯性系中的观测效应,电磁场量与惯性系的选取有关,这就是电磁场具有的相对性.

提要

(说明:提要中 u 表示 S′ 系相对 S 系的运动速度,$\boldsymbol{v}$,$\boldsymbol{v}'$ 分别是质点相对于 S 系和 S′ 系的速度)

1. 牛顿绝对时空观   长度和时间的测量与参考系无

关,而且时空相互独立.

伽利略坐标变换式:$x'=x-ut,y'=y,z'=z,t'=t$.

伽利略速度变换式:$v_x'=v_x-u,v_y'=v_y,v_z'=v_z$.

2. 狭义相对论基本假设

爱因斯坦相对性原理:物理规律(的表示式)对所有惯性系都是一样的,不存在任何一个特殊的(例如"绝对静止"的)惯性系.

光速不变原理:在任何惯性系中,光在真空中的速率 c 都相等.

3. 爱因斯坦相对论时空观

长度和时间的测量相互联系,与参考系有关.

基本出发点:同时的相对性——由于光速不变,在一参考系中同时发生的两事件在相对于该参考系运动的另一参考系中不是同时发生的,在前一参考系运动的后方的那一事件先发生.

利用光速不变性可导出时间延缓效应:在一参考系 S' 中发生在同一地点的两件事时间间隔称为固有时间,以 $\Delta t'$ 表示,则在以速度 u 相对于前一参考系运动的另一参考系 S 中该两件事的时间间隔 Δt 延长了,其关系是

$$\Delta t = \frac{\Delta t'}{\sqrt{1-\dfrac{u^2}{c^2}}}$$

由此可知,总有 $\Delta t > \Delta t'$,固有时间最短.

沿长度方向运动的棒的长度的测量要求同时记录棒的两端的位置坐标. 据此再由上述时间延缓公式可导出长度收缩公式

$$l = l_0 \sqrt{1-\frac{u^2}{c^2}}$$

式中 l_0 为棒在它静止的参考系中测出的长度,称为静止长度或固有长度. 上式给出固有长度最长.

4. 洛伦兹坐标变换式 由时间延缓效应和长度收缩效应可进一步导出

$$x' = \frac{x-ut}{\sqrt{1-\dfrac{u^2}{c^2}}}, y' = y, z' = z, t' = \frac{t-\dfrac{u}{c^2}x}{\sqrt{1-\dfrac{u^2}{c^2}}}$$

此变换式说明时间和空间坐标都和参考系有关,而且时间和空间坐标相互联系在一起了.

5. 洛伦兹速度变换式

$$v_x' = \frac{v_x - u}{1 - \dfrac{uv_x}{c^2}}$$

6. 相对论质量速度关系式

$$m = \frac{m_0}{\sqrt{1-\dfrac{v^2}{c^2}}}$$

其中 m_0 为质点的静质量,v 是质点的速率.

7. 相对论动量

$$\boldsymbol{p} = m\boldsymbol{v} = \frac{m_0 \boldsymbol{v}}{\sqrt{1-\dfrac{v^2}{c^2}}}$$

8. 相对论能量

$$E = mc^2 = \frac{m_0 c^2}{\sqrt{1-\dfrac{v^2}{c^2}}}$$

相对论动能:

$$E_k = E - E_0 = mc^2 - m_0 c^2$$

其中 $m_0 c^2$ 为质点的静止时的相对论能量,称为静能.

相对论动量和能量关系

$$E^2 = p^2 c^2 + m_0^2 c^4$$

思考题

17-1 试说明经典力学的相对性原理与伽利略相对性原理之间的异同?

17-2 洛伦兹变换和伽利略变换的本质差别是什么? 如何理解洛伦兹变换的物理意义?

17-3 有两个事件 A 和 B,从 S 系中的观察者测得这两个事件发生于同一时刻不同地点. 那么,对于相对 S 系沿 xx' 轴运动的 S′系中的观察者来说,这两时间是否仍发生于同一时刻不同地点呢? 为什么?

17-4 在狭义相对论中,如何校准两个处在不同地点的时钟?

17-5 为什么时间间隔和长度的量度与参考系是有关的?

17-6 两个观察者分别处于惯性系 S 和惯性系 S′内,S′系相对 S 系沿 xx' 轴运动. 现在两惯性系内均沿 xx' 轴放置一根相对静止完全相同的米尺,但这两个观察者从测量中都发现,在另一个惯性系中的米尺要短些,你怎样看待这个问题呢?

17-7 狭义相对论对牛顿运动定律、经典的动量和能量形式作了哪些修正? 试进一步说明狭义相对论和经典理论间的关系?

17-8 在狭义相对论中是否可以有以光速运动的粒子? 这种粒子的动量和能量的关系如何?

习题

17-1 在惯性系中一次爆炸发生在坐标 $(x,y,z,t)=(6\ \text{m},0,0,0.2\times10^{-8}\ \text{s})$. 一惯性参考系沿着 x 轴正方向以相对速度 $0.8c$ 运动. 假设在 $t=t'=0$ 时两参考系的原点重合. 试求出运动参考系中观测者测得该事件的坐标.

17-2 在惯性系 K 中观测到相距 $\Delta x=9\times10^{8}\ \text{m}$ 的两地点,相隔 $\Delta t=5\ \text{s}$ 发生两事件,而在相对于 K 系沿 x 轴方向匀速运动的 K′系中发现此两事件恰好发生在同一地点. 试求在 K′系中此两事件的时间间隔.

17-3 在惯性系 K 中的观测者记录到两事件的空间和时间间隔分别是 $x_2-x_1=600\ \text{m}$ 和 $t_2-t_1=8\times10^{-7}\ \text{s}$,为了使两事件对相对于 K 系沿 x 轴正方向匀速运动的 K′系来说是同时发生的,K′系必须相对于 K 系以多大的速度运动?

17-4 一原子核以 $0.5c$ 的速度离开一观察者而运动. 原子核在它运动方向上向前发射一电子,该电子相对核有 $0.8c$ 的速度;此原子核又向后发射了一光子指向观察者. 对静止的观察者,

(1)电子具有多大的速度;

(2)光子具有多大的速度.

17-5 一米尺沿 y 轴方向放置. 有三个观测者对尺长作了测量:

(1) 沿着 x 轴正方向以速度 $v=0.8c$ 运动的观测者 A;

(2) 沿着 y 轴负方向以速度 $v=0.8c$ 运动的观测者 B;

(3) 沿着与 x 轴成 $45°$ 角的方向以速度 $v=0.8c$ 运动的观测者 C.

对这些观测者而言,他们各自测得的长度是多少?

17-6 K 系与 K′ 系是坐标轴相互平行的两个惯性系,K′ 系相对于 K 系沿 Ox 轴正方向匀速运动. 一根刚性尺静止在 K′ 系中,与 x' 轴成 $30°$ 角. 今在 K 系中观测得该尺与 x 轴成 $45°$ 角,则 K′ 系相对于 K 系的速度为多大?

17-7 火箭相对于地面以 $v=0.6c$ 的匀速度向上飞离地球. 在火箭发射 $\Delta t'=10$ s 后(火箭上的钟),该火箭向地面发射一导弹,其速度相对于地面为 $v=0.3c$,问火箭发射后多长时间(地球上的钟),导弹到达地球?(设地面不动.)

17-8 π^+ 介子是不稳定的粒子,在它自己的参考系中测得平均寿命是 $2.6×10^{-8}$ s,如果它相对实验室以 $0.8c$(c 为真空中光速)的速度运动,则实验室坐标系中测得的 π^+ 介子的寿命为多大?

17-9 在某地发生两件事,静止于该地的甲测得时间间隔为 4 s,若相对于甲作匀速直线运动的乙测得时间间隔为 5 s,则乙相对于甲的运动速度为多大?(c 表示真空中的光速.)

17-10 一体积为 V_0,质量为 m_0 的立方体沿其一棱的方向相对于观察者 A 以速度 v 运动. 求观察者 A 测得该立方体的密度?

17-11 如一观察者测出电子质量为 $2m_0$,问电子速度为多少?(m_0 为电子的静质量.)

17-12 电子以 $v=0.99c$(c 为真空中的光速)的速率运动. 试求电子的动能是多少? 电子的经典力学的动能与相对论动能之比是多少?

17-13 一个电子从静止开始加速到 $0.1c$ 的速度,需要对它做多少功? 速度从 $0.9c$ 加速到 $0.99c$ 又要做多少功?

17-14 一个质子的静质量为 $m_p=1.672\ 65×10^{-27}$ kg,一个中子的静质量为 $m_n=1.674\ 95×10^{-27}$ kg,一个质子和一个中子结合成的氘核的静质量为 $m_D=3.343\ 65×10^{-27}$ kg. 求结合过程中放出的能量是多少 MeV? 这能量称为氘核的结合能,它是氘核静能的百分之几?

17-15 如图所示,一个静质量为 m_0、动能为 $5m_0c^2$ 的粒子与另一个静质量也为 m_0 的静止粒子发生完全非弹性碰撞. 碰撞后复合粒子的静质量为 $m_{合0}$,并以速度 $v_合$ 运动. 求:

(1) 碰撞前系统的总动量是多少?

(2) 碰撞前系统的总能量是多少?

(3) 复合粒子的速度 $v_合$ 是多少?

(4) 给出静质量为 $m_{合0}$ 与 m_0 之间的关系.

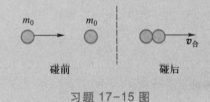

习题 17-15 图

第十八章　波　和　粒　子

我们在这一章和下一章将主要学习在微观世界才出现的物理现象及物理规律,即大学物理中的量子物理部分的内容.

量子(quantum)的概念诞生于 1900 年,是德国物理学家普朗克在解释黑体辐射实验规律时首先提出的.简单地说,经典物理中弹簧振子振动的能量是连续变化的,但在小到原子尺度的微观情况下,振动的能量不是连续变化的,而且它的能量变化只能是某个最小量值的整数倍,普朗克把这个最小量值称为能量子.1905 年,爱因斯坦在解释光电效应的实验规律时发现,经典物理认为能量连续变化的光,事实上其能量也不是连续变化的.一束频率为 ν 的光,在组成结构上,其实是大量能量为 $h\nu$ 的光量子所组成的,其中 h 是普朗克常量.1913 年,丹麦物理学家玻尔为解释氢原子光谱的实验现象提出,氢原子系统的能量也不是连续变化的,其容许的能量只能是一系列不能连续变化的能级结构,且仅在不同能级跃迁变化时才会放出或吸收一个光子.

上面这些量子概念的提出可以帮我们去理解相应的实验现象及其规律,但按照经典物理规律,这些量子现象及规律都是不可能出现的.1924 年,法国物理学家德布罗意对光的本性及氢原子系统能量的不连续性进行了深入的思考,他认为电子及其他微观粒子的本性也像光一样是波粒二象性的,电子束也会发生干涉、衍射现象;而氢原子系统的能量不连续性正是电子具有波动性的表现.在德布罗意的思

 阅读材料　普朗克

维启发下,奥地利物理学家薛定谔很快找到了波动方程,建立了微观粒子遵循的基本规律并由此解出了量子化的氢原子的能级结构.自此人们逐渐深入探索并建立了一个更精细、更普遍正确的量子理论,并且还产生出了很多新技术、新产品,诸如晶体管、激光、量子通信、量子计算机等.

量子物理的建立过程中充满着创新思维,而且在事实基础上理解了这些创新思维才是我们能真正理解、接受量子物理的根本.因此在学习量子物理的过程中,我们首先需要充分理解一些重大实验的物理现象、实验规律;其次要充分分析一些物理现象与已有理论的严重冲突;最后要充分发挥想象力和创新精神去研究和揭示隐藏在现象背后的本质特点和物理机制.可以说,学习量子物理是一个逐渐超越自我感观和思维局限的过程,是一个在学习中感受创新、学习创新的过程,只有经历过这样的过程以后,我们才能切身体会到量子物理的和谐与美妙.

18-1 黑体辐射 普朗克量子假设

一、黑体辐射的现象及其实验结论

组成物体的分子中都包含着带电粒子,当分子作热运动时物体会向外辐射电磁波,由于这种电磁辐射与物体的温度有关,故称为热辐射(thermal radiation). 当存在入射电磁波时,物体还会反射出一部分入射的电磁波,为了定量研究物体热辐射的基本规律,我们假设存在一种不会反射入射电磁波的物体,这种理想物体被称为绝对黑体,简称黑体(black body). 自然界中绝对黑体是不存在的,但我们可以用一种不透明的材料做成一个只开有一个小孔的空心容器,它就可以看成是黑体的一种很好的模型. 因为当入射的电磁波通过小孔射入空腔后,要经过很多次反射才可能射出小孔. 而每次反射,内壁材料会吸收很大比例的入射电磁波的能量. 因此经过很多次反射后,几乎就不会有一点入射的电磁波从小孔的表面射出了. 有了理想的黑体模型后,我们可以通过实验来研究黑体电磁辐射的辐射能与黑体的热平衡温度 T 及辐射波长 λ 的定量关系.

我们首先定义在单位时间内,从物体表面单位面积上发出的波长在 λ 附近单位波长范围内的电磁辐射能量为该物体的**单色辐射出射度**,简称为**单色辐出度**,记为 $M_\lambda(T)$,即

$$M_\lambda(T) = \frac{\mathrm{d}M(T)}{\mathrm{d}\lambda} \tag{18.1.1}$$

其中 $\mathrm{d}M(T)$ 是单位时间内从物体表面单位面积上发射出的波长在 λ 到 $\lambda+\mathrm{d}\lambda$ 范围内的电磁辐射能量.

在不同温度下,黑体的单色辐出度 $M_\lambda(T)$ 按波长分布的实验曲线表示于图 18.1.1 中.

定义在单位时间内从物体表面单位面积上发射出的各种波长的电磁波能量的总和为**辐射出射度**(简称**辐出度**),记为 $M(T)$. 由上面的定义,可以得到单色辐出度 $M_\lambda(T)$ 与辐出度 $M(T)$ 之间的关系为

$$M(T) = \int_0^\infty M_\lambda(T)\,\mathrm{d}\lambda \tag{18.1.2}$$

根据(18.1.2)式,在一定温度下,黑体的辐出度应等于在该温度下黑体的单色辐出度 $M_\lambda(T)$ 按波长分布曲线下的面积. 斯特藩(J. Stefan, 1835—1893)和玻耳兹曼(L. E. Boltzmann, 1844—1906)根据实验结果得到了如下结论:黑体的辐射出射度与黑体温度的四次方成正比

$$M(T) = \sigma T^4 \tag{18.1.3}$$

其中 $\sigma = 5.670\times10^{-8}$ W·m^{-2}·K^{-4} 称为**斯特藩-玻耳兹曼常量**. 此结论称为**斯特藩-玻耳兹曼定律**,它是关于黑体辐射

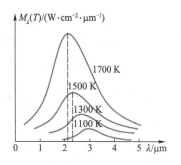

图 18.1.1 单色辐出度按波长分布的曲线

阅读材料 斯特藩

的两个基本定律之一. 关于黑体辐射的另一个基本定律是维恩(W. Wien, 1864—1928)位移定律, 这个规律表示, 随着黑体温度的升高, 其单色辐出度最大值所对应的波长 λ_m 按照 T^{-1} 的规律向短波方向移动, 即

$$\lambda_m T = b \qquad (18.1.4)$$

其中 $b = 2.898 \times 10^{-3}$ m·K, 称为维恩位移定律常量. 维恩位移定律所表示的规律, 也能从图 18.1.1 中大致看出, 图中虚线对应的波长就是单色辐出度最大值对应的波长 λ_m.

阅读材料　维恩

斯特藩-玻耳兹曼定律和维恩位移定律在现代科学技术中有广泛的应用, 譬如可用于测量高温物体(如冶炼炉、钢水、太阳或其他发光天体等)的温度, 这两个定律也是遥感技术和红外跟踪技术的理论依据之一.

例 18.1.1

实验测得太阳辐射波谱的 $\lambda_m = 490$ nm, 若把太阳视为黑体, 试计算:

(1) 太阳表面的温度及太阳单位表面积上辐射的功率;

(2) 地球每秒内接收到的太阳辐射能. (已知: 太阳半径 $R_S = 6.96 \times 10^8$ m; 地球半径 $R_E = 6.37 \times 10^6$ m; 地球与太阳的距离 $d = 1.496 \times 10^{11}$ m.)

解　(1) 根据维恩位移定律 $\lambda_m T = b$, 得

$$T = \frac{b}{\lambda_m} = \frac{2.898 \times 10^{-3}}{490 \times 10^{-9}} \text{ K} \approx 5.9 \times 10^3 \text{ K}$$

根据斯特藩-玻耳兹曼定律可求出辐出度, 即单位表面积上的发射功率

$$M = \sigma T^4 = 5.67 \times 10^{-8} \times (5.9 \times 10^3)^4 \text{ W·m}^{-2}$$

$$\approx 6.87 \times 10^7 \text{ W·m}^{-2}$$

太阳辐射的总功率为

$$P_S = M \cdot 4\pi R_S^2 = 6.87 \times 10^7 \text{ W·m}^{-2} \times 4\pi \times$$

$$(6.96 \times 10^8 \text{ m})^2 \approx 4.2 \times 10^{26} \text{ W}$$

(2) 地球表面单位面积接收到的辐射功率为

$$P_E' = \frac{P_S}{4\pi d^2} = \frac{4.2 \times 10^{26}}{4\pi \times (1.496 \times 10^{11})^2} \text{ W·m}^{-2}$$

$$\approx 1.49 \times 10^3 \text{ W·m}^{-2}$$

由于地球到太阳的距离远大于地球半径, 可将地球看成半径为 R_E 的圆盘, 故地球接收的太阳辐射能功率为

$$P_E = P_E' \times \pi R_E^2 = 1.49 \times 10^3 \times \pi \times (6.37 \times 10^6)^2 \text{ W}$$

$$\approx 1.90 \times 10^{17} \text{ W}$$

二、普朗克量子假设

黑体单色辐出度与波长和温度之间存在着确定的函数关系,如何从理论上定量导出这一关系是 19 世纪末期的理论物理学家们面临的重大课题. 经典理论认为,电磁辐射来源于构成物体的带电粒子,这些带电粒子可以看成是以各种频率,在各自平衡位置附近振动的简谐振子,它们可以发射和吸收与自己频率相同的电磁波. 1896 年,维恩假定简谐振子的能量按频率的分布类似于麦克斯韦速率分布律,然后用经典统计物理学方法导出了下面的公式:

$$M_\lambda(T) = c_1 \lambda^{-5} e^{-\frac{c_2}{\lambda T}} \qquad (18.1.5)$$

其中 c_1 和 c_2 是两个出实验确定的参量. 上式称为维恩公式. 维恩公式只是在短波波段与实验曲线相符,而在长波波段明显偏离实验曲线,如图 18.1.2 所示.

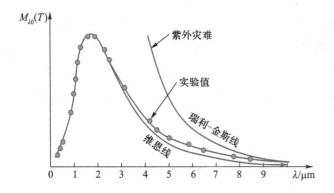

图 18.1.2　维恩线和瑞利-金斯线

瑞利（ J. W. S. Rayleigh, 1842—1919）和金斯（ J. H. Jeans, 1877—1946）根据经典电动力学和经典统计物理学理论导出了另一个反映黑体单色辐出度与波长和温度关系的函数

$$M_\lambda(T) = 2\pi c \lambda^{-4} kT \qquad (18.1.6)$$

式中 c 是真空中的光速,k 是玻耳兹曼常量. 从图 18.1.2 可以看到,瑞利-金斯公式在长波波段与实验相符,而在短波

阅读材料　瑞利

动画　黑体辐射的公式对比

波段与实验曲线有明显差异,这在物理学史上曾称为"紫外灾难",被称为 19 世纪末期物理学晴朗天空的两朵"乌云"之一.

1900 年,普朗克(M.Planck,1858—1947)首先在分析和综合了维恩公式和瑞利-金斯公式各自的成功之处后,从数学上得到了一个与实验结果惊人符合的定量公式,即著名的**普朗克辐射公式**

$$M_\lambda(T) = \frac{2\pi hc^2}{\lambda^5} \frac{1}{\mathrm{e}^{hc/(kT\lambda)}-1} = \frac{2\pi hc^2}{\lambda^5} \frac{1}{\mathrm{e}^{h\nu/(kT)}-1}$$

$$(18.1.7)$$

式中 c 是真空中的光速,k 是玻耳兹曼常量,h 为一待定常量,可以由实验来测定,被称为**普朗克常量**,其值约为

$$h = 6.626 \times 10^{-34} \text{ J} \cdot \text{s} \qquad (18.1.8)$$

而且普朗克意识到,要从理论上导出与实验结果惊人符合的黑体辐射公式,似乎要作如下不可思议的假定:

物体发射或吸收频率为 ν 的电磁辐射,只能以 $\varepsilon = h\nu$ 为单位进行,这个最小能量单位就是能量子,物体所发射或吸收的电磁辐射能量总是这个能量子的整数倍,即

$$E = nh\nu \qquad (18.1.9)$$

式中 n 是正整数,$n = 1, 2, 3, \cdots$,称为**量子数**(quantum number). 也就是说,物体发射或吸收的电磁辐射的能量不能是连续的,而只能是一份一份"**量子化**(quantization)"的. 普朗克的量子化假设与经典物理学理论是严重不相容的,但也就是这一新思想,引起了物理学划时代的变化,建立了比经典物理更精细、更深刻的量子物理理论. 普朗克也为此荣获 1918 年度的诺贝尔物理学奖.

18-2　光电效应

一、光电效应的实验规律及其与经典理论的矛盾

在光的照射下,金属中的电子会吸收光能而逸出金属表面,这种现象称为**光电效应**(photoelectric effect).在光电效应中逸出金属表面的电子称为**光电子**(photoelectron).我们可以用光电效应做成实用的光电管.光电管是一个抽成真空的玻璃泡,内表面的一部分涂有感光金属层作为阴极 K,金属在光的照射下会产生光电子,阳极 A 是由金属丝网做成的,光电子在电场的作用下运动所提供的电流,称为**光电流**(photocurrent).

为了研究光电效应的规律,可将光电管连接在如图18.2.1 所示的电路中.其中,可变电阻 R 用来调节加在光电管两端的电势差 U 的大小.换向开关用来改变加在光电管两端的电势差的极性.电压表 V 和电流计 G 分别用来测量加在光电管上的电势差和通过光电管的光电流.实验发现,对于一定强度的单色光,光电流 I 和电势差 U 的变化关系如图 18.2.2 中的曲线所示.它表明,电势差 U 越大,光电流 I 也越大,当电势差增大到一定值后,光电流达到饱和值 I_m.饱和现象说明,逸出金属表面的光电子在较大的电势差作用下会全部到达阳极.实验还发现,对于一定频率的单色光,饱和电流的值与入射光强成正比.这也说明,单位时间内逸出金属表面的光电子数与入射光强成正比.

由图 18.2.2 中的曲线可见,当加在光电管的电势差为某负值时,光电流才等于零.光电流刚刚为零时光电管两端的电势差 U_0 称为**截止电势差**.在反向截止电势差 U_0 的作用下,逸出金属表面时具有最大初动能的光电子也不能到达阳极形成光电流,这时,光电子的最大初动能正好等于它

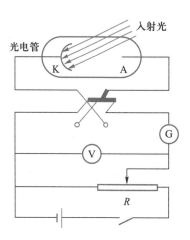

图 18.2.1　光电效应的实验示意图

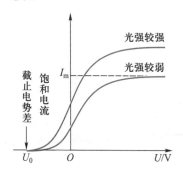

图 18.2.2　光电流和电势差的变化关系

克服截止电场力所做的功,即

$$\frac{1}{2}mv_{\mathrm{m}}^2 = eU_0 \qquad (18.2.1)$$

式中 m 和 e 分别是电子的质量和电荷量绝对值, v_{m} 是电子逸出金属表面时具有的最大初速度. 从(18.2.1)式可见,截止电势差能表征光电子的最大初动能.

实验表明,对一切金属材料,截止电势差与入射光的频率之间存在着线性关系. 图 18.2.3 是三种金属材料的截止电势差与入射光的频率之间的关系曲线. 这些线性关系可用数学式表示为

$$U_0 = k(\nu - \nu_0) \qquad (18.2.2)$$

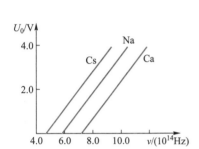

图 18.2.3 截止电势差与频率的关系

式中 k 和 ν_0 都是正值,其中斜率 k 为普适常量, ν_0 对于不同的金属具有不同的数值,对于同一种金属为常量. 将(18.2.1)式代入(18.2.2)式,可得

$$\frac{1}{2}mv_{\mathrm{m}}^2 = ek(\nu - \nu_0) \qquad (18.2.3)$$

这说明,光电子的初动能随入射光频率的上升而线性地增大,而光电子的初动能并没有与入射光强有关,这一结论是经典物理理论完全解释不了的.

实验还表明:对于某金属材料,如果入射光的频率低于相应的频率 ν_0 时,则无论入射光强多大,都不会使这种金属产生光电效应. 不能产生光电效应,说明金属内的电子从入射光那里获得的能量不能达到金属表面对电子束缚的逸出功而逸出金属表面. 通常我们称引起光电效应的入射光频率下限 ν_0 为金属的红限频率(也称截止频率). 入射光的频率达到红限频率时,金属内的电子从入射光那里获得的能量刚好达到金属表面对电子束缚的逸出功 W. 实验发现,只要入射光的频率大于该金属的红限频率,无论光强多弱,几乎立即产生光电子.

为什么金属内的电子从入射光那里能获得的能量只取决

入射光的频率而与入射光的强度无关,而且几乎是瞬间获得的,经典物理学对这些实验事实完全无法解释. 根据光的电磁理论,光是电磁波,光波的能量决定于光波的强度,光波的强度与振动的电磁场振幅的平方成正比. 因此,金属内电子获得的能量也应该与光波的强度直接相关,而实验结果却表明,它与光波的强度无关,而是与光的频率密切相关. 另外,从光的波动理论的观点看,电子从入射光那里获得能量需要一个积累的过程,特别是当入射光的强度较弱时,能量积累需要的时间较长. 而实验结果却表明,这一过程几乎是瞬间发生的.

例 18.2.1

设有一功率 $P = 1$ W 的点光源,距光源 $d = 3$ m 处有一钾薄片,图 18.2.4 是其示意图.假定钾薄片中的电子可以在半径约为原子半径 $r = 0.5 \times 10^{-10}$ m 的圆面积范围内收集能量,已知钾的逸出功 $W = 1.8$ eV,按照经典电磁理论,计算电子从照射到逸出需要多长时间?

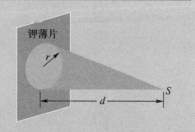

图 18.2.4 光照射钾薄片中的电子

解 光每秒钟照射到离光源 d 处半径为 r 的圆面积上的能量为

$$P' = \frac{\pi r^2}{4\pi d^2} P = \frac{\pi \times (0.5 \times 10^{-10}\text{m})^2}{4\pi \times (3\text{ m})^2} \times 1\text{ W}$$

$$\approx 7 \times 10^{-23}\text{ W}$$

电子逸出所需时间为

$$t = \frac{W}{P'} = \frac{1.8 \times 1.6 \times 10^{-19}\text{ J}}{7 \times 10^{-23}\text{ W}} \approx 4\ 114\text{ s}$$

二、爱因斯坦的光子假说及其光电效应方程

考虑到光电效应的实验事实及普朗克提出的能量子思想:爱因斯坦于 1905 年进一步提出了下面的光子假说:光是一份一份的以光速运动的光量子组成的粒子流,这种光

 阅读材料 爱因斯坦

量子简称为光子. 每一个光子的能量由光的频率所决定. 如果光的频率为 ν,则光子的能量可以表示为

$$\varepsilon = h\nu \qquad (18.2.4)$$

式中 h 是普朗克常量. 光的能量就是光子能量的总和,对于一定频率的光,单位时间内通过单位横截面的光子数越多,光的强度就越大.

当入射到金属中的某个光子打到金属中的某个电子时,这个电子就会在瞬间吸收这个光子而获得一份能量 $h\nu$,这份能量一部分用于消耗逸出金属表面时所必需的逸出功 W,另一部分转化为光电子的初动能,可以用数学公式将这一能量关系表示为

$$h\nu = \frac{1}{2}mv_{\mathrm{m}}^2 + W \qquad (18.2.5)$$

这个方程称为爱因斯坦的光电效应方程.

引入光子的概念后,光电效应的实验事实很容易得到圆满的解释. 首先,由于电子吸收光子是在瞬间发生的,所以光电效应不需要积累能量的时间,几乎是与光照射到金属表面同时发生的. 其次,由爱因斯坦的光电效应方程可见,光电子的初动能与入射光的频率呈线性关系,而与光的强度即光子的数目无关,可以用数学公式将这关系表示为

$$U_0 = \frac{1}{e} \cdot \frac{1}{2}mv_{\mathrm{m}}^2 = \frac{h}{e}\left(\nu - \frac{W}{h}\right) \qquad (18.2.6)$$

另外,如果入射光的频率低,则光子的能量小,当光子的能量 $h\nu$ 小于金属的逸出功 W 时,电子吸收一个这样的光子后所获得的能量不足以克服逸出电势的束缚,因而不能逸出金属表面产生光电效应现象. 因此光电效应必定存在红限频率,红限频率 ν_0 的数值取决于逸出功 W:

$$\nu_0 = \frac{W}{h} \qquad (18.2.7)$$

最后,由于光强是由光子的数目决定的,光强越大,射

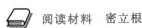

阅读材料   密立根

到金属表面的光子越多,单位时间内吸收光子而逸出金属表面的电子也越多,所以饱和电流的值与入射光强成正比.

应用爱因斯坦的光子论不仅圆满地解释了光电效应的实验事实,而且还给出间接测量普朗克常量 h 的方法. 由此,可得到普朗克常量 h 与斜率 k、逸出功 W、红限频率 ν_0 的定量关系如下:

$$h = ek = W/\nu_0 \qquad (18.2.8)$$

1916 年,密立根(R. A. Millikan, 1868—1953)对光电效应的实验进行了更为精确的测量,由光电效应实验计算得到的普朗克常量与由黑体辐射实验确定的普朗克常量符合得很好. 这进一步证实了爱因斯坦的光量子思想的正确性.

例 18.2.2

已知铝的逸出功为 4.2 eV,今用波长为 200 nm 的紫外线照射到铝表面上,发射的光电子的最大初动能为多少?截止电势差为多大?铝的红限波长是多大?

解　(1)由光电效应方程

$$h\nu = \frac{1}{2}mv_m^2 + W$$

得

$$\frac{1}{2}mv_m^2 = h\nu - W = \frac{hc}{\lambda} - W$$

$$\approx 3.23 \times 10^{-19} \text{ J}$$

$$\approx 2.0 \text{ eV}$$

(2)由 $\frac{1}{2}mv_m^2 = eU_0$,得

$$U_0 = \frac{\frac{1}{2}mv_m^2}{e} = 2.0 \text{ V}.$$

(3)由 $W = h\nu_0 = \frac{hc}{\lambda_0}$,得

$$\lambda_0 = \frac{hc}{W} \approx 296 \text{ nm}.$$

三、光的波粒二象性

在 19 世纪,人们通过光的干涉、衍射等实验证实了光具有的波动本性;进入 20 世纪,人们又通过黑体辐射、光电效应等实验证实了光具有的粒子本性. 综合起来,光既具有

波动性,又具有粒子性,它是波粒二象性的. 波动性和粒子性是真实的光具有的两个不同的侧面,在有些情况下光更容易体现出波的特性,而在另一些情况下光更容易体现出粒子的特性. 我们知道,经典理论只是在宏观、低速下近似成立的定量理论,自然界遵循着更精细、更深刻的规律,因此完全局限于经典观念来思考问题是不行的. 在经典物理中,足够小的物体可以看成质点,质点遵循牛顿运动定律,而光遵循的运动规律是麦克斯韦方程组,因此光子不可能是经典观念中的粒子. 波粒二象性在近代物理理论中有极其重要的地位,我们后面还会对波粒二象性作进一步的讨论.

光是波粒二象性的. 反映光的波动性的物理量主要有光速 c、光的波长 λ 及光的频率 ν;而反映光的粒子性的物理量主要有光子具有的质量 m、能量 ε 和动量 p. 反映光的波动性的量与反映光的粒子性的量之间存在着怎样的定量关系呢?首先,我们已经得到了光的频率 ν 和光子的能量 ε 之间存在的定量关系,即关系式(18.2.4)式. 根据相对论的质能关系 $E=mc^2$,可以得到以光速运动的光子具有的质量为

$$m = \frac{h\nu}{c^2} \qquad (18.2.9)$$

根据相对论的能量-动量关系,光子动量的大小 p 等于其质量 m 与速率 c 的乘积,即可以得到光子具有的动量的大小为

$$p = \frac{h}{\lambda} \qquad (18.2.10)$$

若用单位矢量表示动量的方向,则动量的矢量表示式为

$$\boldsymbol{p} = \frac{h}{\lambda}\boldsymbol{e}_p \qquad (18.2.11)$$

(18.2.4)式和(18.2.10)式是描述光的波粒二象性的两个基本关系式,通常这两个关系式称为**普朗克-爱因斯坦关系式**.

光电效应的应用极为广泛.应用光电效应的原理可制成真空光电管,如图 18.2.5 所示. 这种光电管的灵敏度很

玻璃泡

阳极A

阴极K

光电管

图 18.2.5　光电管示意图

高,可用于记录和测量光的强度,作为光电光度计,也用于有声电影、电视和自动控制等装置.

18-3　康普顿效应

一、康普顿效应

1923 年,美国物理学家康普顿(A.H.Compton,1892—1962)及其后不久的我国物理学家吴有训研究了 X 射线经物质散射后的光谱成分.实验表明,散射的 X 射线中不仅有与入射线波长相同的射线,而且也有波长大于入射线波长的射线.这种散射后波长会大于入射线波长的现象称为**康普顿效应**.实验还表明,波长的改变量随散射角 φ(散射线与入射线之间的夹角)而异:当散射角 φ 增大时,波长的改变量也随之增加;在同一散射角下,对于所有散射物质,波长的改变量都相同.观测康普顿效应的实验装置如图 18.3.1 所示.由 X 射线管发出的单色 X 射线射到所研究的散射物质(如石墨、金属等)上,便产生向各个方向散射的 X 射线.虚线方框内是作为 X 射线衍射光栅使用的晶体和探测器组成一个光谱仪,用来测量散射 X 射线的波长和强度.

阅读材料　X 射线的发现

阅读材料　康普顿

阅读材料　吴有训

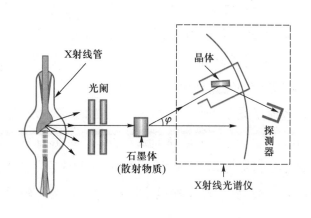

X射线管

光阑

晶体

石墨体
(散射物质)

φ

探测器

X射线光谱仪

图 18.3.1　康普顿效应的实验示意图

二、光子理论的解释

从经典物理学理论的观点看,波长为 λ_0(或频率为 ν_0)的 X 射线进入散射体后,将引起构成物质的带电粒子作受迫振动,每一个作受迫振动的带电粒子将向四周辐射电磁波,这就是散射的 X 射线. 不过,系统作受迫振动时的频率与驱动力的频率是相等的. 所以,散射的 X 射线波长应该等于入射 X 射线的波长 λ_0,即不可能产生康普顿效应. 可见,经典物理学理论不能解释 X 射线散射的所有实验事实. 下面我们用爱因斯坦的光子假说来解释 X 射线散射实验中出现的实验现象.

根据爱因斯坦的光子假说,X 射线是一束能量较大的光子. 当 X 射线进入散射体后,光子将与构成物质的粒子发生弹性碰撞(又称为散射). 在碰撞过程中,光子与散射粒子组成的系统能量和动量均守恒,光子与散射粒子之间要发生能量和动量的转化. 由于构成散射物质的粒子,有原子实(晶格离子)和价电子(可以看成自由电子)两种,光子与它们碰撞将产生不同的结果.

由于原子实的质量比光子的质量大得多,碰撞后光子的能量基本不变. 所以散射光的波长是不变的,这就是散射光中与入射线同波长的射线;而在光子与自由电子的碰撞过程中,由于电子的质量与 X 射线光子的质量差不多大,又由于自由电子在碰撞前具有的运动能量远远小于 X 射线光子的能量,因此这种碰撞必将引起 X 射线光子的能量有所损失,从而引起散射后 X 射线的波长有所增大. 下面是对康普顿效应进行的定量讨论.

设碰撞后光子沿与 x 轴成 φ 角的方向运动,如图 18.3.2 所示. 由于自由电子在碰撞前是静止的,动量为零,其静质量为 m_0,则能量为 m_0c^2. 碰撞后自由电子获得了一定的能量而成为反冲电子,设反冲电子的速度为 v,与 x 轴成 θ 角,

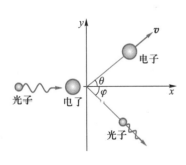

图 18.3.2　光子与自由电子的碰撞

相对论性质量变为 m,根据相对论关系,m 可以表示为

$$m = \frac{m_0}{\sqrt{1-\dfrac{v^2}{c^2}}}$$

碰撞前后光子的能量和动量分别由 $h\nu_0$ 和 $\dfrac{h}{\lambda_0}\boldsymbol{e}_0$ 变为 $h\nu$ 和 $\dfrac{h}{\lambda}\boldsymbol{e}$. 碰撞过程中,能量是守恒的,即

$$h\nu_0 + m_0 c^2 = h\nu + mc^2 \qquad (18.3.1)$$

碰撞过程中,动量也是守恒的,即

$$\frac{h\nu_0}{c}\boldsymbol{e}_0 = \frac{h\nu}{c}\boldsymbol{e} + m\boldsymbol{v} \qquad (18.3.2)$$

由上述两个式子可以解得

$$\lambda = \lambda_0 + 2\frac{h}{m_0 c}\sin^2\left(\frac{\varphi}{2}\right) \qquad (18.3.3)$$

上式就是康普顿效应波长改变的定量公式,它和实验符合得很好. 此式常称为**康普顿散射公式**. 式中 $\dfrac{h}{m_0 c}$ 常用 λ_C 表示,称为**电子的康普顿波长**,可通过计算得到

$$\lambda_C = \frac{h}{m_0 c} = 2.43 \times 10^{-12} \text{ m} \qquad (18.3.4)$$

由此我们可以解释康普顿散射实验的两个主要实验结论:

(1) 由(18.3.3)式可以得到,散射 X 射线的波长改变量 $\Delta\lambda = \lambda - \lambda_0$ 只与光子的散射角 φ 有关,φ 越大,$\Delta\lambda$ 也越大. 当 $\varphi = 0$ 时,$\Delta\lambda = 0$,即波长不变;当 $\varphi = \pi$ 时,$\Delta\lambda = 2\lambda_C$,此时波长的改变量为最大值.

(2) 由于康普顿效应是由于光子与价电子(可以看成自由电子)的碰撞过程,所以对所有散射物质,散射 X 射线的波长改变量 $\Delta\lambda$ 和散射角 φ 的定量关系是完全相同的.

康普顿效应的实验事实及其理论的圆满解释具有重大

的物理意义,首先它验证了爱因斯坦的光子理论,其次验证了爱因斯坦的相对论公式,另外它还验证了能量和动量守恒的普遍正确性.

例 18.3.1

设康普顿散射中入射 X 射线的波长为 3×10^{-3} nm,反冲电子的速率为 $0.6c$,求散射光子的波长和散射方向.

解   设电子的静质量为 m_0,已知反冲电子的速率为 $0.6c$,可得反冲电子的相对论性质量为

$$m = \frac{m_0}{\sqrt{1-\left(\frac{0.6c}{c}\right)^2}} = 1.25m_0$$

根据光子与电子散射过程的能量守恒有

$$\frac{hc}{\lambda_0}+m_0c^2 = \frac{hc}{\lambda}+mc^2$$

已知入射 X 射线的波长 $\lambda_0=3\times10^{-3}$ nm,

$m_0 = 9.11\times10^{-31}$ kg,可解得散射光子的波长为

$$\lambda = \frac{h\lambda_0}{h-0.25m_0c\lambda_0} \approx 4.3\times10^{-12} \text{ m}$$

再根据康普顿散射公式

$$\Delta\lambda = \lambda-\lambda_0 = \frac{2h}{m_0c}\sin^2\frac{\varphi}{2}$$

可求得散射光子的方向,即散射角 φ 的值

$$\sin^2\frac{\varphi}{2} = \frac{m_0c}{2h}(\lambda-\lambda_0) \approx 0.268\ 1\ ; \varphi \approx 62°18'$$

18-4 德布罗意波 实物粒子的波粒二象性

一、德布罗意波

阅读材料   德布罗意

1924 年,德布罗意(L. V. de Broglie,1892—1987)提出,一切实物粒子兼有波和粒子两方面性质,都是波粒二象性的. 他指出,从粒子性看,一个实物粒子可以用能量 E 和动量 p 描述它;从波动性看,一个实物粒子可以用频率 ν 和波

长 λ 描述它,这两个方面以下列关系式相联系:

$$\nu = \frac{E}{h} = \frac{mc^2}{h} \qquad (18.4.1)$$

$$\lambda = \frac{h}{p} = \frac{h}{mv} \qquad (18.4.2)$$

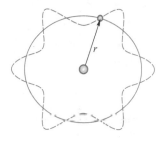

(18.4.1)式和(18.4.2)式就是著名的**德布罗意关系式**. 通常我们将与微观粒子相联系的波称为物质波或德布罗意波,相应的波长称为物质波长或德布罗意波长. 既然微观粒子具有波动性,原子中绕核运动的电子无疑也具有波动性. 德布罗意认为,处于定态中的电子形成驻波的情形,与端点固定的振动弦线形成驻波的情形是相似的. 原子中电子驻波可如图 18.4.1 形象地表示. 由图可以看到,当电子波在离开原子核为 r 的圆周上形成驻波时,圆周长必定等于电子波长的整数倍,即

图 18.4.1 原子中的电子形成驻波

$$2\pi r = n\lambda = n\frac{h}{mv}$$

由此可得到电子的轨道角动量应满足下面的关系为

$$L = mvr = n\frac{h}{2\pi} = n\hbar$$

式中 $\hbar = \frac{h}{2\pi}$,$\hbar$ 称为**约化普朗克常量**.

这正是**玻尔提出的量子化假设**(详见 19-1 节内容).在这里,居然也能从微观粒子具有波动性的思想中演绎出来. 但要更有说服力地证实德布罗意波的存在,必须要能够观测到微观粒子也像光子那样呈现出干涉、衍射现象.

例 18.4.1

试估算常温下($T = 300$ K)热中子的德布罗意波长.(已知中子的质量 $m_n = 1.67 \times 10^{-27}$ kg.)

解 热中子是指在常温下($T=300$ K)与周围处于热平衡的中子,它的平均动能

$$\bar{\varepsilon}_k = \frac{3}{2}kT = 6.21 \times 10^{-21} \text{ J} \approx 0.039 \text{ eV}$$

平均动量为

$$\bar{p} = \sqrt{2m_n \bar{\varepsilon}_k}$$

由此估算其德布罗意波长为

$$\lambda = \frac{h}{\bar{p}} = \frac{h}{\sqrt{2m_n \bar{\varepsilon}_k}} \approx 0.146 \text{ nm}$$

这一波长与 X 射线的波长同数量级,也可用晶体衍射的方法产生中子衍射.

二、戴维孙和革末实验

阅读材料 戴维孙

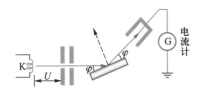

图 18.4.2 戴维孙-革末电子衍射实验装置示意图

阅读材料 物质波假设的实验检验

1927 年,戴维孙(C. J. Davisson, 1881—1958)和革末(L.A.Germer,1896—1971)用电子束入射镍单晶表面,得到了与 X 射线衍射类似的电子衍射现象,从而证实了德布罗意假说. 他们用的实验装置如图 18.4.2 所示. 由热灯丝 K 发出的电子被电势差 U 产生的电场加速后,经小孔射出成为很细的平行电子束. 电子束的能量决定于加速电势差 U,$\frac{1}{2}m_e v^2 = eU$,由此得到德布罗意波长为

$$\lambda = \frac{h}{m_e v} = \frac{h}{\sqrt{2m_e eU}} \quad (18.4.3)$$

当 $U=54$ V 时,$\lambda = 1.67 \times 10^{-10}$ m. 电子束射到镍单晶上,被晶面所反射,反射后的电子束由集电器俘获,并提供了电流 I,I 可用电流计 G 测量. 电流 I 表征反射电子束的强度. 与晶体对 X 射线的衍射类似,以掠射角 φ 射至一组间距为 d 的晶面并被晶面所反射的电子束,反射电子束强度极大的方向应满足布拉格公式

$$2d\sin \varphi = k\lambda \quad (18.4.4)$$

其中 k 为自然数. 联立(18.4.3)式和(18.4.4)式可得到集电器电流 I 取极值时,加速电势差 U 与反射电子束的方向之间的关系如下

$$\sqrt{U} = \frac{h}{\sqrt{2m_e e}} \cdot \frac{k}{2d\sin\varphi}$$

实验结果与理论预期符合得很好,从而首次证明了德布罗意假说的正确性. 1961 年,约恩孙(C. Jönsson, 1930—　)做了电子的单缝、双缝等衍射实验,更加直接地证明了德布罗意假说的正确性. 现在,不仅电子具有波动性被证实了,其他微观粒子,如原子、质子和中子等的波动性也都得到了实验的证实. 而且,微观粒子的波动性在现实中也得到了很多的应用. 例如,人们利用电子的波动性,已经制成了高分辨率的电子显微镜;利用中子的波动性,已经制成了中子摄谱仪,这些设备已在物性分析等领域中得到广泛的应用.

动画　电子的单缝衍射图样和强度分布

微观粒子波动性的发现,使我们对物质世界的认识向前迈进了一大步. 在此基础上,薛定谔(E. Schrödinger, 1887—1961)建立了微观粒子遵循的波动方程,从而奠定了量子力学理论的一个重要基础(详见 19-2 节内容).

例 18.4.2

在戴维孙-革末实验中,已知晶格常量 $d = 0.3$ nm,电子经 100 V 电压加速,求各极大值所在的方向.

解　设电子束垂直投射于晶体表面,散射加强的方向与晶体表面法向的夹角为 θ,根据电子束在晶体上衍射的布拉格公式有

$$d\sin\theta = k\lambda$$

其中 λ 为德布罗意波长.

电子经 100 V 电压加速,其动量 $p = \sqrt{2meU}$,因此德布罗意波长为

$$\lambda = \frac{h}{p} = \frac{h}{\sqrt{2meU}}$$

所以

$$\sin\theta = k\frac{h}{d\sqrt{2meU}} = 0.41k$$

可以得 3 个极大值所在的方向:

$$k = 0, \quad \theta = 0;$$
$$k = 1, \quad \theta \approx 24.1°;$$
$$k = 2, \quad \theta \approx 54.9°.$$

三、电子显微镜

光学显微镜是由一组透镜组成的,由于可见光的波长在几百纳米数量级,所以光学显微透镜的分辨率将受到相应的限制.根据电磁学理论,我们可以设计出电磁透镜,并可以用荧光屏将电子束成像.由此我们可以用电子束代替可见光来制作显微镜.由于高速运动的电子的波长容易达到纳米数量级,所以由电子束制成的显微镜可以比光学显微透镜的分辨率高好几个数量级.1933 年,德国科学家 Ernst Ruska 设计制成了世界上第一台电子显微镜(electron microscope).现在电子显微镜技术已成为研究机体细微结构的重要手段.通常用光学显微镜只能看清大于 0.2 μm 的物体或结构,而现在用电子显微镜可以看清小至 0.1 nm 的物体或结构.因此用电子显微镜可以看到病毒、单个分子以及金属材料的晶格结构等,可以广泛地应用到金属物理学、高分子化学、微电子学、生物学、医学以及工农业生产等各个领域中去.图 18.4.3 是成套的电子显微镜仪器的照片.

图 18.4.3　电子显微镜

18-5　不确定关系

 阅读材料　海森伯

在经典物理学中,描述和确定一个质点的运动状态需要用两个物理量,即位置和动量,并且这两个物理量在任何瞬间都具有可以准确确定的值.但是对于具有波粒二象性的微观粒子来说,其位置和动量是不可能同时准确确定的.微观粒子的位置和动量不可能同时准确确定的事实,首先由海森伯(W.K.Heisenberg,1901—1976)于 1927 年提出.位置和动量的不确定关系可以具体表示如下:

若粒子在某个方向上位置的不确定量(用 Δx 表示),

在该方向上动量的不确定量(用 Δp_x 表示),则

$$\Delta x \cdot \Delta p_x \geqslant \frac{\hbar}{2} \qquad (18.5.1)$$

这个关系表明,其位置和动量不可能同时准确测定,若粒子的位置测得越准确,则动量就越不确定(即 Δp_x 越大),反之亦然. 不确定关系在量子力学中可以严格证明.

不确定关系是波动性的必然结论,由于微观粒子具有波动性,所以微观粒子要遵循不确定关系. 为说明这个问题,让我们看一下电子束经过单缝而发生衍射的现象. 图 18.5.1表示电子束沿水平方向射至宽度为 Δx 的狭缝上,在放于光屏处的照相版上将得到像光的单缝衍射现象一样的强度分布图样. 与光学的结论类似,第一级暗条纹所对应的衍射角 φ 应满足下面的关系:

$$\Delta x \cdot \sin \varphi = \pm\lambda \qquad (18.5.2)$$

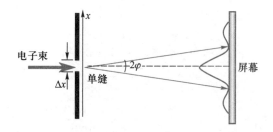

图 18.5.1 电子单缝衍射现象的示意图

式中 λ 是电子束的德布罗意波长. 两个第一级暗条纹之间就是中央主极大的区域,在这个区域内都有电子投射. 电子通过狭缝发生了角 φ 的偏斜,表明其动量 p 在 x 轴方向产生了 Δp_x 的弥散. 根据衍射现象的一般规律,狭缝宽度 Δx 越小,即电子的位置在 x 轴方向越准确,动量在 x 轴方向的弥散就越大. 电子动量在 x 轴方向的不确定量 Δp_x 可以表示为

$$\Delta p_x = p \cdot \sin \varphi$$

将(18.5.2)式代入上式,再利用德布罗意关系式(18.4.2),可得

$$\Delta x \cdot \Delta p_x = h$$

如果把电子衍射的次极大也考虑在内,Δp_x 还要大些,上式

则应写成

$$\Delta x \cdot \Delta p_x \geqslant h$$

建立量子力学后可以证明,更精确的不确定关系应该取(18.5.3)式的形式:

$$\Delta x \cdot \Delta p_x \geqslant \frac{\hbar}{2} \qquad (18.5.3)$$

其中 $\hbar = \dfrac{h}{2\pi}$,除位置和动量存在不确定关系外,海森伯还提出,在能量和时间之间也存在类似的不确定关系,即

$$\Delta E \cdot \Delta t \geqslant \frac{\hbar}{2} \qquad (18.5.4)$$

例 18.5.1

电子显像管中电子的加速电压为 10 kV,电子枪的枪口直径设为 0.01 cm,试求电子射出电子枪后的横向速度的不确定量.

解   电子横向位置的不确定量 $\Delta x = 0.01$ cm,由不确定关系 $\Delta x \Delta p_x \geqslant \dfrac{\hbar}{2}$,得

$$\Delta v_x \geqslant \frac{\hbar}{2m\Delta x}$$

$$= \frac{1.05 \times 10^{-34}}{2 \times 9.11 \times 10^{-31} \times 1 \times 10^{-4}} \ \mathrm{m \cdot s^{-1}}$$

$$\approx 0.58 \ \mathrm{m \cdot s^{-1}}$$

而电子经过 10 kV 的电压加速后其速度为

$$v_x = \sqrt{\frac{2E_k}{m}}$$

$$= \sqrt{\frac{2 \times 1.6 \times 10^{-19} \times 10 \times 10^{3}}{9.11 \times 10^{-31}}} \ \mathrm{m \cdot s^{-1}}$$

$$\approx 5.93 \times 10^{7} \ \mathrm{m \cdot s^{-1}}$$

由于 $\Delta v_x \ll v_x$,所以电子运动速度相对来说仍是相当确定的,波动性不起什么实际影响.电子运动的问题仍可用经典力学处理.

例 18.5.2

实验测定原子核线度的数量级为 10^{-14} m. 试应用不确定度关系估算电子如被束缚在原子核中时的动能.

解 取电子在原子核中位置的不确定量 $\Delta r \approx 10^{-14}$ m,由位置和动量不确定关系即 (18.5.3)式,得电子如被束缚在原子核中时的动量

$$p \approx \Delta p \geqslant \frac{\hbar}{2\Delta r} = \frac{1.05 \times 10^{-34}}{2 \times 10^{-14}} \ \text{kg} \cdot \text{m} \cdot \text{s}^{-1}$$

$$\approx 0.53 \times 10^{-20} \ \text{kg} \cdot \text{m} \cdot \text{s}^{-1}$$

考虑到电子在此动量下有极高的速度,需要应用相对论的能量-动量公式,这时电子具有的总能量

$$E = \sqrt{p^2 c^2 + m_0^2 c^4} \approx 1.6 \times 10^{-12} \ \text{J}$$

则电子在原子核中的动能

$$E_k = E - m_0 c^2 \approx 1.6 \times 10^{-12} \ \text{J} = 10 \ \text{MeV}$$

电子具有这样大的动能足以把原子核击碎,所以原子核由质子和电子组成是不可能的.

例 18.5.3

用不确定关系估算简谐振子的最低能量.

解 简谐振子的能量是

$$E = \frac{p^2}{2m} + \frac{1}{2}m\omega^2 x^2$$

通过不确定关系 $\Delta x \Delta p_x \geqslant \frac{\hbar}{2}$ 得

$$p = \Delta p_x \geqslant \frac{\hbar}{2x}$$

用 $p = \frac{\hbar}{2x}$ 代入上式,得

$$E = \frac{1}{2m}\frac{\hbar^2}{4x^2} + \frac{1}{2}m\omega^2 x^2$$

令 $\frac{\mathrm{d}E}{\mathrm{d}x} = 0$,求出上式的极小值即为简谐振子的最低能量为

$$E_{min} = \frac{1}{2}\hbar\omega$$

例 18.5.4

一原子的激发态发射波长为 600 nm 的光谱线,测得波长的精度为 $\Delta\lambda/\lambda = 10^{-7}$,试问该原子态的寿命为多长?

解 $E = h\nu = \frac{hc}{\lambda}$; $\quad \mathrm{d}E = -\frac{hc}{\lambda^2}\mathrm{d}\lambda$

所以 $\quad \Delta E \approx \frac{hc}{\lambda^2}\Delta\lambda$

由不确定关系 $\Delta E \cdot \Delta t \geqslant \frac{\hbar}{2} = \frac{h}{4\pi}$ 得该原子态的寿命

$$\tau = \Delta t \geqslant \frac{h}{4\pi\Delta E} = \frac{\lambda}{4\pi c \cdot \frac{\Delta\lambda}{\lambda}}$$

$$= \frac{600 \times 10^{-9}}{4\pi \times 3 \times 10^8 \times 10^{-7}} \ \text{s} \approx 1.6 \times 10^{-9} \ \text{s}$$

提要

1. 普朗克能量量子化假设

1900 年,普朗克在分析黑体辐射的实验事实后提出了带电谐振子的能量量子化假设,即谐振子能量为

$$E = nh\nu, n = 1, 2, 3, \cdots$$

这一假设完全突破了经典物理的局限. 根据这一假设,普朗克可以得出和黑体辐射的实验事实完全一致的正确公式——普朗克公式,即

$$M_\lambda(T) = \frac{2\pi hc^2}{\lambda^5} \frac{1}{e^{hc/(kT\lambda)} - 1}$$

式中 M_λ 为单色辐出度.

2. 斯特藩-玻耳兹曼定律和维恩位移律

斯特藩-玻耳兹曼根据实验结果得到了如下结论:黑体的辐射出射度与黑体温度的四次方成正比,即

$$M(T) = \sigma T^4$$

其中 $\sigma = 5.670 \times 10^{-8}$ W $\cdot$ m^{-2} $\cdot$ K^{-4} 称为斯特藩-玻耳兹曼常量. 此结论称为斯特藩-玻耳兹曼定律.

维恩位移定律:随着黑体温度的升高,其单色辐出度最大值所对应的波长 λ_m 按照 T^{-1} 的规律向短波方向移动,即

$$\lambda_m T = b$$

其中 $b = 2.898 \times 10^{-3}$ m $\cdot$ K,称为维恩位移定律常量.

由普朗克公式可以推导出斯特藩-玻耳兹曼定律和维恩位移定律.

3. 光电效应

光电效应是光照射到金属(或其他材料)表面上时从表面发射电子的现象. 它的下述特征不能为经典电磁波理论解释:

(1) 光电子的最大初动能与入射光频率有线性关系;

（2）对于给定的金属，能产生光电效应的光的频率不能小于某一确定的红限频率；

（3）从光照到金属表面发出光电子的延迟时间极短.

为解释光电效应，爱因斯坦提出了著名的光子假说：光是由光的能量子即光子组成的，每个光子的能量为 $E = h\nu$，质量为 $m = h\nu/c^2$，动量为 $p = \dfrac{h}{\lambda}$. 由爱因斯坦光子假说可以圆满解释光电效应现象.

光电效应方程为

$$\frac{1}{2}mv_{\mathrm{m}}^2 = h\nu - W$$

其中 W 为金属的逸出功（功函数）. 由此可得出红限频率为

$$\nu_0 = W/h$$

4. 康普顿公式

即康普顿散射的光的波长和入射光波长相比的增加量和散射角 φ 的关系式：

$$\Delta\lambda = \lambda - \lambda_0 = \frac{h}{m_0 c}(1 - \cos\varphi) = \frac{2h}{m_0 c}\sin^2\left(\frac{\varphi}{2}\right)$$

式中 m_0 为电子的静质量. 定义常量 $\lambda_{\mathrm{C}} = \dfrac{h}{m_0 c} = 2.43 \times 10^{-3}$ nm 为电子的康普顿波长.

5. 德布罗意波

德布罗意假设：粒子也有波动性. 动量为 $p = mv$ 的粒子的"德布罗意波长"为

$$\lambda = \frac{h}{p} = \frac{h}{mv}$$

6. 不确定关系

位置和动量的不确定关系：$\Delta x \Delta p_x \geqslant \hbar/2$

能量和时间的不确定关系：$\Delta E \Delta t \geqslant \hbar/2$

思考题

18-1   所有物体都能发射电磁辐射,为什么用肉眼看不见黑暗中的物体呢?试用维恩位移定律估计,常温下物体的电磁辐射中单色辐出度最大的波长是多少?

18-2   普朗克提出了能量量子化的概念,在经典物理学范围内,有没有物理量只能是量子化的情况存在?

18-3   如何从光电效应的实验特点出发,理解和接受爱因斯坦光量子假说?

18-4   光电效应和康普顿效应都是光子与电子间的相互作用,这两个过程的主要不同之处在哪里?

18-5   为什么在康普顿效应中,散射光波长的偏移 $\Delta\lambda$ 与散射物质无关?

18-6   如何理解和接受物质的波粒二象性?

习题

18-1   今用一束波长为 400 nm 的光照射在钡(逸出功为 2.5 eV)金属表面,产生光电效应,试求:

(1) 发射电子的最大初动能;

(2) 截止电势差;

(3) 钡的红限波长.

18-2   已知铯的逸出功为 1.8 eV,今用某波长的光入射使其产生光电效应,如果光电子的最大初动能为 2.1 eV,求:

(1) 入射光的波长;

(2) 铯的红限频率.

18-3   已知下列金属的逸出功:钡为 2.5 eV、钨为 4.5 eV、铝为 4.2 eV,如果用波长为 450 nm 的光入射,将使哪种金属产生光电效应?

18-4   以一束波长 $\lambda = 410$ nm 的单色光照射某一金属,产生光电子的最大动能 $E_k = 1.0$ eV,求能使该金属产生光电效应的单色光最大波长是多少?

18-5   在光电效应中,当一束频率为 3×10^{15} Hz 的单色光照射在逸出功为 4.0 eV 的金属表面时,求金属中逸出的光电子的最大速率为多少?

18-6   在康普顿散射实验中,设入射光子的波长为 0.30 Å,电子的速度为 $0.6c$,求散射后光子的波长及散射角的大小.

18-7   设康普顿效应中入射的 X 射线的波长 $\lambda = 0.7$ Å,散射的 X 射线与入射的 X 射线垂直,求:

（1）反冲电子的动能 E_{k0}；

（2）反冲电子运动的方向与入射的 X 射线之间的夹角 θ.

18-8 康普顿散射实验中，当能量为 0.5 MeV 的 X 射线射中一个电子时，该电子获得了 0.1 MeV 的动能. 假设该电子原是静止的，则散射光的波长为多大？散射光与入射方向间的夹角为多大？

18-9 一质量为 m_e 的电子被电势差 $U=100$ kV 的电场加速，试计算其德布罗意波长？（分别用相对论、经典情况计算，并计算其相对误差.）

18-10 在电子单缝衍射实验中，若缝宽为 $a=0.1$ nm，电子束垂直射在单缝上，则衍射电子横向动量的最小不确定量 Δp_y 是多少？

18-11 同时确定能量为 1 keV 的电子的位置与动量时，若位置的不确定值在 100×10^{-12} m 内，则动量的不确定量的百分比 $\Delta p/p$ 至少为多少？

18-12 光子的波长为 $\lambda = 3\,000$ Å，如果确定此波长的精确度 $\Delta \lambda / \lambda = 10^{-6}$，试求此光子位置的不确定量？

18-13 当粒子速度较小时，如果粒子位置的不确定量等于其德布罗意波长，则它的速度的不确定量不小于其速度，试证明之.

第十九章　量子理论基础

阅读材料　卢瑟福

阅读材料　原子有核模型的建立

19-1　氢原子的玻尔理论

一、原子的结构模型及其与经典理论的矛盾

1911 年,卢瑟福(E. Rutherford, 1871—1937)根据 α 粒子散射实验的实验事实,提出了原子的核式结构模型. 在这个模型中,原子中央有一个带正电的原子核,电子绕原子核旋转如同行星绕太阳的旋转类似. 但是按照经典物理学理论,当带电粒子作旋转运动时要辐射电磁波,辐射的电磁波的频率与带电粒子作旋转运动的频率相同. 由于电磁能量的不断释放,带电粒子作旋转运动的频率将发生连续变化,辐射的电磁波的频率也必将是连续变化的;另外,由于电磁能量的不断释放,原子系统的能量将不断减少,电子的轨道半径将随之不断减小,原子的核式结构最终将是不稳定的. 然而实际情况却是完全不同的,在正常情况下原子并不辐射能量,原子是非常稳定的;只在受到激发时才辐射电磁波,原子辐射电磁波的波谱是分立的线状光谱,而不是经典物理学理论所预示的连续光谱,另外,人们发现,某原子辐射的一定的线状光谱,其光谱结构具有确定的规律性.

二、氢原子光谱的规律性

原子光谱是原子结构性质的反映,研究原子光谱的规律性是认识原子结构的重要手段. 在所有的原子中,氢原子是最简单的,其光谱也是最简单的.

人们最早观察到氢原子在可见光范围的一些谱线,如图 19.1.1 所示. 而且,1885 年,巴耳末(J.J. Balmer,1825—1898)发现这些谱线的波长具有如下的规律性

$$\frac{1}{\lambda} = R\left(\frac{1}{2^2} - \frac{1}{n^2}\right); n = 3,4,5,\cdots \qquad (19.1.1)$$

其中 $R = 1.097\ 373 \times 10^7\ \text{m}^{-1}$,称为氢原子的里德伯常量(J.R. Rydberg,1854—1919),波长的倒数通常被定义为波数. n 为大于 2 的正整数,n 取 3、4 分别为 H_α 谱线和 H_β 谱线.

在氢原子光谱中,除了可见光范围的巴耳末线系以外,在紫外区、红外区和远红外区分别有莱曼(Lyman)系、帕邢(Paschen)系、布拉开(Brackett)系和普丰德(Pfund)系. 这些线系中的谱线的波数也都可以用与(19.1.1)式相似的形式表示:

莱曼系　$\frac{1}{\lambda} = R\left(\frac{1}{1^2} - \frac{1}{n^2}\right); n = 2,3,4,\cdots$　在紫外区;

帕邢系　$\frac{1}{\lambda} = R\left(\frac{1}{3^2} - \frac{1}{n^2}\right); n = 4,5,6,\cdots$　在近红外区;

布拉开系　$\frac{1}{\lambda} = R\left(\frac{1}{4^2} - \frac{1}{n^2}\right); n = 5,6,7,\cdots$　在红外区;

普丰德系　$\frac{1}{\lambda} = R\left(\frac{1}{5^2} - \frac{1}{n^2}\right); n = 6,7,8,\cdots$　在红外区;

可见氢原子光谱的五个线系遵从相似的规律性,我们可以将上述五个公式综合为一个公式:

$$\frac{1}{\lambda} = R\left(\frac{1}{k^2} - \frac{1}{n^2}\right) \qquad (19.1.2)$$

其中 $k = 1,2,3,\cdots; n = k+1, k+2, k+3, \cdots;$即对于确定的线

阅读材料　巴耳末

阅读材料　里德伯

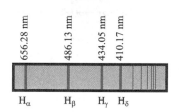

656.28 nm　486.13 nm　434.05 nm　410.17 nm

H_α　H_β　H_γ　H_δ

图 19.1.1　氢原子光谱(巴耳末系)

系, k 为某一固定值, 对于确定线系中的一系列谱线, n 分别取 $k+1, k+2, k+3$ 等. 例如 $k=1, n=2,3,4,\cdots$, 对应于莱曼系; $k=2, n=3,4,5\cdots$, 对应于巴耳末线系; $k=3, n=4,5,6,$ $\cdots$, 对应于帕邢系, 等等. 氢原子光谱具有的规律性说明原子世界存在着理论所没有揭示出来的奥秘.

三、 玻尔的氢原子理论

 阅读材料 玻尔

🎬 动画 玻尔的氢原子模型

1913 年, 玻尔 (N. H. D. Bohr, 1885—1962) 在卢瑟福的原子核型结构及氢原子光谱规律性等实验事实的基础上提出了氢原子理论. 玻尔的氢原子理论的基础包括以下三条基本假设:

(1) 定态假设. 原子系统存在一系列能量不连续的稳定状态, 处于这些状态中的电子虽作速度变化的轨道运动, 但不辐射能量. 这些状态是原子系统的稳定状态, 简称定态. 通常我们把不连续的或量子化的能量简称为能级.

(2) 频率假设. 原子可以从某一定态跃迁到另一定态, 这时才可能辐射或吸收一个相应的光子. 设原子初态和末态的能量分别为 E_n 和 E_k, 若 $E_n > E_k$, 原子将辐射出一个光子; 若 $E_n < E_k$, 原子将吸收一个光子. 根据能量守恒定律, 原子由能级 E_n 跃迁能级 E_k 辐射的光子的频率 ν_{nk} 应满足如下关系:

$$h\nu_{nk} = E_n - E_k \tag{19.1.3}$$

由于能量是不连续的, 所以原子的辐射频率只能是分立的.

(3) 角动量量子化假设. 由玻尔的前两条基本假设我们就可以定性说明原子的稳定性及原子辐射分立光谱的实验事实. 但要从理论上推导出光谱的定量规律性, 必须要定量知道能量的具体取值. 为此, 玻尔提出了著名的角动量子化的基本假设: 作定态轨道运动的电子的角动量 L 的数

值只能等于 $\dfrac{h}{2\pi}$ 的整数倍,即

$$L = n\,\frac{h}{2\pi} = n\hbar,\ n = 1,2,3,\cdots \qquad (19.1.4)$$

其中 $\hbar = \dfrac{h}{2\pi} = 1.054\,6\times10^{-34}\ \mathrm{J\cdot s}$ 称为约化普朗克常量,n 称为量子数.

四、氢原子的轨道半径、能级及其光谱公式的计算

设氢原子中,电子绕核作半径为 r 的匀速圆周运动,运动速率为 v,由库仑定律和牛顿第二定律,可以写出下面的关系

$$\frac{e^2}{4\pi\varepsilon_0 r^2} = m_{\mathrm e}\,\frac{v^2}{r} \qquad (19.1.5)$$

式中 $m_{\mathrm e}$ 是电子的质量. 再根据角动量量子化假设

$$L = m_{\mathrm e} v r = n\hbar,\quad n = 1,2,3,\cdots \qquad (19.1.6)$$

联立上述两式可以算出电子的轨道半径为

$$r_n = n^2\,\frac{\varepsilon_0 h^2}{\pi m_{\mathrm e} e^2} = n^2 r_1 \qquad (19.1.7)$$

式中 n 可取从 1 开始的一系列正整数. 可见,氢原子中电子作圆周运动的半径是量子化的. 对应于 $n=1$ 的轨道半径 r_1 是最小轨道的半径,称为**玻尔半径**,其数值为

$$r_1 = \frac{\varepsilon_0 h^2}{\pi m_{\mathrm e} e^2} = 5.29\times10^{-11}\ \mathrm{m} \qquad (19.1.8)$$

氢原子系统的总能量 E 应为电子的动能及电子与原子核的势能之和,即

$$E = \frac{1}{2}m_{\mathrm e} v^2 - \frac{e^2}{4\pi\varepsilon_0 r} \qquad (19.1.9)$$

联立(19.1.5)式、(19.1.7)式及(19.1.9)式可得

$$E_n = -\frac{e^2}{8\pi\varepsilon_0 r_n} = -\frac{1}{n^2}\frac{m_e e^4}{8\varepsilon_0^2 h^2} \qquad (19.1.10)$$

可见,氢原子系统的能量也是量子化的.(19.1.10)式称为**氢原子的能级公式**.通常称能量最低的状态为**基态**,与氢原子基态对应的量子数为 $n=1$,其能量值为

$$E_1 = -\frac{m_e e^4}{8\varepsilon_0^2 h^2} = -13.6\ \text{eV} \qquad (19.1.11)$$

大于基态的能量状态称为**激发态**,第一激发态对应 $n=2$,其能量为 $E_2 = -\frac{13.6}{2^2}\text{eV} = -3.4\ \text{eV}$;第二激发态对应 $n=3$,其能量值为 $E_3 = -\frac{13.6}{3^2}\text{eV} \approx -1.51\ \text{eV}$;依此类推. 处于激发态的原子会自动地跃迁到能量较低的激发态或基态而发出一个光子,图 19.1.2 是氢原子能级及其跃迁形成光谱的示意图. 处于基态的原子不存在能量更低的状态了,因此不可能跃迁到能量更低的状态而塌缩到原子核上. 这样,基态原子的结构就形成了稳定的结构,从而解释了原子核式模型的稳定性问题. 另外 $n \to \infty$ 时,$E \to 0$,此时电子刚好脱离原子核的束缚成为一个自由电子. 我们通常定义基态原子中一个电子正好成为自由电子所需的能量为**电离能**. 从氢原子的能级公式可得,基态氢原子中的电离能为 13.6 eV,这与实验所测得的结果相符.

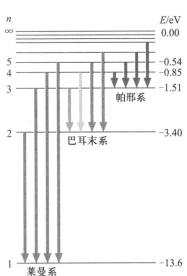

图 19.1.2 氢原子能级及其跃迁形成光谱的示意图

已知了氢原子的能级公式后,根据玻尔的第二条基本假设可以很容易推导出氢原子光谱的定量规律. 设氢原子从能量较高的激发态 E_n 跃迁到能量较低的激发态 $E_k(n>k)$,且发出一个光子,根据玻尔的频率假设,该光子的频率为

$$\nu_{nk} = \frac{E_n - E_k}{h} = \frac{m_e e^4}{8\varepsilon_0^2 h^3}\left(\frac{1}{k^2} - \frac{1}{n^2}\right)$$

用波数表示为

$$\frac{1}{\lambda_{nk}} = \frac{\nu_{nk}}{c} = \frac{m_e e^4}{8\varepsilon_0^2 h^3 c}\left(\frac{1}{k^2} - \frac{1}{n^2}\right) \qquad (19.1.12)$$

即

$$\frac{1}{\lambda_{nk}} = R\left(\frac{1}{k^2} - \frac{1}{n^2}\right)$$

式中

$$R = \frac{m_e e^4}{8\varepsilon_0^2 h^3 c} = 1.097\ 373 \times 10^7\ \mathrm{m}^{-1} \qquad (19.1.13)$$

（19.1.12）式与里德伯常量公式的形式完全一致，而且 R 的理论值与实验值符合得很好。由此，玻尔理论在解释氢原子光谱的规律性方面取得了成功。

例 19.1.1

所谓类氢离子是指核电荷数 $Z > 1$，而核外只有一个电子的离子，如 He^+、Li^{2+} 等。试由玻尔理论推导类氢离子的能级公式并计算一次电离的氦原子及二次电离的锂原子的电离能的值多大？

解 对类氢离子电子所受的库仑力为 $\frac{Ze^2}{4\pi\varepsilon_0 r^2}$，电子与原子核的势能为 $-\frac{Ze^2}{4\pi\varepsilon_0 r}$，这样（19.1.5）式和（19.1.9）式应改写为

$$\frac{Ze^2}{4\pi\varepsilon_0 r^2} = m_e \frac{v^2}{r}$$

和

$$E = \frac{1}{2}m_e v^2 - \frac{Ze^2}{4\pi\varepsilon_0 r}$$

再根据（19.1.6）式的角动量量子化假设

$$L = m_e v r = n\hbar, \quad n = 1, 2, 3, \cdots$$

即可得类氢离子的能级公式应为

$$E_n = -\frac{1}{n^2}\frac{m_e(Ze^2)^2}{8\varepsilon_0^2 h^2} = -\frac{Z^2}{n^2} \times 13.6\ \mathrm{eV}$$

同样，根据玻尔的频率条件就可以得到类氢离子光谱频率分布的规律为

$$\frac{1}{\lambda} = Z^2 R\left(\frac{1}{k^2} - \frac{1}{n^2}\right)$$

这一结论和类氢离子光谱频率分布的经验规律符合得很好。

对一次电离的氦原子，其能级可表示为

$$E_n = -\frac{2^2}{n^2} \times 13.6\ \mathrm{eV}$$

其电离能是从 $n = 1$ 激发到 $n \to \infty$ 所需的能量。

$$\Delta E = E_\infty - E_1 = 2^2 \times 13.6\ \mathrm{eV} = 54.4\ \mathrm{eV}$$

对二次电离的锂原子的电离能为

$$\Delta E = 3^2 \times 13.6\ \mathrm{eV} = 122.4\ \mathrm{eV}$$

例 19.1.2

计算氢原子中的电子从量子数 n 的状态跃迁到量子数 $n-1$ 的状态时所发射的频率;并证明当 n 很大时,这个频率等于电子在量子数 n 的圆轨道上旋转的频率.

解　按玻尔频率公式有

$$\nu_{n-1,n} = \frac{E_n - E_{n-1}}{h}$$

将(19.1.10)式的能级公式代入

$$\nu_{n-1,n} = \frac{m_e e^4}{8\varepsilon_0^2 h^3}\left[\frac{1}{(n-1)^2} - \frac{1}{n^2}\right]$$

$$= \frac{m_e e^4}{8\varepsilon_0^2 h^3}\frac{2n-1}{n^2(n-1)^2}$$

当 n 很大时

$$\nu_{n-1,n} \approx \frac{m_e e^4}{8\varepsilon_0^2 h^3}\frac{2}{n^3} = \frac{m_e e^4}{4\varepsilon_0^2 h^3 n^3}$$

电子在量子数 n 的圆轨道上旋转的频率

$$\nu = \frac{v_n}{2\pi r_n} = \frac{m_e v_n r_n}{2\pi m_e r_n^2}$$

$$= \frac{nh}{4\pi^2 m_e r_n^2} = \frac{m_e e^4}{4\varepsilon_0^2 h^3 n^3}$$

在经典情况下,该频率应为氢原子发射电磁波的频率. 显然在量子数很大的情况下,量子理论得到与经典理论一致的结果,玻尔认为这应该是一个普遍原则,称为对应原理.

五、玻尔理论的缺陷及玻尔的对应原理

尽管玻尔的量子理论在氢原子问题上取得了很大成功,但用它再去讨论氢原子以外的其他元素的原子光谱却很难取得成功. 另外,对氢原子光谱,玻尔的量子理论也只解释了谱线的频率,至于谱线的强度等问题也是无法解释的. 而且,玻尔的量子理论中的基本假设和经典物理理论是完全不相容的,而在定量推导出氢原子光谱的规律性时又应用了牛顿运动定律. 可见玻尔的量子理论是经典力学与量子化条件相结合的产物,它必定要被更好的理论所取代. 尽管如此,玻尔的量子理论在推进物理学的发展史上具有里程碑的作用,而且,玻尔提出的定态、跃迁及量子化以及

对应原理等思想后来被证明是完全正确的. 下面我们讨论玻尔的对应原理.

我们所熟悉的世界是一个宏观的世界. 在那里,我们感觉到能量是连续变化的. 而从黑体辐射、光电效应、氢原子线状光谱等实验事实的分析发现,有时在微观世界中能量只能是不连续的. 微观和宏观之间只是量的大小有区别,不应存在严格的鸿沟,它们之间究竟存在怎样的内在联系呢? 就氢原子系统而言,在较低的能量状态(即相应的量子数 n 的取值较小)时,能量不连续是很明显的(即相对的能级间距是较大的);随着能量状态越来越高(即相对的量子数 n 的取值较大),能量的不连续就很不明显了(即相对的能级间距会变得很小). 这时,氢原子系统应越来越趋向经典物理的情况. 玻尔认为,当 $n \to \infty$ 时,能级化的氢原子结论应和经典物理得到的结论一致,即电子绕核作圆周运动时要辐射电磁波,电磁波的频率即为电子作圆周运动的频率. 这一结论体现了玻尔对自然界是和谐统一的哲学信念,进而可以把它推广为一条普遍成立的基本原理,即玻尔的对应原理:当量子数的取值趋于无穷大时,微观世界的量子化结论应和经典物理得到的结论一致. 下面我们来说明,根据对应原理及氢原子光谱的实验事实可以导出玻尔的角动量量子化条件 $L = n\hbar$.

设氢原子中,电子绕原子核作半径为 r、速度为 v 的匀速圆周运动,根据经典理论氢原子辐射电磁波的频率应该等于氢原子中电子绕着原子核作圆周运动的频率:$\nu = \dfrac{v}{2\pi r}$. 由经典理论容易得到氢原子中电子绕着原子核作圆周运动的频率(即氢原子辐射电磁波的频率)与能量 E 和角动量 L 的定量关系为

$$\nu = -\frac{E}{\pi L} \qquad (19.1.14)$$

　　根据玻尔的量子思想,氢原子系统的能量状态只能是一系列量子化的定态,从能量较高的定态 E_n 跃迁到能量较低的定态 E_k 时,氢原子才辐射电磁波,发出一个波长为 λ_{nk} 的光子

$$\frac{1}{\lambda_{nk}} = \frac{\nu_{nk}}{c} = \frac{E_n - E_k}{hc} \qquad (19.1.15)$$

　　现在,问题的关键是如何具体确定氢原子的能级公式.显然,正确的氢原子能级公式应该能使氢原子跃迁产生的光子频率与氢原子光谱的实验事实即里德伯公式一致.将(19.1.15)式与里德伯公式的形式 $\dfrac{1}{\lambda_{nk}} = R_{\mathrm{H}}\left(\dfrac{1}{k^2} - \dfrac{1}{n^2}\right)$ 进行比较可得,氢原子的能级公式应具有如下的具体形式:

$$E_n = -\frac{hc}{n^2} R_{\mathrm{H}} \qquad (19.1.16)$$

　　这样根据(19.1.15)式可得两个相邻能级的跃迁所产生的光子的频率

$$\nu_{n,n-1} = \frac{1}{h}(E_n - E_{n-1}) = cR_{\mathrm{H}}\left[\frac{1}{(n-1)^2} - \frac{1}{n^2}\right] = cR_{\mathrm{H}}\frac{2n-1}{n^2(n-1)^2}$$

当 $n \to \infty$ 时

$$\nu_{n,n-1} \approx cR_{\mathrm{H}}\frac{2}{n^3} \qquad (19.1.17)$$

　　根据玻尔的对应原理,$n \to \infty$ 时两个相邻能级的跃迁所产生的光子的频率应等于此时经典情况所产生的辐射频率.根据(19.1.17)式和(19.1.14)式可得

$$cR_{\mathrm{H}}\frac{2}{n^3} = -\frac{E_n}{\pi L_n}; n \to \infty$$

将(19.1.16)式代入得

$$cR_{\mathrm{H}}\frac{2}{n^3} = -\frac{1}{\pi L_n}\left(-\frac{hcR_{\mathrm{H}}}{n^2}\right)$$

解得

$$L_n = n\frac{h}{2\pi} = n\hbar \,;\, n \to \infty$$

玻尔将此 $n \to \infty$ 时得到的结论推广为普遍成立的结论,由此得到了著名的角动量量子化条件.

从本节的讨论中可以看到,具体的量子化条件可以由对应原理、能级、跃迁等创新概念,从定量的实验事实即里德伯公式反推出来.因此,再用量子化条件、经典模型、公式自然能演绎得到正确的能级公式——里德伯公式.可见,玻尔的工作既是非常创新的,又是非常务实的.他第一个比较系统地创建了一个解决原子系统性质的理论,为人类能够探索微观世界做出了巨大的贡献.爱因斯坦曾对玻尔的量子模型及玻尔这样评价道:"即便在今天,在我看来,这也是一个奇迹! 它简直是思维上最和谐的乐章.""作为一位科学思想家,玻尔之所以有那么惊人的吸引力,是因为他具有大胆和谨慎这两种品质难得的融合,很少有谁对隐秘的事物具有这样一种直觉的理解力,同时又兼有这样强有力的批判能力.他不但具有关于细节的全部知识,而且还始终坚定地注视着基本原理,他无疑是我们这个时代的科学领域中最伟大的发现者之一."

六、弗兰克-赫兹实验

1914 年,弗兰克(James Franck,1882—1964)和赫兹(G.L.Hertz,1887—1975)进行了电子撞击原子的实验,从另一种独立于光谱研究的方法验证了玻尔提出的原子能级、跃迁的创新概念.弗兰克-赫兹实验的示意图如图 19.1.3 所示.在玻璃容器中充以汞蒸气,在阴极 K 和栅极 G 之间加一加速电压 V_a;在栅极 G 和接收极 A 之间加一反电压 V_c.当一个电子从容器中的热阴极 K 发出时,栅极 G 和接收极 A 之间的加速电压 V_a 可以使电子加速而获得能量;与此同

阅读材料 弗兰克

阅读材料 赫兹

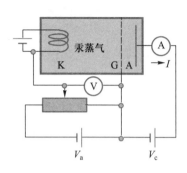

图 19.1.3　弗兰克–赫兹实验的示意图

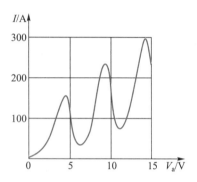

图 19.1.4　弗兰克–赫兹实验的 I_A-V_a 曲线

时,电子在 KG 空间与汞原子发生碰撞可能将加速得到的部分能量转移给气体原子. 当这个电子到达栅极 G 时,若本身剩余的能量大于 eV_c,则电子能够到达接收极 A 而形成电流;若本身剩余的能量小于 eV_c,则电子不能到达接收极 A 而形成电流. 实验时,使 V_a 逐渐增加,同时观察板极电流的变化可以得到如图 19.1.4 所示的 I-V_a 曲线. 实验发现,随着 V_a 的增加,极板电流不断地线性上升又突然下降,出现一系列的峰和谷,相邻两峰之间的电压大小均为 4.9 V.

上述实验事实表明,电子在能量增加但未达到 4.9 V 时,电子与汞原子的碰撞不损失能量;而当电子在能量增加到 4.9 V 时,若电子碰到汞原子将损失所有能量;因此,在 V_a 较高的情况下,从阴极 K 跑向栅极 G 之间的路程中,只要 $V_a = n \times 4.9$ V($n = 1, 2, \cdots$)就将与汞原子发生非弹性碰撞而使 I-V_a 曲线上将出现 n 次下降. 这一事实充分说明,汞原子中存在能级结构,当电子能量未达到相邻能级间距时,电子与汞原子发生弹性碰撞,电子不损失能量;当电子能量达到相邻能级间距时,电子与汞原子发生非弹性碰撞,电子的能量传递给汞原子,使汞原子跃迁到第一激发态. 弗兰克–赫兹实验的结果直接证实了玻尔有关原子定态假设.

19-2　波函数　薛定谔方程

一、波函数及其统计诠释

我们在经典物理学中已经知道,一个被看作质点的宏观物体的运动状态,是用它的位置矢量和动量来描述的. 但是,对于微观粒子,由于它具有波动性,根据不确定关系,其位置和动量是不可能同时准确确定的,所以我们就不可能像经典物理一样用位置、动量以及轨道这些概念来描述微观粒子的运动情况了. 那么, 微观粒子的运动状态应该用什么来描述呢?

考虑到微观粒子是具有波动性的, 我们可以参照经典波的描述方法来描述微观粒子的运动状态. 在经典物理学中, 我们用波函数 $\psi(r,t)$ 来描述一个经典波的运动状态, 它表示在时刻 t、在空间 r 处的某波动的量值为 ψ. 对弹性介质中的机械波而言, 这个量为质点离开平衡位置的位移; 对真空中的电磁波而言, 这个量是该处的电场强度或磁场强度的值. 对微观粒子, 我们可以尝试着用一个波函数 $\psi = \psi(r,t)$ 来描述微观粒子的运动状态. 1926 年, 奥地利物理学家薛定谔对这个问题进行了具体的探索并取得了极大的成功. 现在我们首先来讨论, 这个描述微观粒子的波函数 $\psi(r,t)$ 究竟是什么波动的物理量呢? 1926 年, 德国物理学家玻恩 (M.Born, 1882—1970) 指出, 德布罗意波或波函数 $\psi(r,t)$ 不代表实际物理量的波动, 而是描述粒子在空间的概率分布的概率波.

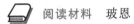
📖 阅读材料　玻恩

如果某微观粒子的概率波的波函数是 $\psi(r,t) = \psi(x,y,z,t)$, 那么在时刻 t、在空间 (x,y,z) 附近的体积元 $\mathrm{d}V = \mathrm{d}x\mathrm{d}y\mathrm{d}z$ 内粒子出现的概率正比于

$$\psi^*(x,y,z,t)\psi(x,y,z,t) \cdot \mathrm{d}V$$

或

$$\psi^*(r,t)\psi(r,t) \cdot \mathrm{d}V$$

其中 $\psi^*(x,y,z,t)$ 是 $\psi(x,y,z,t)$ 的共轭复数 (或称复共轭). 于是, 在时刻 t、在空间 (x,y,z) 附近单位体积内粒子出现的概率, 即概率密度可以表示为

$$\psi^*(r,t)\psi(r,t) = |\psi(r,t)|^2 \qquad (19.2.1)$$

玻恩对波函数的统计诠释能够将量子概念下的波和粒子统一起来, 为我们进一步理解微观粒子的波粒二象性提供了一种更清晰的图像. 首先, 概率波给出的是出现粒子的

概率,它不要求破坏粒子的整体性;其次,粒子在空间的分布服从概率波,而其波函数 $\psi(r,t)$ 遵循波动规律的,由它完全可以解释微观粒子的干涉和衍射现象. 由此可见,微观粒子既不是经典概念中的粒子,也不是经典概念中的波. 经典概念中的粒子,其运动规律遵从牛顿运动定律并具有确定的运动轨道;经典概念中的波,其实体弥散在整个空间并且存在着某个在空间波动的物理量. 而微观粒子的波粒二象性,其粒子性表示微观粒子具有一定能量、动量和质量等粒子的属性,但事实显示,它不具有确定的运动轨道,运动规律不遵从牛顿运动定律;微观粒子的波动性表示微观粒子的运动状态要用波函数来描述,但它并不是某个实在物理量在空间的波动,而是一种能调控粒子出现在空间某处概率的波,由此可以圆满解释微观粒子具有干涉、衍射等波动现象.

由于波函数与粒子在空间出现的概率相联系,需要波函数满足单值、连续和有限的基本条件. 在经典物理学中,波函数 $\psi(r,t)$ 和 $c\psi(r,t)$(c 是常量)代表了能量或强度不同的两种波动状态;而在量子力学中,这两个波函数却描述了同一个量子态,或者说代表了同一个概率波,因为它们所表示的概率分布的相对大小是相同的. 所以,波函数允许包含一个任意的常数因子. 但是,一个好的概率分布应该采用归一化的概率. 即要求一个在空间内运动的粒子,任意时刻在全空间找到它的概率等于 1,即

$$\int_{-\infty}^{\infty} |\Psi|^2 \mathrm{d}V = 1 \qquad (19.2.2)$$

上式就称为波函数的归一化条件.

在经典的波动学中,我们曾在波的叠加原理的基础上解释了波的干涉、衍射现象. 同样在量子力学中,波的叠加原理也成立,这个原理被称为态叠加原理:如果波函数 $\psi_1(r,t),\psi_2(r,t),\cdots$ 都是描述系统的可能的量子态,那么它们的线性叠加

$$\psi(\boldsymbol{r},t)=c_1\psi_1(\boldsymbol{r},t)+c_2\psi_2(\boldsymbol{r},t)+\cdots$$

也是这个系统的一个可能的量子态. 式中 $c_1,c_2,\cdots$ 一般是复常数. 原则上, 在量子力学的态叠加原理基础上就能解释实物粒子的干涉、衍射现象.

二、薛定谔方程

1. 含时薛定谔方程

1926 年, 薛定谔在讨论德布罗意提出的实物粒子波动性的基础上建立了用波函数 $\psi(\boldsymbol{r},t)$ 来定量描述微观粒子运动状态的思想, 并进一步提出了实物粒子的波函数应遵循的微分方程, 即著名的薛定谔方程.

阅读材料 薛定谔

薛定谔首先是从自由粒子的波入手来"猜测"实物粒子遵循的波动方程的. 薛定谔认为, 沿 x 轴方向运动的能量为 E、动量为 p 的自由粒子的状态波函数应与沿 x 轴方向传播的频率为 ν、波长为 λ 的平面简谐波具有相同的波函数形式, 采用复指数形式可表示为

$$\psi(x,t)=\psi_0\exp\left[-\mathrm{i}2\pi\left(\nu t-\frac{x}{\lambda}\right)\right]$$

根据德布罗意关系有 $\nu=E/h$ 及 $\lambda=p/h$, 将此两式代入上式得

$$\psi(x,t)=\psi_0\exp\left[-\mathrm{i}\frac{2\pi}{h}(Et-px)\right]$$

这就是沿 x 轴方向运动的能量为 E、动量为 p 的状态波函数. 将状态波函数对时间一次微商, 整理后得

$$\frac{\partial\psi(x,t)}{\partial t}=-\frac{\mathrm{i}}{\hbar}E\psi(x,t) \tag{19.2.3}$$

将状态波函数对坐标二次微商, 整理后得

$$\frac{\partial^2\psi}{\partial x^2}=-\frac{p^2}{\hbar^2}\psi \tag{19.2.4}$$

从 (19.2.3) 式和 (19.2.4) 式可以得到

$$i\hbar \frac{\partial \psi}{\partial t} + \frac{\hbar^2}{2m}\frac{\partial^2 \psi}{\partial x^2} = \left(E - \frac{p^2}{2m}\right)\psi \qquad (19.2.5)$$

在粒子的运动速度远小于光速的非相对论情况下,自由粒子的动能(也就是它的总能量)与动量之间存在下面的关系

$$E = \frac{p^2}{2m}$$

式中 m 是粒子的质量. 根据(19.2.5)式可以得到

$$i\hbar \frac{\partial \psi}{\partial t} = -\frac{\hbar^2}{2m}\frac{\partial^2 \psi}{\partial x^2}$$

这就是自由粒子所满足的薛定谔方程. 如果粒子不是自由的,而是处于力场中,势能为 $V(x,t)$,这时粒子的总能量应是动能和势能之和,即

$$E = \frac{p^2}{2m} + V(x,t)$$

由(19.2.5)式可以得到

$$i\hbar \frac{\partial \psi}{\partial t} = -\frac{\hbar^2}{2m}\frac{\partial^2 \psi}{\partial x^2} + V(x,t)\psi \qquad (19.2.6)$$

这就是一维形式的含时薛定谔方程,推广到三维形式,一般的薛定谔方程为

$$i\hbar \frac{\partial \psi}{\partial t} = -\frac{\hbar^2}{2m}\left(\frac{\partial^2 \psi}{\partial x^2} + \frac{\partial^2 \psi}{\partial y^2} + \frac{\partial^2 \psi}{\partial z^2}\right) + V(x,y,z,t)\psi$$

采用拉普拉斯算符:$\nabla^2 = \frac{\partial^2 \psi}{\partial x^2} + \frac{\partial^2 \psi}{\partial y^2} + \frac{\partial^2 \psi}{\partial z^2}$,则(19.2.6)式可表示为

$$i\hbar \frac{\partial \psi}{\partial t} = -\frac{\hbar^2}{2m}\nabla^2 \psi + V(\boldsymbol{r},t)\psi \qquad (19.2.7)$$

薛定谔方程描述了粒子状态随时间和空间变化所普遍遵从的规律,它是量子力学中的基本方程式.

2. 定态薛定谔方程

如果粒子所处势场只是坐标的函数,而与时间无关,即

可以写成 $V(\boldsymbol{r})$ 的形式,这时可将薛定谔方程的一个特解写成坐标函数与时间函数的乘积,即

$$\psi(\boldsymbol{r},t)=\psi(\boldsymbol{r})f(t) \qquad (19.2.8)$$

将上式代入薛定谔方程(19.2.7)式,分离变量后得

$$\frac{1}{\psi(\boldsymbol{r})}\left[-\frac{\hbar^2}{2m}\nabla^2\psi(\boldsymbol{r})+V(\boldsymbol{r})\psi(\boldsymbol{r})\right]=\mathrm{i}\hbar\frac{1}{f(t)}\frac{\mathrm{d}f(t)}{\mathrm{d}t}$$

$$(19.2.9)$$

上式右边只是时间的函数,左边只是坐标的函数,而时间和坐标都是独立变量,所以两边只能同时等于一个与时间和坐标都无关的常量,可将这个常量表示为 E. 于是(19.2.9)式就分成了两个方程,第一个方程是

$$\mathrm{i}\hbar\frac{1}{f(t)}\frac{\mathrm{d}f(t)}{\mathrm{d}t}=E$$

这个方程的解为

$$f(t)=c\exp\left(-\frac{\mathrm{i}}{\hbar}Et\right) \qquad (19.2.10)$$

式中 c 为常量,第二个方程是

$$\left[-\frac{\hbar^2}{2m}\nabla^2+V(\boldsymbol{r})\right]\psi(\boldsymbol{r})=E\psi(\boldsymbol{r}) \qquad (19.2.11)$$

这就是定态薛定谔方程,求解这个方程就可以得到定态波函数 $\psi(\boldsymbol{r})$. 将(19.2.10)式代入(19.2.8)式得到含时薛定谔方程解的形式表示为

$$\psi(\boldsymbol{r},t)=\psi(\boldsymbol{r})\exp\left(-\frac{\mathrm{i}}{\hbar}Et\right) \qquad (19.2.12)$$

其中常量 c 归并到 $\psi(\boldsymbol{r})$ 中了,以后可以统一地由归一化条件确定.

对(19.2.12)式的波函数所描述的状态,粒子在空间的概率密度分布具有如下特点:

$$\psi^*(\boldsymbol{r},t)\psi(\boldsymbol{r},t)=\psi^*(\boldsymbol{r})\psi(\boldsymbol{r})$$

上式说明,此状态下粒子在空间的概率分布不随时间变化,故称为定态. 我们下面以作一维运动的自由粒子为例

来讨论定态薛定谔方程中常量 E 的物理意义. 对作一维运动的自由粒子而言,$V(x)=0$,一维定态薛定谔方程为

$$-\frac{\hbar^2}{2m}\frac{\mathrm{d}^2}{\mathrm{d}x^2}\psi(x)=E\psi(x)$$

定态薛定谔方程的解为

$$\psi(x)=c_2\exp\left(-\frac{\mathrm{i}}{\hbar}\sqrt{2mE}\cdot x\right)$$

式中 c_2 为常量,其含时薛定谔方程的解为

$$\psi(x,t)=\psi_0\exp\left[-\frac{\mathrm{i}}{\hbar}(Et-\sqrt{2mE}\cdot x)\right]$$

式中 ψ_0 为常量,将此解与自由粒子的平面波函数相比较可知,常量 E 就是粒子的能量. 这一结论可以推广到一般情况,我们通常将常量 E 称为能量本征值. 若定义哈密顿算符 $\hat{H}=-\frac{\hbar^2}{2m}\nabla^2+V(\boldsymbol{r})$,则定态薛定谔方程(19.2.11)式可表示为如下形式:

$$\hat{H}\psi(\boldsymbol{r})=E\psi(\boldsymbol{r}) \tag{19.2.13}$$

我们通常也将上述方程称为能量的本征方程,将相应的定态波函数称为能量本征函数. 一个本征函数必定相应有一个能量本征值,但一个能量本征值可以相应有多个本征函数.

3. 从薛定谔方程可以得到的一些初步结论

首先,薛定谔方程是线性方程,这就保证了它的解,即描述粒子的量子态的波函数满足态叠加原理.

其次,薛定谔方程包含有虚数因子,这样波函数必定是复数,波函数的模的平方必定是实数,它代表了粒子出现的概率. 并且由薛定谔方程可以普遍地证明粒子的概率必定守恒,这和非相对论下粒子数必定守恒的事实一致.

再次,如果粒子所处势场只是坐标的函数,而与时间无关,这时必定存在有一些状态不随时间变化的定态. 在原子

中,电子所处势场只是坐标的函数,而与时间无关,因此原子必定存在一些定态.

最后强调,薛定谔方程是量子力学的一个基本原理,它的导出过程并不是一个严格的推理过程,而是一个创新发现的过程,但它的正确性必须由实验来检验.

例 19.2.1

已知线性谐振子处在基态和第一激发态的波函数分别为

$$\psi_0 = \sqrt[4]{\frac{\alpha^2}{\pi}}\, e^{-\frac{\alpha^2 x^2}{2}}, \quad \psi_1 = \sqrt{\frac{2\alpha^3}{\pi^{\frac{1}{2}}}}\, x e^{-\frac{\alpha^2 x^2}{2}}$$

其中 $\alpha = \sqrt{\dfrac{m\omega}{\hbar}}$,$\omega$ 为线性谐振子的角频率. 试根据定态薛定谔方程求在这两个状态时的能量取值.

解　线性谐振子的哈密顿算符为

$$H = -\frac{\hbar^2}{2m}\frac{d^2}{dx^2} + \frac{1}{2}m\omega^2 x^2$$

$$H\psi_0 = -\frac{\hbar^2}{2m}\frac{d^2}{dx^2}\left(\sqrt[4]{\frac{\alpha^2}{\pi}}\, e^{-\frac{\alpha^2 x^2}{2}}\right) + \frac{1}{2}m\omega^2 x^2 \psi_0$$

$$= -\frac{\hbar^2}{2m}(\alpha^4 x^2 - \alpha^2)\psi_0 + \frac{1}{2}m\omega^2 x^2 \psi_0$$

$$= \frac{1}{2}\hbar\omega\psi_0$$

$$H\psi_1 = -\frac{\hbar^2}{2m}\frac{d^2}{dx^2}\left(\sqrt{\frac{2\alpha^3}{\pi^{\frac{1}{2}}}}\, x e^{-\frac{\alpha^2 x^2}{2}}\right) + \frac{1}{2}m\omega^2 x^2 \psi_1$$

$$= -\frac{\hbar^2}{2m}(\alpha^4 x^2 - 3\alpha^2)\psi_1 + \frac{1}{2}m\omega^2 x^2 \psi_1$$

$$= \frac{3}{2}\hbar\omega\psi_1$$

根据定态薛定谔方程 $H\psi_n = E_n\psi_n$ 可知基态和第一激发态的能量分别为

$$E_0 = \frac{1}{2}\hbar\omega, \quad E_1 = \frac{3}{2}\hbar\omega$$

19-3　一维无限深势阱中的粒子

在量子力学中,只要知道粒子的质量和它所受作用的势能函数 V 的具体形式,就可以写出具体的定态薛定谔方程. 根据具体的边界条件,以及波函数应满足的单值、有限、连续、归一化的条件就可解出粒子遵循的具体波函数及系统的能量 E 等具体内容. 我们下面讨论粒子在一种简单的作用势能下作一维运动的情况.

设粒子所受的作用势能为

$$V(x) = \begin{cases} 0, & 0 \leqslant x \leqslant a \\ \infty, & x < 0 \text{ 或 } x > a \end{cases}$$

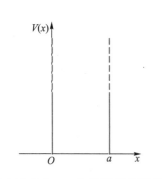

图 19.3.1 一维无限深势阱的势能分布

这种势能函数的曲线如图 19.3.1 所示. 受到这样的作用势能,就如同一个被严格限制在 $x=0$ 和 $x=a$ 两点之间的无限深的平底深谷中作一维自由运动的粒子,故称这种情况为一维无限深势阱中的粒子.

由于阱外势能是无限大的,所以粒子不可能到阱外去,即阱外的波函数为零. 又由于波函数必须是连续的,所以在阱壁处波函数也必定为零. 我们由此就得到了具体的边界条件

$$\psi(0) = \psi(a) = 0$$

在势阱内 $V(x) = 0$,定态薛定谔方程可写作

$$-\frac{\hbar^2}{2m}\frac{\mathrm{d}^2\psi}{\mathrm{d}x^2} = E\psi$$

令 $k^2 = \dfrac{2mE}{\hbar^2}$,上式可以表示为

$$\frac{\mathrm{d}^2\psi}{\mathrm{d}x^2} + k^2\psi = 0$$

此式的通解为

$$\psi(x) = A\sin(kx + \varphi)$$

式中 A 和 φ 是积分常量. 其中常量 A 不能为零,否则波函数也会变成零. 根据边界条件 $\psi(0) = \psi(a) = 0$,可以确定

$$\begin{cases} \varphi = 0 \\ ka = n\pi, \quad n = 1, 2, 3, \cdots \end{cases}$$

由于 n 只能取一些分立的值,所以 k 的取值只能是量子化的. 根据关系式 $k^2 = \dfrac{2mE}{\hbar^2}$,可以得到能量也必定是量子化的

$$E_n = \frac{\hbar^2 \pi^2}{2ma^2} n^2, \quad n = 1, 2, 3, \cdots \qquad (19.3.1)$$

于是我们得到了一维无限深势阱中粒子的能级公式. 由于能量的变化只取决于自然数 n,可以称 n 为**能量量子数**. 由于 n 不能为零,否则波函数也会变成零,所以最小的能量值不能为零,这也是与经典物理完全不同的结论. 量子力学中将最小的能量取值称为**零点能**. 由上式所表示的整套能量本征值,称为系统的能谱. 显然,一维无限深方势阱的能谱是分立谱.

将确定的 k 和 φ 代入通解可以得到与能量本征值相应的能量本征函数为

$$\psi_n(x) = A \sin\left(\frac{n\pi x}{a}\right), \quad n = 1, 2, 3, \cdots, \quad 0 \leqslant x \leqslant a$$

由归一化条件 $\displaystyle\int_0^a A^2 \sin^2\left(\frac{n\pi x}{a}\right) \mathrm{d}x = 1$ 可以确定常数 A 的值

$$A = \sqrt{\frac{2}{a}}$$

动画 一维势阱的波函数和概率密度

于是归一化波函数可以表示为

$$\psi_n(x) = \sqrt{\frac{2}{a}} \sin\left(\frac{n\pi x}{a}\right), \quad n = 1, 2, 3, \cdots \qquad (19.3.2)$$

粒子的最低能量状态称为**基态**,就是 $n = 1$ 的状态,容易得到基态的能量即零点能为

$$E_1 = \frac{\hbar^2 \pi^2}{2ma^2}$$

基态的本征函数为

$$\psi_1(x) = \sqrt{\frac{2}{a}} \sin\left(\frac{\pi x}{a}\right)$$

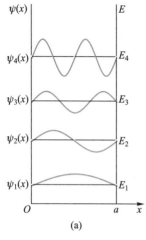

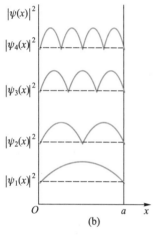

图 19.3.2　一维无限深势阱中的波函数及概率分布

图 19.3.2 中画出了对应于能量本征值 E_1、E_2、E_3 和 E_4 的波函数 ψ_1、ψ_2、ψ_3 和 ψ_4 以及相应的概率密度. 我们就量子力学对一维无限深势阱中粒子的讨论过程及其主要结论作一些小结:

（1）只要知道粒子的质量和它在势场中势能函数 V 的具体形式,就可以写出其薛定谔方程;

（2）根据给定的边界条件及波函数所要求的标准条件,不但可以解得反映粒子具体状态的波函数,而且在解波函数的过程中能得到能量的所有可能取值. 在一维无限深势阱的情况下能量必定是量子化的,能量量子化是粒子遵循具体的薛定谔方程下的必然结果;

（3）量子系统具有零点能,即微观粒子系统具有的最小能量值不为零. 在一维无限深势阱的情况下最小的能量值（称为基态能量）为 $E_1 = \dfrac{\hbar^2 \pi^2}{2ma^2}$;

（4）从薛定谔方程中解得反映粒子具体状态的波函数后,我们不但能知道该具体状态下系统的能量取值,还能知道粒子出现在空间各处的概率密度. 在量子力学系统中不存在精确轨道的概念.

例 19.3.1

已知一维无限深势阱中粒子的定态波函数为 $\psi_n = \sqrt{\dfrac{2}{a}}\sin\dfrac{n\pi x}{a}$. （1）粒子处于基态及第一激发态时,求在 $x=0$ 到 $x=\dfrac{a}{3}$ 之间找到粒子的概率;（2）设一个质子在阱宽 $a = 10^{-14}$ m 的一维无限深势阱中,求其零点能有多大?（质子的质量 $m = 1.67\times10^{-27}$ kg.）

解 （1）粒子的概率密度正比于波函数模的平方. 即

$$|\psi_n|^2 = \frac{2}{a}\sin^2\frac{n\pi x}{a}, \quad n=1,2,3,\cdots$$

基态 $n=1$，$|\psi_1|^2 = \frac{2}{a}\sin^2\frac{\pi x}{a}$，在 $x=0$ 到 $x=\frac{a}{3}$ 之间找到粒子的概率为

$$\Gamma_1 = \int_0^{\frac{a}{3}} |\psi_1|^2 \mathrm{d}x = \int_0^{\frac{a}{3}} \frac{2}{a}\sin^2\frac{\pi x}{a}\mathrm{d}x$$

$$\approx 0.195$$

第一激发态 $n=2$，$|\psi_2|^2 = \frac{2}{a}\sin^2\frac{2\pi x}{a}$，

在 $x=0$ 到 $x=\frac{a}{3}$ 之间找到粒子的概率为

$$P_2 = \int_0^{\frac{a}{3}} |\psi_2|^2 \mathrm{d}x = \int_0^{\frac{a}{3}} \frac{2}{a}\sin^2\frac{2\pi x}{a}\mathrm{d}x$$

$$\approx 0.402$$

（2）一维无限深势阱的能级公式为

$$E_n = \frac{\hbar^2\pi^2}{2ma^2}n^2, n=1,2,3,\cdots$$

质子的最低能量状态就是 $n=1$ 的基态，其能量即零点能为

$$E_1 = \frac{h^2}{8ma^2} \approx 3.29\times10^{-13}\ \mathrm{J}$$

例 19.3.2

已知一维无限深方势阱（$x=0$ 到 a 之间）中，一质量为 m 的粒子的状态处于下述波函数中

$$\varphi(x) = \frac{2}{\sqrt{a}}\sin\left(\frac{2\pi x}{a}\right)\cos\left(\frac{\pi x}{a}\right)$$

试求：（1）该粒子在该状态下可能的能量取值及其相应的概率；（2）该粒子在该状态下的能量平均值.

解 （1）根据三角函数的公式可得

$$\varphi(x) = \frac{1}{\sqrt{a}}\sin\frac{\pi x}{a} + \frac{1}{\sqrt{a}}\sin\frac{3\pi x}{a},$$

因为处于一维无限深方势阱（$x=0$ 到 a 之间）中粒子的定态薛定谔方程的解为

$$\varphi_n(x) = \sqrt{\frac{2}{a}}\sin\left(\frac{n\pi x}{a}\right); \quad E_n = \frac{\hbar^2\pi^2}{2ma^2}n^2;$$

$$n=1,2,3,\cdots$$

根据态叠加原理可知该粒子可能的能量

取值及其相应的概率为

$$E = \begin{cases} E_1 = \dfrac{\hbar^2\pi^2}{2ma^2}\times1^2 \left(\text{相应的归一化概率为：}c_1^2 = \dfrac{1}{2}\right) \\[3mm] E_3 = \dfrac{\hbar^2\pi^2}{2ma^2}\times3^2 \left(\text{相应的归一化概率为：}c_3^2 = \dfrac{1}{2}\right) \end{cases}$$

（2）在该状态下的能量平均值为

$$\overline{E} = c_1^2 E_1 + c_3^2 E_3 = \frac{5\hbar^2\pi^2}{2ma^2}$$

19-4 一维势垒 隧道效应

一、一维势垒 隧道效应

我们通常把下面形式的作用势能称为一维势垒

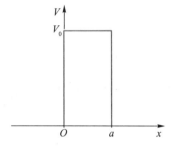

图 19.4.1 一维势垒的势能曲线

$$V(x) = \begin{cases} V_0, & 0 \leqslant x \leqslant a \\ 0, & 0 < x \text{ 或 } x > a \end{cases}$$

其势能曲线如图 19.4.1 所示. 现在我们来讨论一个能量小于势垒高度 V_0 的粒子从左向右射向势垒时可能出现的物理情况.

在各区的薛定谔方程形式为

动画 一维势垒波函数

$$\begin{cases} \dfrac{\mathrm{d}^2\psi}{\mathrm{d}x^2} + \dfrac{2mE}{\hbar^2}\psi = 0, & 0 < x \text{ 或 } x > a \\ \dfrac{\mathrm{d}^2\psi}{\mathrm{d}x^2} - \dfrac{2m(V_0-E)}{\hbar^2}\psi = 0, & 0 \leqslant x \leqslant a \end{cases}$$

设 $k^2 = \dfrac{2mE}{\hbar^2}$, $k_1^2 = \dfrac{2m(V_0-E)}{\hbar^2}$, 可以得到薛定谔方程在各区的通解应为

$$\begin{cases} \psi_1(x) = A\mathrm{e}^{ikx} + R\mathrm{e}^{-ikx}, & x \leqslant 0 \\ \psi_2(x) = T\mathrm{e}^{-k_1 x}, & 0 \leqslant x \leqslant a \\ \psi_3(x) = C\mathrm{e}^{ikx}, & x \geqslant a \end{cases}$$

在 $x \leqslant 0$ 区, 波函数包括两部分, 一部分是沿 x 轴方向传播的入射波 $A_1\mathrm{e}^{ikx}$, 另一部分则是沿 x 轴方向传播的反射波 $R\mathrm{e}^{-ikx}$; 在 $0 \leqslant x \leqslant a$ 势垒区, 是一个进入势垒的透射波 $T\mathrm{e}^{-k_1 x}$; 在 $x \geqslant a$ 区, 是一个穿出势垒的沿 x 方向传播的透射波 $C\mathrm{e}^{ikx}$. 系数 A、R、T、C 可以根据波函数在 $x=0$ 和 $x=a$ 处连续性要求加以确定. 我们发现系数 C 并不等于零. 这说明能量小于势垒高度 V_0 的粒子可以穿过势垒区. 这一结果与经典物理学的结论存在严重矛盾. 从经典物理学观

点看,粒子穿过比其动能高的势垒是不可能的. 粒子能够穿透比其动能高的势垒的现象,称为隧道效应. 图19.4.2 是在隧道效应中波函数分布的示意图. 下面我们计算一个能量小于势垒高度 V_0 的粒子穿过势垒的概率 P,我们将此概率定义为 $x=a$ 处的概率密度与 $x=0$ 处的概率密度比值,即

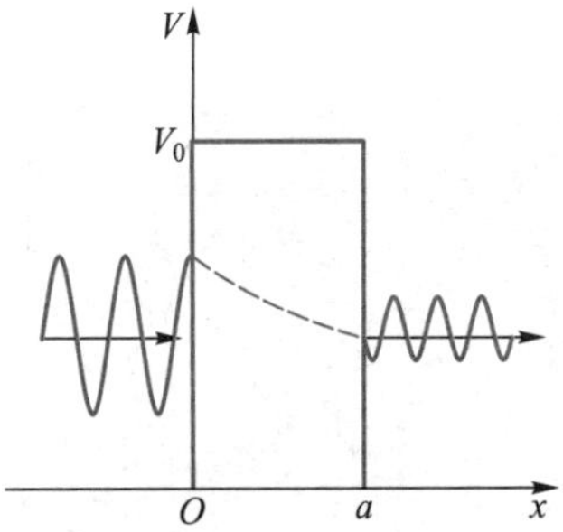

$$P = \frac{|\psi_3(a)|^2}{|\psi_2(0)|^2}$$

根据波函数在 $x=a$ 处连续性 $\psi_3(a) = \psi_2(a) = Te^{-k_1 a}$,又 $\psi_2(0) = T$,所以势垒的透射系数可以表示为

$$P = \exp(-2k_1 a) = \exp\left[-\frac{2a}{\hbar}\sqrt{2m(V_0 - E)}\right] \quad (19.4.1)$$

由(19.4.1)式可以看出,只有当粒子的质量 m 比较小、势垒宽度 a 比较小以及势垒高度 V_0 超过粒子能量的值比较小的情况下,隧道效应才会明显地呈现出来. 隧道效应作为量子力学的结论不但已充分地被实验所证实,而且它在现代科学技术中有许多重要应用,扫描隧穿显微镜就是其中一例.

图 19.4.2 隧道效应中波函数分布的示意图

二、扫描隧穿显微镜

于 1982 年发明的扫描隧穿显微镜(scanning tunneling microscope,STM)是隧道效应的重要应用之一. 这种显微镜中的一个重要部件是一根用特殊工艺加工的金属探针,其尖端的尖锐程度接近单个原子的线度. 被测金属(或其他导电材料)中的电子由于隧道效应而穿透其表面势垒到达表面外侧,当探针尖端靠近此被测表面时,尖端的原子中电子的波函数就可能与这些电子的波函数发生交叠. 若在探针和被测表面之间施加一微小电压,就会形成电流,这种电流称为隧道电流. 图 19.4.3 是扫描隧穿显微镜原理示意

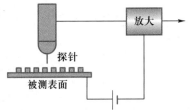

图 19.4.3 扫描隧穿显微镜原理示意图

图 19.4.4　扫描隧穿显微镜仪器

图. 显然,隧道电流的大小与两极电子波函数交叠程度有关,而电子波函数的交叠程度又对尖端到被测表面的距离十分敏感. 探针在被测表面上方的扫描可以采用两种方法,一种是控制隧道电流恒定,则探针在表面上方将起伏变化,另一种方法是控制针尖高度恒定,则隧道电流将发生大小变化. 无论探针起伏变化还是隧道电流大小的变化,都反映了材料表面的电子态的分布和原子的排布状况. 扫描隧穿显微镜可以显示表面原子台阶和原子排布的表面三维图像,从而使人类第一次观测到物质表面的原子排布的阵列. 在表面物理、材料科学和生命科学等诸多领域中,扫描隧穿显微镜都能提供十分有价值的信息. 图 19.4.4 是扫描隧穿显微镜仪器的照片.

19–5　谐振子

我们通常可以将固体中原子和分子的运动看成简谐振动,作简谐振动的粒子简称为谐振子. 在经典力学中,谐振子的势能可以表示为

$$V(x) = \frac{1}{2}kx^2 = \frac{1}{2}m\omega^2 x^2$$

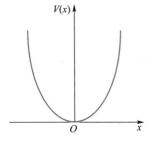

图 19.5.1　一维谐振子的势能曲线

式中 k 是谐振子的弹性系数,m 为谐振子的质量,$\omega = \sqrt{\dfrac{k}{m}}$ 是振动角频率. 势能曲线如图 19.5.1 所示.

在量子力学中,我们将一个在如图 19.5.1 所示的势场中运动的粒子称为谐振子. 显然,一维谐振子遵循的运动规律即定态薛定谔方程如下

$$\left(-\frac{\hbar^2}{2m}\frac{d^2}{dx^2} + \frac{1}{2}m\omega^2 x^2\right)\psi(x) = E\psi(x)$$

令 $\xi = \alpha x$,$\alpha = \sqrt{m\omega/\hbar}$,$\lambda = 2E/\hbar\omega$,方程式变为下面的

形式

$$\frac{d^2}{d\xi^2}\psi+(\lambda-\xi^2)\psi=0$$

只要在边界条件(即当 $\xi\to\infty$ 时,$\psi\to0$)下求解这个方程,就可以得到一维谐振子可能的能量和波函数的结论. 解得一维谐振子可能的能量取值为

$$E_n=\left(n+\frac{1}{2}\right)\hbar\omega=\left(n+\frac{1}{2}\right)h\nu, \quad n=0,1,2,\cdots$$

$$(19.5.1)$$

📱 动画 一维谐振子

这表示一维谐振子的能量只能取一系列分立值,并且相邻能级是等间距的,等于 $h\nu$. 这一结论说明了普朗克量子假设的正确性.

当一维谐振子处于基态($n=0$)时,其能量为

$$E_0=\frac{1}{2}\hbar\omega=\frac{1}{2}h\nu$$

此能量称为零点能,说明谐振子的最低能量不等于零.

一维谐振子的定态波函数为

$$\psi_n(x)=A_n e^{-\alpha^2 x^2/2}H_n(\alpha x) \qquad (19.5.2)$$

其中 $A_n=\sqrt{\dfrac{\alpha}{2^n n!\sqrt{\pi}}}$ 为归一化常数,$H_n(\alpha x)$ 为一系列确定的多项式,称为**厄米多项式**,即

$$H_n(\alpha x)=(-1)^n e^{(\alpha x)^2}\frac{d^n}{d\xi^n}e^{-(\alpha x)^2}$$

对 $n=0,1,2,3$ 时,具体的厄米多项式如下:

$H_0(\alpha x)=1$;$H_1(\alpha x)=2\alpha x$;

$H_2(\alpha x)=4(\alpha x)^2-2$;$H_3(\alpha x)=8(\alpha x)^3-12\alpha x$.

图 19.5.2 分别画出了对应于三个波函数 ψ_0、ψ_1 和 ψ_{11} 的概率密度分布情况. 由图可以看出,在量子数 n 较小时,粒子位置的概率密度的分布与经典结论明显不同. 按经典力学的规律,在平衡位置($x=0$)处,振子的速度为最大,停

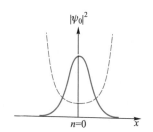

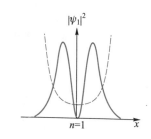

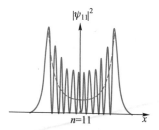

图 19.5.2 一维谐振子的概率密度分布曲线

留的时间最短,而在最大位移处,振子的速度为零,停留的时间最长.将这一规律应用于微观粒子,自然会得出粒子在平衡位置出现的概率最小,而粒子在最大位移处出现的概率最大.图中的虚曲线就表示了经典情况的概率分布.可以推断,随着量子数 n 的增大,概率密度的平均分布将越来越接近于经典结论.

19-6　量子力学中的氢原子问题

一、氢原子的薛定谔方程

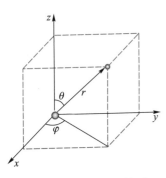

图 19.6.1　氢原子体系

氢原子是原子核(质子)与电子所组成的带电体系,如图 19.6.1 所示.在这个体系中,由于电子的质量约为原子核质量的 $\dfrac{1}{1\,836}$,所以原子核和电子之间的相对运动问题,可以简化为电子处于由原子核所提供的有心力场中的绕核运动.系统的势能可以表示为

$$V = -\frac{1}{4\pi m_e}\frac{e^2}{r}$$

式中 m_e 是电子的质量.可见,势能只是电子与原子核之间距离 r 的函数,所以氢原子系统存在能量确定的定态解.可以用定态薛定谔方程求解.哈密顿算符可以表示为

$$\hat{H} = -\frac{\hbar^2}{2m_e}\nabla^2 - \frac{1}{4\pi\varepsilon_0}\frac{e^2}{r}$$

定态薛定谔方程可写为

$$\left[-\frac{\hbar^2}{2m_e}\nabla^2 - \frac{1}{4\pi\varepsilon_0}\frac{e^2}{r}\right]\psi(\mathbf{r}) = E\psi(\mathbf{r})$$

在球坐标下 $\psi(\mathbf{r})=\psi(r,\theta,\varphi)$,其中拉普拉斯算符在球坐标下可以写为如下形式:

$$\nabla^2 = \frac{1}{r^2}\frac{\partial}{\partial r}\left(r^2\frac{\partial}{\partial r}\right) + \frac{1}{r^2\sin\theta}\frac{\partial}{\partial\theta}\left(\sin\theta\frac{\partial}{\partial\theta}\right) + \frac{1}{r^2\sin^2\theta}\frac{\partial^2}{\partial\varphi^2}$$

采用分离变量法,令 $\psi(r,\theta,\varphi) = R(r)\Theta(\theta)\Phi(\varphi) = R(r)Y_l^m(\theta,\varphi)$,代入定态薛定谔方程后可以得到下面三个常微分方程

$$-\mathrm{i}\hbar\frac{\mathrm{d}}{\mathrm{d}\varphi}\Phi(\varphi) = m\hbar\Phi(\varphi)$$

$$\left[-\frac{\hbar^2}{\sin\theta}\frac{\mathrm{d}}{\mathrm{d}\theta}\left(\sin\theta\frac{\mathrm{d}}{\mathrm{d}\theta}\right) + \frac{m^2\hbar^2}{\sin^2\theta}\right]\Theta(\theta) = l(l+1)\hbar^2\Theta(\theta)$$

$$\left[\frac{\mathrm{d}}{\mathrm{d}r}\left(r^2\frac{\mathrm{d}}{\mathrm{d}r}\right) + \frac{2m_\mathrm{e}r^2}{\hbar^2}\left(E + \frac{e^2}{4\pi\varepsilon_0 r}\right) - l(l+1)\right]R(r) = 0$$

式中 m_l、l 是用分离变量法分解方程时引入的常数. 根据量子力学的方法,在边界条件(即当 $r\to\infty$ 时,$\psi\to 0$)以及波函数应满足的单值、有限、连续、归一化的条件下解上述方程,可以得到氢原子可能的定态波函数为

$$\psi(r,\theta,\varphi) = R_{nl}(r)Y_{lm}(\theta,\varphi) \qquad (19.6.1)$$

其中径向波函数 $R_{nl}(r)$ 和角度函数 $Y_{lm}(\theta,\varphi) = \Theta(\theta)\cdot\Phi(\varphi)$ 都是具体的特殊函数,$Y_{lm}(\theta,\varphi)$ 为球谐函数. 在具体求解第三个常微分方程时要引入的常数 n 只能为自然数: $n = 1,2,3,\cdots$,我们通常称 n 为主量子数,它与能量的关系如下:

$$E_n = -\frac{2\pi^2 m_\mathrm{e}\cdot e^4}{(4\pi\varepsilon_0)^2 h^2}\cdot\frac{1}{n^2}, \quad n = 1,2,3,\cdots \quad (19.6.2)$$

二、物理量的量子化和量子数

从氢原子的能量公式可见,氢原子的能量只与主量子数 n 有关,而主量子数 n 只能为自然数,所以氢原子的能量只能是量子化的. 而且,从量子力学得到的氢原子能级公式与玻尔氢原子理论中的能级公式完全一致. 在玻尔

理论中,此结果是由于人为地引入了量子化条件而得到的,但在量子力学中,则是在求解薛定谔方程的过程中自然地得到的.

从求解薛定谔方程的过程中还能得到:对于一定的主量子数 n,常数 l 只能取从 0 到 $n-1$ 中的 n 个数值,即

$$l = 0, 1, 2, 3, \cdots, (n-1) \qquad (19.6.3)$$

氢原子中电子的角动量大小与 l 的关系为

$$L = \sqrt{l(l+1)} \, \hbar \qquad (19.6.4)$$

通常 l 称为**角量子数**. 由于角量子数只能为自然数,所以氢原子中电子的角动量大小也只能是量子化的. 但是从量子力学得到的角动量大小的公式与玻尔氢原子理论中的角动量公式(即玻尔的角动量量子化条件)不完全一致,这说明玻尔理论中的角动量公式定量上不够准确.

从求解薛定谔方程的过程中还能得到:对于一定的角量子数 l,m 可取从 $-l$ 到 $+l$ 中的 $2l+1$ 个可能的值. 即

$$m_l = 0, \pm 1, \pm 2, \pm 3, \cdots, \pm l \qquad (19.6.5)$$

氢原子的角动量取向只与 m_l 有关. 由于角动量取向与氢原子所处的具体磁状态有关,所以一般称 m_l 为**磁量子数**. 用角动量在 z 轴上的投影值 L_z 能反映角动量的具体取向,L_z 与 l 的具体关系为

$$L_z = m_l \hbar \qquad (19.6.6)$$

这就是说,电子的轨道角动量 l 在空间只有 $2l+1$ 个可能的取向,而不存在除这 $2l+1$ 个取向之外的其他取向,即角动量取向也只能是量子化的. 轨道角动量在空间不能任意取向,而只能取某些特定方向的性质,又常称为**角动量的空间量子化**.

三个具体的量子数 n、l、m_l 确定的情况下,不但能完全确定氢原子中能量、角动量及角动量取向的具体情况,而且

还能完全确定氢原子的具体状态（此时暂不考虑电子具有
的自旋状态），即能完全确定此时氢原子所处的波函数的具
体函数形式. 例如

$$\psi_{100} = \frac{1}{\sqrt{\pi a_1^3}} e^{\frac{-r}{r_1}}$$

$$\psi_{200} = \frac{1}{\sqrt{32\pi a_1^3}} \left(2 - \frac{r}{r_1}\right) e^{\frac{-r}{2r_1}}$$

$$\psi_{210} = \frac{1}{\sqrt{32\pi a_1^3}} \left(\frac{r}{r_1}\right) e^{\frac{-r}{2r_1}} \cos\theta$$

$$\psi_{211} = \frac{1}{\sqrt{64\pi a_1^3}} \left(\frac{r}{r_1}\right) e^{\frac{-r}{2r_1}} \sin\theta \cdot e^{i\varphi}$$

$$\psi_{21(-1)} = \frac{1}{\sqrt{64\pi a_1^3}} \left(\frac{r}{r_1}\right) e^{\frac{-r}{2r_1}} \sin\theta \cdot e^{-i\varphi}$$

其中 r_1 为氢原子的玻尔半径. 由于三个具体的量子数
n、l、m_l 确定的情况下能完全确定氢原子的具体状态，因
此氢原子的状态可以由一组量子数 (n, l, m) 来表征. 为
标记电子所处量子态，按照光谱学的习惯，对于不同角
量子数的状态分别用不同的小写字母表示，对角量子数
l 的值：$0, 1, 2, 3, \cdots$，规定相应的符号分别为：s, p, d,
f 等.

对电子处于 $n=1$、$l=0$ 的状态，可称其为 1s 电子，对电
子处于 $n=4$、$l=3$ 的状态，可称其为 4f 电子，其他情形可以
依此类推.

对于一个能级 E_n，共存在多种不同的具体状态，我
们通常称这种情形为能级 E_n 是简并的，可以计算得到
氢原子能级的简并度为 n^2（此时暂不考虑电子具有的自
旋状态）.

三、氢原子中电子的概率分布　电子云

动画　氢原子中电子概率的角度分布

　　根据薛定谔方程,我们可以解出氢原子可能的定态波函数及其相应的能量、角动量大小及角动量取向的具体结论. 在玻尔理论中,玻尔认为原子中电子绕核作圆轨道或椭圆轨道运动. 在量子力学中,电子的运动状态由波函数描述,经典轨道的概念不符合微观粒子波动性的实际情况的,实际上是不存在的. 根据波函数的统计意义,在得到定态波函数 $\psi_{nlm_l}(r,\theta,\varphi)$ 之后,就可以进一步具体讨论氢原子中电子在空间的概率分布,这一概率分布可以用空间中点的疏密形象地表示出来,即形成了所谓的"电子云"的图像.

　　当定态波函数为 $\psi_{nlm_l}(r,\theta,\varphi)$ 时,核外电子处于空间 (r,θ,φ) 处体元 dV 内的概率应表示为

$$w(r,\theta,\varphi)\,dV = \left| \psi_{nlm_l}(r,\theta,\varphi) \right|^2 r^2 \sin\theta\,dr\,d\theta\,d\varphi$$

$$(19.6.7)$$

式中 $w(r,\theta,\varphi)$ 是电子出现在空间 (r,θ,φ) 处的概率密度. 有时我们要讨论电子概率的径向分布. 电子概率的径向分布是反映在氢原子中发现电子的概率随离原子核距离的变化情形. 将(19.6.7)式对 θ、φ 在变化的全部范围(θ 从 0 到 π,φ 从 0 到 2π)积分,考虑到球谐函数 $Y_{lm}(\theta,\varphi)$ 是归一化的,就得到在半径为 r 到 $r+dr$ 的球壳内发现电子的概率为

$$w_{nl}(r)\,dr = R_{nl}^2(r) r^2\,dr \qquad (19.6.8)$$

式中 $w_{nl}(r)$ 是电子出现在相应球壳内的概率密度,称为电子概率的径向分布函数. 显然,电子概率的径向分布函数与主量子数 n 和角量子数 l 有关,图 19.6.2 画出了一些低量子数的径向概率分布曲线,图中横坐标是半径 r 与玻尔半径 $a_0(=r_1)$ 之比. 从图中可以看到,对于 1s、2p、3d 等状态,分布曲线只有一个峰值,这些量子态电子概率峰值的位置可

以令其分布函数的一阶导数等于零求得,概率峰值位置所对应的 r 值称为最概然半径. 由上式求得 1s 态、2p 态和3d 态的最概然半径分别为 r_1、$4r_1$ 和 $9r_1$. 可以证明,对于所有这样量子态的最概然半径可以表示为

$$r_n = n^2 r_1$$

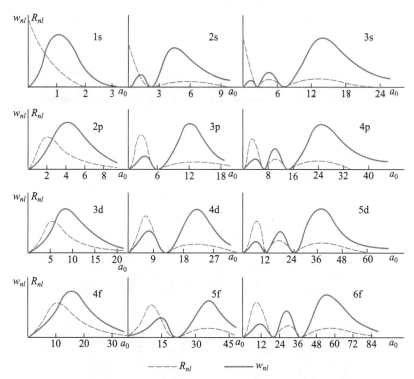

图 19.6.2 氢原子中电子的径向概率分布

这与玻尔理论中各能级所对应的圆轨道半径公式完全一致. 应该注意,玻尔理论中认为氢原子中的电子是处于以 r_n 为半径的圆形轨道上绕原子核旋转,偏离轨道的位置上不存在电子. 而在量子力学中,电子运动的经典轨道实际上是不存在的,取而代之的是"电子云"的图像,电子可以出现在空间的各个地方,只不过对于一些特定的"电子云"状况,在玻尔理论中的圆轨道半径处电子出现的概率最大而已. 图 19.6.3 是氢原子定态下的"电子云"示意图.

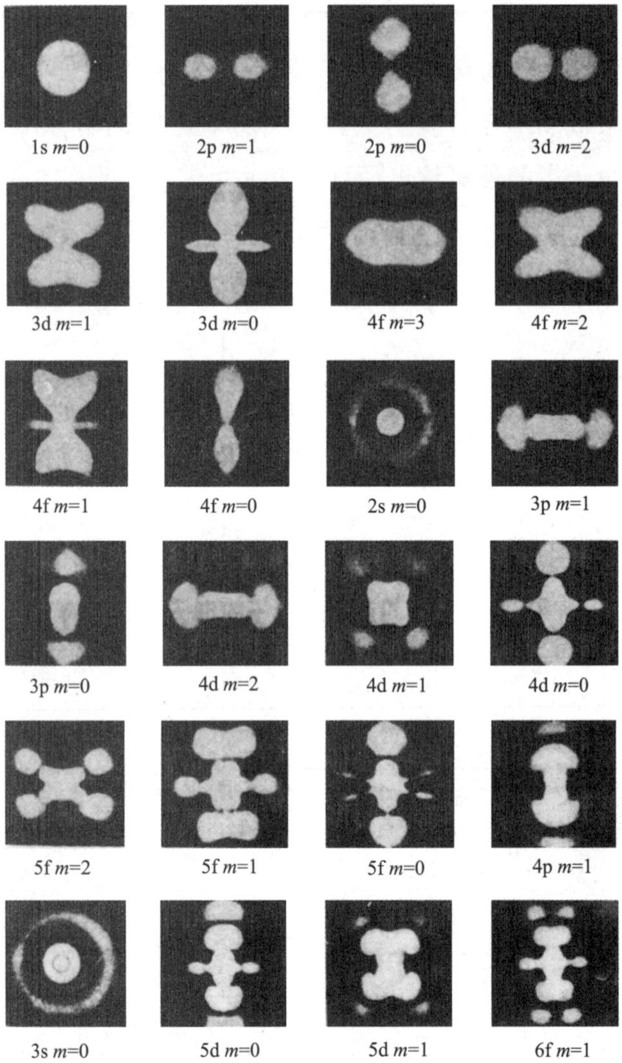

图 19.6.3 氢原子定态下的 "电子云"示意图

例 19.6.1

　　已知氢原子在 $n=2, l=1$ 量子态的径向概率分布为 $w_{21}(r) = Ar^4 e^{-r/a_0}$,其中 a 为玻尔半径,A 是常量,试证明 $r = 4a$ 处为最概然半径.

解　最概然半径对应于径向概率分布中的峰值位置,可由径向概率分布函数的一阶导数等于零求得,令

$$\frac{\mathrm{d}w_{21}(r)}{\mathrm{d}r} = \frac{\mathrm{d}}{\mathrm{d}r}(Ar^4 e^{-r/a}) = 0$$

即

$$\left(4Ar^3 e^{-r/a} - \frac{Ar^4 e^{-r/a}}{a}\right) = 0$$

解得

$$r = 4a$$

19-7 电子的自旋 原子的电子壳层结构

一、施特恩-格拉赫实验

原子中电子具有一定的角动量,也具有一定的磁矩,可以证明磁矩与轨道角动量是呈线性关系的. 另外我们知道,在非均匀磁场中一个磁矩(或载流线圈)除受到一个力矩作用外,还会受到一个磁场力的作用. 而且,该磁场力的情况与磁矩相对磁场的方向有关. 因为在原子中,角动量大小和取向是量子化的,所以磁矩大小和取向也是量子化的. 这样,我们可以让一束原子通过一个非均匀磁场来观测其路径的分化情况,从而验证角动量的取向是否真的是量子化的. 1921 年,施特恩(O.Stern,1888—1969)和格拉赫(W.Gerlach,1889—1979)成功地进行了这样的实验. 图 19.7.1 是施特恩-格拉赫实验装置的示意图. 由原子射线源 O 射出的银原子射线,经过狭缝变成细束后,进入一个强度很大并在 z 方向存在梯度的不均匀磁场,最后沉积在照相板 P 上. 整个实验装置都放置在高真空容器内. 不均匀磁场是由图示的不对称磁极产生的. 照相板上得到的银原子沉积痕迹有两条. 用锂、钠、钾、铜、锌等进行实验,也都得到了原子束路径的分化是量子化的结论. 原子束路径的分化是量子化的,说明了角动量取向量子化的正确性. 但实验发现,原子束分裂的具体条数与理论的预言不完全一致.

根据量子理论,对角量子数 l 确定的原子进行实验,其角动量取向有 $2l+1$ 种,对应于磁矩的取向有 $2l+1$ 种,原子束就应该分裂为 $2l+1$ 束,即奇数束. 而实验结果发现,很多

阅读材料　施特恩

情况下原子束会分裂成偶数束. 特别是,后来用处于基态的氢原子进行实验,观测到原子束分裂为上、下两束. 而氢原子中只有一个电子,基态为 1s 态,$l=0$,轨道磁矩为零. 氢原子束的沉积痕迹有上、下两条,这不仅表明处于基态的氢原子具有磁矩,而且确认这个磁矩在外磁场方向上有两个可能的取向. 那么,这个磁矩来自哪里呢?

图 19.7.1　施特恩－格拉赫实验装置的示意图

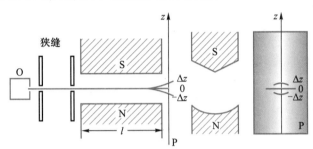

二、电子的自旋

1925 年, 荷兰物理学家乌伦贝克（G. Uhlenbeck, 1900—1988）和古兹密特（S. Goudsmit, 1902—1978）提出了电子自旋的假设:每个电子都具有自旋角动量,仿照轨道角动量的规则可以写出自旋角动量大小 S 及自旋角动量在空间某方向的分量 S_z 的取值为

$$S = \sqrt{s(s+1)\hbar^2} \qquad (19.7.1)$$

$$S_z = m_s\hbar, \quad m_s = \pm\frac{1}{2} \qquad (19.7.2)$$

式中 s 称为自旋量子数,简称自旋,m_s 称为自旋磁量子数. 与 m_l 可取 $2l+1$ 个可能的数值一样,对于确定的 s 值,m_s 也应取 $2s+1$ 个可能的数值. 根据乌伦贝克和古兹密特的假设,电子自旋角动量在空间任一方向上的投影 S_z 只能取两个值,所以 m_s 也只能取两个可能的数值,即 $2s+1=2$, 故 $s=1/2$. 由于电子的自旋量子数为 $1/2$,因而电子的自旋磁

量子数 m_s 的两个可能的数值必定是 $\pm 1/2$. 这样,自旋角动量大小 S 及自旋角动量在空间某方向的分量 S_z 的具体取值为

$$S = \sqrt{s(s+1)\,\hbar^2} = \frac{\sqrt{3}}{2}\hbar,\ s = \frac{1}{2} \qquad (19.7.3)$$

$$S_z = m_s\hbar = \pm\frac{1}{2}\hbar,\ m_s = \pm\frac{1}{2} \qquad (19.7.4)$$

与自旋角动量相对应的磁矩是自旋磁矩为 μ_s,通过理论和实验的研究可以发现,自旋磁矩与自旋角动量之间的关系为

$$\mu_s = \frac{e}{m_e}\sqrt{s(s+1)}\,\hbar = 2\sqrt{s(s+1)}\,\mu_B \qquad (19.7.5)$$

$$\mu_{sz} = 2m_s\mu_B \qquad (19.7.6)$$

其中 μ_B 是一个磁矩的基本单位,称为玻尔磁子

$$\mu_B = \frac{e\hbar}{2m_e} = 9.27 \times 10^{-24}\ \text{J} \cdot \text{T}^{-1} \qquad (19.7.7)$$

上式表明,电子的自旋磁矩在空间任一方向(如外磁场方向)的分量只有两个可能的取值. 引入了电子自旋的假设后,施特恩-格拉赫实验就能得到圆满解释. 原来引起氢原子束偏转的正是氢原子中电子的自旋磁矩 μ_s. 照相板上出现上、下两条银原子沉积痕迹,是由于电子的自旋磁矩 μ_s 在空间只有两个可能的取向,所以在外磁场方向的分量只有两个可能的数值,氢原子束必定会分裂成两束.

从经典物理的角度看,只能把电子的自旋解释为一个一定大小的球绕自身轴线的旋转. 假如认为电子是一个半径为 2.8 fm($1\ \text{fm} = 10^{-15}\ \text{m}$)的小球,那么要获得 $\hbar/2$ 的自旋角动量,电子表面的线速度约为真空中光速的数十倍,这显然是不可能的. 到目前为止的所有实验都表明,电子是点粒子,直到 10^{-3} fm 还没有观察到任何结构. 所以,我们既不能用经典的观点看待电子,更不能用经典的理论描述电子的自旋.

事实上,自旋是所有粒子自身具有的一种内禀属性. 例如,电子、中子和质子的自旋量子数为 1/2,光子的自旋量子数为 1. 通常我们将自旋量子数为半奇数($s = 1/2, 3/2, \cdots$)的粒子称为费米子,如电子、中子和质子等;将自旋量子数为整数($s = 0, 1, 2, \cdots$)的粒子,称为玻色子,如光子等.

三、原子的电子壳层结构

发现了电子自旋状态后,原子中电子所处的状态应该是由四个量子数,即 n、l、m 和 m_s 来表征,其中:

(1)主量子数 n,是确定原子中电子的能量高低的主要因素,$n = 1, 2, 3, \cdots$.

(2)角量子数 l,也称轨道量子数,是确定电子轨道角动量大小的量子数,在多电子原子中,也是确定能量高低的一个重要因素. 在 n 值一定的情况下,l 可取 n 个可能的数值,即 $l = 0, 1, 2, \cdots, n-1$.

(3)磁量子数 m:是确定电子轨道角动量在空间的取向或轨道角动量在某特定方向(如磁场方向)的分量的量子数,对于给定的 l 值,m 可取 $2l+1$ 个可能的数值,即 $m = 0$,$\pm 1, \pm 2, \cdots, \pm l$.

(4)自旋磁量子数 m_s:是确定电子自旋角动量在空间的取向或自旋角动量在磁场方向的分量的量子数,m_s 可取两个可能的数值,1/2 和 -1/2.

在多电子原子中,多个电子是如何处于由一组量子数所表示的状态的? 如何解释元素性质随原子中电子数的增加而表现出的周期性变化的事实? 要解决上述问题必须引出如下两个基本原理:

(1)泡利(W. Pauli, 1900—1958)不相容原理:在原子中不可能有两个或两个以上的电子占据同一个状态,也就是不可能有两个或两个以上的电子具有相同的一组量子数

阅读材料 泡利

(n,l,m,m_s).

（2）能量最低原理：在原子处于基态时，电子所占据的状态总是使原子的能量为最低.

根据这两个原理，原子中每一个由一组量子数(n,l,m,m_s)所决定的状态只允许一个电子占据，同时，电子必定先占据能量最低的状态，而能量的高低与主量子数 n 和角量子数 l 有关，其由低到高的次序如下：

动画 原子中电子的壳层结构

$$1s<2s<2p<3s<3p<4s<3d<\cdots$$

我们通常可以按照 n 的不同，把电子所处状态划分为不同的主壳层，$n=1,2,3,4,5,\cdots$ 的壳层分别表示为 K，L，M，N，O，$\cdots$ 主壳层；在一个主壳层中，又可以按照角量子数 l 的不同，把电子所处状态划分为一些支壳层，$l=0,1,2,3,4,5,\cdots$ 的支壳层分别表示为 s，p，d，f，g，h，$\cdots$ 支壳层.

可以算得，主量子数为 n 的主壳层上所能容纳的电子数为 $2n^2$，即 K 壳层可容纳 2 个电子，L 壳层可容纳 8 个电子，M 壳层可容纳 18 个电子，等等；角量子数为 l 的支壳层上所能容纳的电子数为 $2(2l+1)$，即 s 支壳层可容纳 2 个电子，p 支壳层可容纳 6 个电子，d 支壳层可容纳 10 个电子等. 表 19.7.1 列出了原子各壳层和子壳层所能容纳的电子数.

表 19.7.1 原子各壳层和子壳层所能容纳的电子数								
	l	0	1	2	3	4	5	6	
n		s	p	d	f	g	h	i	Z_n
1	K	2							2
2	L	2	6						8
3	M	2	6	10					18
4	N	2	6	10	14				32
5	O	2	6	10	14	18			50
6	P	2	6	10	14	18	22		72
7	Q	2	6	10	14	18	22	26	98

随着原子序数的增加,核外电子按照上述规律依次填充,那么最外壳层的电子数即价电子数也将出现周期性变化,这种周期性正好与俄国科学家门捷列夫发现的元素周期律相一致. 我们由此从物理上发现了门捷列夫元素周期律的本质所在.

例 19.7.1

试写出钠和钾原子中电子的排列方式,并说明它们具有相似的化学性质.

解 钠原子共有 11 个电子,其电子的排列方式为:$1s^2, 2s^2, 2p^6, 3s^1$,其最外壳层的电子数即价电子数为一个.

钾原子共有 19 个电子,其电子的排列方式为:$1s^2, 2s^2, 2p^6, 3s^2, 3p^6, 4s^1$,其最外壳层的电子数即价电子数也为一个.

具有相同价电子数的元素具有相似的化学性质. 由于钠和钾最外层都只有一个电子,所以它们具有相似的化学性质.

提要

1. 波函数的统计意义

波函数 Ψ 的平方即 $|\Psi|^2$ 为概率密度,表示时刻 t 在给定空间点周围单位体积内发现粒子的概率. 波函数具有叠加性.

2. 定态薛定谔方程

一维定态薛定谔方程为

$$-\frac{\hbar^2}{2m}\frac{\partial^2 \psi}{\partial x^2} + V\psi = E\psi$$

式中 ψ 为粒子的定态波函数,E 是粒子的能量. 此微分方程是线性的,说明 ψ 满足叠加原理.

在数学上,上述微分方程的解 ψ 对 E 值没有什么特别要求. 但要使波函数 ψ 满足物理的标准条件,即单值、有限、连续,那么在束缚状态下粒子的能量 E 就只能取离散的值. 这样,薛定谔方程就自然地给出了微观粒子量子化等特征.

3. 一维无限深方势阱中的粒子

能量量子化

$$E_n = \frac{\pi^2 \hbar^2}{2ma^2} n^2, \quad n = 1, 2, 3, \cdots$$

波函数 ψ 是正弦函数,表示概率密度分布不均匀.

4. 隧道效应

在势垒高度、宽度有限的情况下,微观粒子可以穿过其势能大于其总能量的势垒到达另一侧. 这种现象称为隧道效应.

5. 谐振子

薛定谔方程自然地给出谐振子的能量量子化结果,即

$$E = \left(n + \frac{1}{2}\right) h\nu, \quad n = 0, 1, 2, 3, \cdots$$

最低能量(零点能)

$$E_0 = \frac{1}{2} h\nu$$

6. 氢原子问题

氢原子中的电子在库仑势场中运动,由薛定谔方程和物理条件可以得到三个量子数:

主量子数 $n = 1, 2, 3, \cdots$

角量子数 $l = 0, 1, 2, \cdots, (n-1)$

磁量子数 $m_l = -l, -(l-1), \cdots, 0, \cdots, l-1, l$

主量子数 n 决定氢原子的能量

$$E_n = \frac{-m_e e^4}{2(4\pi\varepsilon_0)^2 \hbar^2} \frac{1}{n^2} = \frac{-e^2}{2(4\pi\varepsilon_0) a_0} \frac{1}{n^2} = -13.6 \times \frac{1}{n^2} \text{ eV}$$

其中 $a_0 = 4\pi\varepsilon_0\hbar^2/m_e e^2 = 0.529\times10^{-10}$ m,称为玻尔半径.

氢原子的能量决定于 n,同一 n 值不同 l 的量子态的能量相同,这种状态称为能量的简并态.

角量子数 l 决定氢原子的角动量:$L=\sqrt{l(l+1)}\,\hbar$.

磁量子数决定轨道角动量沿一定方向,如磁场方向的投影:$L_z = m_z\hbar$.

原子内电子的运动不能用轨道描述,只能用波函数给出的概率密度描述,形象化地用电子云描绘.

氢原子吸收或发射光子时的能量关系为:$h\nu_{nk} = E_n - E_k$

氢原子光谱的规律性:$\dfrac{1}{\lambda_{nk}} = R\left(\dfrac{1}{k^2} - \dfrac{1}{n^2}\right)$,其中 $n>k$,里德伯常量 $R = 1.097\times10^7$ m^{-1}

7. 电子的自旋

电子的自旋角动量是电子的内禀性质. 它的大小是

$$S = \sqrt{s(s+1)}\,\hbar = \sqrt{\dfrac{3}{4}}\,\hbar$$

其中 s 是自旋量子数. 它只有一个值,为 1/2.

电子的自旋在空间某一方向,如磁场方向的投影为

$$S_z = m_s\hbar$$

m_s 叫自旋磁量子数,只能取 +1/2(向上)和 -1/2(向下)两个值.

8. 多电子原子中电子的排布

每个电子的状态由 4 个量子数 n,l,m_l,m_s 确定. n 相同的状态组成一个壳层,可容纳 $2n^2$ 个电子;l 相同的状态组成一个支壳层,可容纳 $2(2l+1)$ 个电子.

基态原子中电子排布遵守两个规律:

(1)能量最低原理,即电子总要进入最低的能级. 一般地说,n 越大,l 越大,能量就越高.

(2)泡利不相容原理,即同一量子态(4 个量子数的值都已确定)不可能有多于一个电子存在.

思考题

19-1 氢原子的玻尔模型和行星绕太阳轨道的运动模型之间的主要不同之处是什么？在经典物理学范围内,这两种系统的稳定性情况如何？

19-2 如何评价玻尔的氢原子理论的成功与缺陷？

19-3 如何描述微观粒子的运动状态？微观粒子遵循的运动规律是什么？

19-4 如何理解波函数及不确定关系的物理意义？

19-5 为什么氢原子核外电子状态可以用四个量子数来表征,这些量子数的可能取值及其相应物理量的关系是怎样的？

19-6 扫描隧穿显微镜的原理与量子力学中的隧道效应有何联系？为什么扫描隧穿显微镜有很高的分辨率？

19-7 多电子原子中,电子排列遵循什么原理？

19-8 在氢原子的 L 壳层中,电子可有多少不同的量子态数？分别用四个量子数写出这些不同的量子态.

习题

19-1 按玻尔模型,氢原子处于基态时,它的电子围绕原子核作圆周运动. 电子的速率为 $2.2 \times 10^6 \ \mathrm{m \cdot s^{-1}}$,离核的距离为 $0.53 \times 10^{-10} \ \mathrm{m}$. 求电子绕核运动的频率和向心加速度.

19-2 计算氢原子从基态激发到第一激发态所需能量,并计算氢原子基态的电离能.

19-3 处在第五激发态的氢原子向低能态跃迁时可能发出多少条谱线？其中巴耳末系的谱线有几条？

19-4 氢原子光谱的巴耳末线系中,有一条光谱线的波长为 4 340 Å.

（1）求与这一谱线相应的光子能量为多少电子伏？

（2）若该谱线是氢原子由能级 E_n 跃迁到能级 E_k 产生的,则求 n 和 k 各为多少？

（3）对于能级为 E_4 的大量氢原子,最多可以发射几条谱线,共几条线系？请在氢原子能级图中表示出来.

19-5 欲使氢原子发射莱曼系中波长为 1 216 Å 的谱线,应传给基态氢原子的最小能量是多少？

19-6 已知氢原子的巴耳末系中波长最长的一条谱线的波长为 6 562.8 Å,试由此计算帕邢系(由各高能激发态跃迁到 $n=3$ 的定态所发射的谱线构成的线系)中波长最长的一条谱线的波长.

19-7 若处于基态的氢原子吸收了一个能量为 15 eV 的光子后其电子电离,则求该电子的速度和德布罗意波长.

19-8 已知玻尔半径为 a,试计算当氢原子中电子沿第 n 级玻尔轨道运动时,其相应的德布罗意波长.

19-9 已知在一维无限深方势阱中运动的粒子波函数为

$$\psi_n(x) = \sqrt{\frac{2}{a}} \sin(n\pi x/a) \ (0 < x < a)$$

求:(1) 粒子空间概率的分布函数;

(2) 基态时粒子在何处出现的概率最大,其值是多少?

(3) 第一激发态时,粒子在 $\left[0, \dfrac{a}{2}\right]$ 区间发现该粒子的概率密度为多大?

$$\left(提示: \int \sin^2 x \, dx = \frac{x}{2} - \frac{1}{4} \sin 2x + c\right)$$

19-10 一维运动的粒子处于如下波函数所描述的状态

$$\psi(x) = \begin{cases} Axe^{-\lambda x} & (x \geq 0) \\ 0 & (x < 0) \end{cases}$$

式中 $\lambda > 0$. 求:

(1) 波函数 $\psi(x)$ 的归一化常数 A;

(2) 粒子的概率分布函数;

(3) 在何处发现粒子的概率最大?

常用物理常量表

物理量	符号	数值	单位	相对标准不确定度
真空中的光速	c	299 792 458	$m \cdot s^{-1}$	精确
普朗克常量	h	$6.626\ 070\ 15 \times 10^{-34}$	$J \cdot s$	精确
约化普朗克常量	$h/2\pi$	$1.054\ 571\ 817 \cdots \times 10^{-34}$	$J \cdot s$	精确
元电荷	e	$1.602\ 176\ 634 \times 10^{-19}$	C	精确
阿伏伽德罗常量	N_A	$6.022\ 140\ 76 \times 10^{23}$	mol^{-1}	精确
玻耳兹曼常量	k	$1.380\ 649 \times 10^{-23}$	$J \cdot K^{-1}$	精确
摩尔气体常量	R	$8.314\ 462\ 618 \cdots$	$J \cdot mol^{-1} \cdot K^{-1}$	精确
理想气体的摩尔体积（标准状况下）	V_m	$22.413\ 969\ 54 \cdots \times 10^{-3}$	$m^3 \cdot mol^{-1}$	精确
斯特藩-玻耳兹曼常量	σ	$5.670\ 374\ 419 \cdots \times 10^{-8}$	$W \cdot m^{-2} \cdot K^{-4}$	精确
维恩位移律常量	b	$2.897\ 771\ 955 \times 10^{-3}$	$m \cdot K$	精确
引力常量	G	$6.674\ 30(15) \times 10^{-11}$	$m^3 \cdot kg^{-1} \cdot s^{-2}$	2.2×10^{-5}
真空磁导率	μ_0	$1.256\ 637\ 062\ 12(19) \times 10^{-6}$	$N \cdot A^{-2}$	1.5×10^{-10}
真空电容率	ε_0	$8.854\ 187\ 812\ 8(13) \times 10^{-12}$	$F \cdot m^{-1}$	1.5×10^{-10}
电子质量	m_e	$9.109\ 383\ 701\ 5(28) \times 10^{-31}$	kg	3.0×10^{-10}
电子荷质比	$-e/m_e$	$-1.758\ 820\ 010\ 76(53) \times 10^{11}$	$C \cdot kg^{-1}$	3.0×10^{-10}
质子质量	m_p	$1.672\ 621\ 923\ 69(51) \times 10^{-27}$	kg	3.1×10^{-10}
中子质量	m_n	$1.674\ 927\ 498\ 04(95) \times 10^{-27}$	kg	5.7×10^{-10}
氘核质量	m_d	$3.343\ 583\ 772\ 4(10) \times 10^{-27}$	kg	3.0×10^{-10}
氚核质量	m_t	$5.007\ 356\ 744\ 6(15) \times 10^{-27}$	kg	3.0×10^{-10}
里德伯常量	R_∞	$1.097\ 373\ 156\ 816\ 0(21) \times 10^7$	m^{-1}	1.9×10^{-12}
精细结构常数	α	$7.297\ 352\ 569\ 3(11) \times 10^{-3}$		1.5×10^{-10}
玻尔磁子	μ_B	$9.274\ 010\ 078\ 3(28) \times 10^{-24}$	$J \cdot T^{-1}$	3.0×10^{-10}
核磁子	μ_N	$5.050\ 783\ 746\ 1(15) \times 10^{-27}$	$J \cdot T^{-1}$	3.1×10^{-10}
玻尔半径	a_0	$5.291\ 772\ 109\ 03(80) \times 10^{-11}$	m	1.5×10^{-10}
康普顿波长	λ_C	$2.426\ 310\ 238\ 67(73) \times 10^{-12}$	m	3.0×10^{-10}
原子质量常量	m_u	$1.660\ 539\ 066\ 60(50) \times 10^{-27}$	kg	3.0×10^{-10}

注：① 表中数据为国际科学理事会（ISC）国际数据委员会（CODATA）2018 年的国际推荐值.

② 标准状况是指 $T = 273.15$ K，$p = 101\ 325$ Pa.

在 线 测 验

第十四章　在线测验

第十五章　在线测验

第十六章　在线测验

第十七章　在线测验

第十八章　在线测验

第十九章　在线测验

期中　在线测验

期末　在线测验

读者意见反馈

为收集对教材的意见建议,进一步完善教材编写并做好服务工作,读者可将对本教材的意见建议通过如下渠道反馈至我社。

咨询电话 400-810-0598

反馈邮箱 hepsci@pub.hep.cn

通信地址 北京市朝阳区惠新东街4号富盛大厦1座
　　　　　高等教育出版社理科事业部

邮政编码 100029

防伪查询说明

用户购书后刮开封底防伪涂层,使用手机微信等软件扫描二维码,会跳转至防伪查询网页,获得所购图书详细信息。

防伪客服电话

(010)58582300